同济·中国思想与文化丛书

古典文教的现代新命

柯小刚 著

世纪文景 Century Literature

世纪出版集团 上海人民出版社

上海世纪文睿文化传播公司 出品

代前言：道里书院命意

道里书院网站题头图片，左边是两三棵大树下的一间草堂，这是二三子坐而论道的地方；右边是树丛掩映中的民居村落，这是起行里仁的地方。所谓"风声雨声读书声，家事国事天下事"，书院把左边的树和右边的树连到一起，把左边的房子和右边的房子连到一起，把道和里连到一起，所以叫道里书院——而这就要求我们必须把古和今连到一起，把中文和外文连到一起。

而这一切还任重而道远，"不可以道里计"。曾子曰："士不可以不弘毅，任重而道远。仁以为己任，不亦重乎？死而后已，不亦远乎？"（《论语·泰伯》）这是起道里书院这个名字的基本情绪。

而网络时代的匆忙脚步如何才能安居于道业？像网络一样变动不居的道又如何成为一处居所？如何居住在道路之上？"道里，居于道里，行道人路过的这里和那里。"①这是 2003 年刚到同济工作并开始做道里读书会的时候写的两句半通不通的话。站在熙熙攘攘的上海街头，我有时傻想，什么时候可以把网上的书院落实到地上呢？无论如何，即使是虚拟的，我

---

① "这裡"的"裡"（裏）和"里仁为美"的"里"是两个字，简化字方案合为一个字。"道里书院"的"里"是"里仁为美"的里，不是"裡外"的"裡"。

们也必须开始。于是就有了这几年的道里书院网站。

八年前，一开始想办网站的时候，我就想，叫什么名字好呢？当时流行一种理论，"哲学是讲道理的学问"。我想，这太偏了啊。古人说："尊德性而道问学。"道理要讲，伦理也要讲，才是"既明且哲"的"哲"和"学而时习"的"学"罢？于是就叫道里书院。很快就遭人骂，说我们封闭，不开放，只在"里面"搞。我解释说，"里面"不知何谓？我只听说过"裡面"，没听说过"里面"。"道里"的"里"是"里仁为美"的社区，也是"不可以道里计"的路程。古人云"任重而道远"，是教导我们要能载德，也要能运化。而这就要求学者经史互参，中西兼顾，天道人事一贯。

辑在这里的文章、对话和札记，是这些年来在道里书院的淇奥切磋①中磨出来的石头，或可聊作铺道之用。现在不揣鄙陋，刊诸纸面，无非希望得到进一步批评，接受学界师友的打磨。同时，这本书是在《道学导论》②的探索中沿途发现的路标集子，指示着各种殊途同归的可能方向，③所以，《道学导论杂篇》也是这本书的合适标题。

---

① 《大学》："诗云：瞻彼淇奥，菉竹猗猗。有斐君子，如切如磋，如琢如磨。瑟兮僴兮，赫兮喧兮。有斐君子，终不可諠兮。如切如磋者，道学也。如琢如磨者，自修也。瑟兮僴兮者，恂慄也。赫兮喧兮者，威仪也。有斐君子，终不可諠兮者，道盛德至善，民之不能忘也。"

② 《道学导论》的写作计划，已经出了《外篇》（华东师范大学出版社，2010年），《内篇》则在持续写作之中。

③ 《易系辞下传》："子曰：天下何思何虑？天下同归而殊涂，一致而百虑。"

目 录

代前言：道里书院命意……001

◎ 经史微言

《论语》"夫子不为卫君"的春秋微言……003

    何以夫子不为卫君：《春秋》与《论语》大义的一贯……007

    伯夷、叔齐何人：《论语》的春秋微言……010

经史札记……015

    《易》类相感……015

    易道落实于礼制……016

    从《春秋》泓之战到《礼运》大同……018

    《春秋》文质不尽于尊尊亲亲……022

    《春秋》借事明义与"虚拟历史"……023

    《论语》二十篇文质大略……025

    《乡党》与《论语》前后十篇的文质之变……026

    经学与史学的古今之变……028

　　札记四则……030

◎古典文教与现代政治、伦理

王道与人民共和:中国宪政的传统资源……037

　　孔子删定六经的革命意义和立法意义……039

　　时间、革命与宪法……042

　　道、德、命与政治正当性……048

　　王道、君主与民主……050

　　封建、郡县与王霸之辨……051

　　王道与人民主权……054

　　人民共和与王霸之辨……057

　　相关讨论与补充……061

古今通变札记……063

　　通三统与因传统……063

　　现代中国革命与传统史观……067

　　现代政治的古典思考札记十五则……071

　　时事关怀与哲学沉思札记五则……083

古典文教与现代伦理……092

　　儒家与陌生人问题……092

　　本真性崇拜与现代性危机……099

　　道家的"真"与儒家的"诚"……104

　　现代革命与年龄的政治……106

　　对话:父子之道的古今之变……108

◎古典文教与现代教育

尼采、柏拉图与戏剧的教育使命……115

为什么从尼采和《悲剧的诞生》讲起……115

古典学的变形和隐秘使命，它与现代大学讲台和戏剧舞台的关系……116

诗与哲学之争：舞台和讲台对教育权利的争夺与尼采思想的古典语境……119

拨乱反正：从西方古典出发重读尼采与中国戏剧的教育使命……122

身心兼摄的教法：《四书》与中医的相互发明……128

文质彬彬与性情之和……128

"修道之谓教"与"法四时五行以治"……130

"阳生阴长、阳杀阴藏"与礼乐刑政……132

三才五行与三纲五常……132

"君臣佐使"与安邦治国之道……135

通识教育与学术工业……138

何谓大学：致同济大学百年校庆……138

传统文化通识教育建言……143

对话：古典文教与自由、平等……146

君子教育与平等之义……153

论治学书……156

培养灵魂与阅读文献……159

大学与小学，手艺、辩证与博雅教育……162

短札七则……165

仁通友爱与读书治学……169

对偶、友爱与仁通……169

为己之学与师友共学……171

读书与写作：养兵与拜将……173

　　修辞、作曲与洞察人性……175

◎古典文教与哲学沉思

伦理、修辞与哲学教育：以《尼各马可伦理学》为例……179

　　《伦理学》的文体样式与其伦理学内容的关系……179

　　《伦理学》的受众对象与伦理修辞的困境……181

　　《伦理学》的哲学教育修辞与苏格拉底的"第二次启航"……183

　　《伦理学》对苏格拉底的称引作为辩证对话的方式……186

　　《伦理学》与现代哲学的古典文教渊源……190

札记十一则……191

　　说与写：苏格拉底、柏拉图和亚里士多德的政治生活与哲学生活……191

　　柏拉图对话与文质彬彬……192

　　王制与 politeia……194

　　柏拉图、尼采与哲学诗歌之争……195

　　时间性、自足性与沉思的幸福……196

　　"幸福"的古今之变与中西之别……197

　　《尼各马可伦理学》中的 aretē ēthos 和 orthos logos……199

　　伯纳德特论柏拉图全集结构及伯纳德特命题深意……200

　　伯纳德特与海德格尔释 technē 与 deinos……202

　　潘多拉与哲学……203

　　对话：中国与希腊的天地神明……204

◎古典文教与现代技艺

阴平阳秘，文质彬彬：古今中西之变与中医的未来……211

中医的困境与话语权的争夺……211

从我的两个医案说起……213

桂枝汤、泰卦与阴平阳秘……214

小柴胡汤、贲卦与文质彬彬……216

古今文质之变与中医的历史……219

中西文质之辨与中医的未来……221

附录:相关讨论……223

医易札记……229

医道问答六则……229

经方《周易》解札记十九则……233

卦象与修身札记三则……236

诗风的古今流变……239

诗作与农作……239

风雅与风骨? 抑或诗风不绝如缕?……240

中文诗句的节律变奏……243

美学与伦理学……244

管乐与弦乐的古今之变……245

折扇十三叠:余笑忠组诗《折扇》绎解……246

随手远近的你我:阅读沉河……263

书风画道与古今性情……270

山水画中的道路与古今之变……270

对话:书画中的性情偏正与中庸……271

论书画札记九则……274

◎西方现代性的现代反思

海德格尔的《精神现象学》解读……281

三个文本:海德格尔解读《精神现象学》的经验⋯⋯281

三个变化:从《精神现象学》标题而来的位置勘查⋯⋯284

三个提示:进一步解读工作的路标⋯⋯288

从《存在与时间》到《哲学论稿》⋯⋯291

此在的生存与 Ereignis 的自行发生⋯⋯294

行事演示与形式指示,赋格的演义与体系的演绎⋯⋯298

道、语言与 Ereignis⋯⋯303

理性与沉思:海德格尔《哲学论稿》中关于科学的反思⋯⋯305

准备性的反思:逻辑问题与哲学发问的差异⋯⋯306

存在论的反思:对科学的沉思作为对存在之回响的倾听⋯⋯310

政治的反思:对科学的沉思作为对现代理性概念的政治批判⋯⋯312

“科学的”反思:对科学的沉思作为“科学哲学”⋯⋯315

德法哲学札记五则⋯⋯322

就德国哲学论知行合一⋯⋯322

现象学的神谱⋯⋯323

海德格尔的生活概念⋯⋯324

海德格尔的罪责概念⋯⋯325

福柯解读过的《宫中侍女》画再解读提纲⋯⋯327

经史微言

《论语》"夫子不为卫君"的春秋微言①

　　《春秋》的笔削写作,是在孔子自卫反鲁之后个人生命的最后几年。在那些年的春秋政治舞台上最引人注目的事件之一,便是卫国君位的继嗣之争。获麟的第二年,子路就在这场纷争中戴正他的象征君子尊严和正统的冠冕,壮烈牺牲。卫君继嗣之乱和子路之死,《春秋》经传和《论语》都有相关反映。但是在这两部经典的记述中,面对卫君继嗣问题和子路之死事件的态度,似乎有看起来不完全一致的地方。或许,仔细辨析这种表面的不一致和深层的一致性,可以帮助我们理解,在卫君继嗣的正统性问题上,已经变得徒具其表的周文礼法如何只是《春秋》的"大义",而《春秋》的"微言"及其隐含的"春秋道统"(如果可以用这么个词来说的话),则是只能通过字里行间的阅读和思索才能略有领会的。对于这种异乎寻常的《春秋》读解来说,《论语》提供了重要的线索。

　　孔子自卫反鲁是在鲁哀公十一年,其时卫出公辄已在位九年。此前九年,即鲁哀公二年,曾于鲁定公十四年弑母未遂而出奔的卫世子蒯

---

① 此篇之作,缘于经礼堂吴笑非先生问蒯聩之乱:"《论语》'夫子不为卫君'这段如果按古注那么解,是春秋学和礼学无法接受的。但怎么会有这么一段?"部分文字曾以《"夫子不为卫君"的政治哲学解读》为题,发表于《同济大学学报》2011年第1期。

聩,也就是辄的父亲,在晋大夫赵鞅的支持下回国争位,这是卫国之乱的开始;此后四年,即鲁哀公十五年,蒯聩强盟卫大夫孔悝,子路结缨而死,随即蒯聩篡位,辄奔鲁,这是卫乱的高潮。这件事情之后的第二年,孔子就辞世了。再过一年,卫庄公蒯聩死于戎州,晋、齐相继扶立公子般师、起而旋皆被逐,于是出公辄复入,立二十一年而卒于越。然后,出公季父黔攻出公子而自立,是为悼公。至此,蒯聩与辄父子争国的乱象,才算落定。故事的主角父子二人,一个非正统继承人,一个正统继承人,结局都死于夷狄。这个共同的结局,或许并不是毫无意义的。

在卫乱初起的时候,即鲁哀公二三年间,在卫君继嗣问题的背景下,自卫反鲁前夕的孔子与弟子们发生了一场谈及商周之际的古贤高隐伯夷叔齐的对话:①

　　　　冉有曰:"夫子为卫君乎?"子贡曰:"诺,吾将问之。"入,曰:"伯夷、叔齐何人也?"曰:"古之贤人也。"曰:"怨乎?"曰:"求仁而得仁,又何怨?"出,曰:"夫子不为也。"(《论语·述而》)

在"夫子为卫君乎"句下,何宴集郑注曰:"为犹助也。卫君者,谓辄也。卫灵公逐太子蒯聩,公薨而立孙辄。后晋赵鞅纳蒯聩于戚城,卫石曼姑帅师围之,故问其意助辄不乎。""夫子不为也"句下,郑曰:"父子争国,恶行。孔子以伯夷、叔齐为贤且仁,故知不助卫君明矣。"

所谓"不为卫君",根据郑注也就是不助卫出公辄。然而,在《春秋公羊传》中,正是以辄为卫君之位的正统继承人,认可辄对其父蒯聩的

_____

① 孔子自卫反鲁是在鲁哀公十一年即卫出公九年。赵鞅纳蒯聩于戚在鲁哀公二年,齐国夏、卫石曼姑围戚在鲁哀公三年,这时候孔子应该还在卫国;至于后来蒯聩胁孔悝篡位并发生子路死卫事件是在鲁哀公十五年,孔子则是已经回到了鲁国。郑注孔疏皆以论语"夫子不为卫君"的对话发生在卫乱初起的时候,皆以问答发生之时,孔子尚在卫。这种解释是可取的。因为,如果对话发生在鲁哀公十五年的事变中,那么卫乱的消息肯定是随子路之死的消息一起来到的。在这种时候,不太可能发生如此"从容闲散"的对话。

抗拒：

> 辄者曷为者也？蒯聩之子也。然则曷为不立蒯聩而立辄？蒯聩为无道，灵公逐蒯聩而立辄。然则辄之义可以立乎？曰：可。其可奈何？不以父命辞王父命。以王父命辞父命，是父之行乎子也；不以家事辞王事。以王事辞家事，是上之行乎下也。（《春秋公羊传》哀公三年传）

如此看来，在对待卫君的问题上，在《论语》与《春秋》之间，似乎出现了某种不一致的地方。如果夫子不为卫君意味着夫子不为辄的话，那么，难道《论语》之意竟是夫子要为蒯聩么？初看起来，这似乎有点道理，因为，根据通俗所谓"儒家传统"，父亲必定是拥有对于儿子的绝对权力。父子争国，"儒家"自然应该站在支持父亲的一方。难道不是根据这种所谓"孝道政治原则"，有些学者提出中国古代是一种以私乱公的"父权政治形态"么？这种似是而非的看法，显然是在毫不了解孝为何物的前提下，想当然地把孝道混同于罗马法意义上的父权，又稀里糊涂地陷入了现代性对父权和专制恐怖的受虐想象之中不能自拔。《论语》"夫子不为卫君"，显然不是从这种现代人虚构的所谓"孝道"出发，以蒯聩为卫君继位正统，不助辄而助蒯聩。

儒家的忠孝从来就是与正名的思想连在一起讲的。"君君、臣臣、父父、子子"意思是说，以君臣父子礼待之，前提必须是受礼之人是合格的君臣父子，以及，通过行礼使得君臣父子更像君臣父子。礼首先是相互的责任、教育和提高，然后才是权利和权力。礼以节情，但不是单纯依据自然血亲的私情；礼以达义，但不是单纯根据理性主体订约的所谓公义。礼的意义毋宁说正在于对这种虚构的公私之分的双重超越。

《左传》备载蒯聩之恶行，表明他作为卫灵公的臣子不臣不子；作为辄的父亲不父，作为卫国之君（谥庄公）不君：蒯聩谋弑君夫人及生母南子,可谓不忠不孝;出奔可谓自绝于卫;倚外邦之力回国争位,可谓盗国;至于以诈入戚、强盟孔悝,倚重小人浑良夫,纵姊通奸,不以来远人之道待戎州,髡己氏妻发以逞淫欲等诸般细行,无一合乎他的身份所要求的德与礼。对于这样一个无论从礼法正统性上还是从个人德性上皆无可取的前卫太子,孔子绝无支持之理。

既然如此,那么,是不是何晏集郑注有误呢?《论语》所谓"夫子不为卫君",意思是不是说"夫子不助蒯聩"呢? 如果是这样的话,"卫君"似乎就不应该解释为"辄",而是应该解释为"蒯聩"了。或者,如果郑注不误的话,那么,是不是《论语》与《春秋》在继嗣正统问题上有不一致的看法呢? 也就是说,是不是《论语》的夫子以蒯聩为正统,而《春秋》三传都以辄为正统呢?

这些疑问的出发点,都来自一个缺乏经文支持的推测,即以为夫子既不为甲君,就必定为乙君。根据这种推测,如果《论语》经文中的卫君被解释为辄,那么夫子就应该是为蒯聩了;如果卫君被解释为蒯聩,夫子就必定是为辄了。根据这种推测,如释卫君为蒯聩,则夫子不为者蒯聩,与《春秋》经传合。

但这是一种似是而非的相合:如果对话发生之时,辄尚未出,言意卫君自然谓辄;即使当时蒯聩已入,辄已出,据春秋之义,夫子与师生也绝不可能立刻就在言谈中用卫君来称呼蒯聩;甚至,即使在鲁哀公十六年蒯聩入卫称君、辄奔鲁之后,假设夫子与师生在某次问答中提及"卫君",虽然字面上自然是指蒯聩,不可能指辄,但其心中或许仍然是不愿意完全接受蒯聩为卫君这个事实的。无论如何,在蒯聩与辄父子争国的当时,夫子与弟子乃至普通卫国人或鲁国人对话中的卫君,自然只能是指当时的合法继承人辄,无论文实都不可能以卫君这个称呼来指蒯聩。①

---

① 支持蒯聩的晋人大概除外,但蒯聩上台后,晋人也不支持他,反而发兵讨伐了。

何以夫子不为卫君：《春秋》与《论语》大义的一贯

　　卫君既不可能指蒯聩，则夫子之意就成了"不为辄"。何谓"不为辄"？显然，这并不意味着"为蒯聩"。正如前文所论，蒯聩不足为，《春秋》经传备言之矣。那么，现在问题在于：蒯聩既不足为，辄是否值得为？这正是冉有要问的问题。这是个困难的问题，否则冉有也无须来问夫子了。这个问题在《春秋》中是没有也无须问出来的。对这个问题及其回答的记录，是《论语》的任务。《论语》和《春秋》之间，有某种相互发明和补充的关系。《论语》所载，夫子答问，教弟子之言也；《春秋》经传，夫子笔削口传，因王侯大夫之行事而立法垂教之辞也。师生问答，实有默契，宜据实而敷其文；笔削史记，文多歧异，宜缘文而求其实。

　　冉有要问的，不是在春秋大义和周文礼法的层面上问谁是卫君的正统继承人，而是问，作为正统卫君继承人的辄在与其父争国的时候，是否值得去为？作为历史人物的辄与蒯聩，谁在周文礼法上可居卫君正统，这是历史书写对一个《春秋》笔削者提出的问题；而当这一对父子正在争国的时候，是否值得一位客居此国的前鲁国大夫去"为"，则是一个从游士子对他的夫子提出的问题。前者是在事情发生过后问如何书写，后者是在事情发生过程中问如何行动。郑注释"为"曰"助"，精当之至：不为辄，不是在礼义上不认可他继承卫君的正统性，而是在行动上不去帮助他。《春秋》书写上，辄居正统自无疑义，这一点在《论语》对话发生的当时，无论夫子本人，还是冉有、子贡，应该都是清楚明白，毫无疑义的；而正是这点上的毫无疑义带来了行动上的疑问：既然如此，我们是否一定要去助辄呢，冉有心中拿不定主意。

　　但这有什么疑问呢？既然辄居正统，蒯聩僭国，那就去帮助辄，驱逐蒯聩啊？除了夫子的身份是否应该直接卷入事件这个考虑之外，在这件事情中令冉有感觉值得一问的因素，还在于如下事实，也是使得蒯聩与辄争国事件不同于众多继位纠纷事件的一点事实：那就是这个正统继承人是子,而回国争位的人是他的父亲。诚然,《春秋》大义,"不以父命辞王父命,不以家事辞王事"(鲁哀公三年公羊传国夏石曼姑围戚),但这个被辞命的人毕竟是自己的父亲。虽然三年前(鲁定公十四年)"卫世子蒯聩出奔宋",可谓已自绝于卫,如今又在异邦扶持下反国争位,亦可谓盗国,但是,在这些大义面前仍然无法改变的是:这个不够格的父亲仍然是父亲,虽然他已自绝于卫公室。所以,《春秋》大义虽然一方面重本尊统,以辄居正,行王事于家事之上而认可子对父命的抗拒,但另一方面也并不因此而不再承认这个盗国者是正统卫君的父亲:"戚者何,卫之邑也。曷为不言入于卫? 父有子,子不得有父也"(哀公二年公羊传赵鞅纳蒯聩于戚)。公羊传义之精微若此。

《春秋》的这种精微,完美地体现在《论语》的冉有问"夫子为卫君乎"一章:体现在冉有在知辄居正位的前提下来问是否要采取助之的行动,体现在子贡为避免问题的两难促逼而转换问及伯夷叔齐何人,表现在夫子心知所问卫乱而答以求仁得仁何怨,也表现在康成注"父子争国恶行",双遣父子不仁。从冉有之问卫君一个人到子贡之问伯夷叔齐两个人,从夫子答伯夷叔齐兄弟之仁让,到康成注父子争国之不仁,所有的问答和注释都保持了《春秋》书写的精微:一方面以辄居正,所谓卫君必定是辄;另一方面,辄之拒父,义虽无疑,但毕竟无如伯夷叔齐让国之仁。

但是,反过来,辄之不仁是可以直接在当时就说出来的吗? 不行。因为,如果夫子那样说的话,他就是在作出为蒯聩的行动了。而且,伯夷、叔齐的让国之仁,可以用来取代辄辞父命的义吗? 不能。因为这个父并不像伯夷、叔齐兄弟中的任何一个那样具有受让的资格。正如伯夷、叔齐相让的故事所启示的那样,也正如仁这个字(二人为仁)所启示的那样,仁和让必定是双方的,相互的,否则便是私渎,如燕哙王之让子之。面对一个不具有受让资格的争国者,如果放弃拒亲的大义而行让国的妇人之仁,这与其说是求仁而得仁,还不如说是徇私情而渎王命。所以,当冉有问夫子是否为卫君,子贡的转问却并无半句问及卫君,夫子的回答也没有半句谈及卫君,他们的对话只是谈到了两个古人伯夷、叔齐如何如何。这样的转问和回答既隐含地表达了对辄与蒯聩的遗憾,也避免了对事件的直接行动干预。而不对这个事件采取行动,正是子贡最后出来告诉冉有的意思:"夫子不为也"(即不助也)。《论语》问答之精微若此。

不过,上述分析似乎还不足以说明,为什么在卫君父子争国的时候,子贡与夫子要谈到伯夷、叔齐。避免直接的谈论导致直接的行动意向,这似乎还不足以穷尽这一师生问答的精微意蕴。如前所述,辄不能让,蒯聩也没有资格受让。辄与蒯聩何人也,伯夷、叔齐何人也,两者之间不可同日而语。对于前面那对父子来说,后面那对兄弟的高义要求诚然是太高了。那么,正当蒯聩与辄父子争国的时候,一对师生问答伯夷、叔齐何人,岂不是一种奢谈? 然而,就算是一种"奢谈",那么,在这种"奢谈"中是否含有一种"奢望":虽然这并不可能,但过往历史的典范还是免不了令人遐想卫乱的最佳可能性只能是:父子相让,一起让出郢。

关于郢(子南)这位庶出的公子,三传只有左氏略有提及:"初,卫侯游于郊,子南仆。公曰:余无子,将立女。不对。他日又谓之,对曰:郢不足以辱社稷,君其改图。君夫人在堂,三揖在下,君命只辱。"这是一让。"夏,卫灵公卒。夫人曰:命公子郢为太子,君命也。对曰:郢异于他子,且君没于吾手,若有之,郢必闻之。且亡人之子辄在。乃立辄。"这是再让。根据《左传》的有限记载,公子郢究竟是否堪称贤德虽已无从得知,但似乎至少是有过两次让国的言行,无论他的让国是出于仁德还是其他考虑。虽然郢在随后三十余年牵涉多人[1]进进出出的卫君继嗣之乱中并无实质重要性,因而再也没有出现过,但《左传》的记述意味深长地把公子郢两次让国的言行置诸所有这些纷争和阴谋之前,可谓是不动声色地呼应了《论语》所载子贡与夫子关于伯夷、叔齐对话的深

---

[1] 据《左传》,卫公子公孙牵涉继位之争的计有辄、蒯聩、疾、般师、起、出公子、黔等七人。

意。《左传》记事之精微若此。

伯夷、叔齐何人:《论语》的春秋微言

至此,《论语》问答的精微意蕴似乎犹有未尽。为什么是冉有来问?为什么冉有所问的是事关行动作为的问题? 卫君继嗣之乱只不过是一个时代乱象的一角。这场变乱中的各方面人物和事件因素,折射了一个时代的变迁大势。在这个时代变迁中,君子应该如何作为? 这或许是在那个时代,包括冉有所问如何作为问题在内的所有问题的共同问题。因此,为了理解《论语》问答的深意,我们就不得不旁涉这场对话发生于其中的背景。

正在卫乱未已的时候(鲁哀公十一年),夫子自卫反鲁,修《诗》《书》、正《礼》《乐》、赞《易》、作《春秋》,垂经典以俟后圣,不再栖惶奔走,"知其不可而为之"了。为什么不再"为之"了? 也许自卫反鲁前夕的"不为卫君"隐含了答案:那也许是因为,旧世界(周)已经没落,新世界(汉)还没有升起。在这个道之不行的乱世,已经没有一个值得去"为"的君了,也没有一个可以拱"卫"的国了。①

一方面,位居正统的卫君辄是如此孱弱不堪,虽无大恶,亦乏善可陈:这个幼弱的正统及其衰德,岂不正是周文疲惫、周德衰败、周天子失权的征象? 卫君后来"效夷言"而死于夷(越),这件较小的事件岂不是与后来周统亡于秦的大事一样,从属于同一个历史进程? 这样的旧君还可以帮助吗,还值得去为之行动吗? 子贡出曰:"夫子不为也。"但是,可以直接说不为吗? 也不行。一个正统的但已失德失时的孱弱旧物,难道不是应该以隐微的书法来曲折地对它求全责备以保存正统礼法的

① 卫国的命名,本来就是监商故地、拱卫宗周的意思。

血脉吗？只不过，春秋的立法者需要等待新的时机和新的形式，等到复质的革命行动之后，再让这礼文的血脉重新受命，再来文化质野。这个文质相革相救的过程，就是我们尝试用"春秋道统"这个词来说的意思。这个过程反复发生的历史，就是孔子作《春秋》以来中国政治运行的道路。无论春秋秦汉之际，还是现代中国之变，无不运行在这条"春秋道统"之上。这个"道统"，如果也可以称为"道统"的话，不是理学虚构的心传，而是中国历史实际运行的道路。它从历史的经验中来，到政治的实践中去，而不只是从心性的体验中来，到天理的思辨中去，虽然它毫无疑问也包含后者。不了解春秋道统的运行方式，就不可能了解今天的中国走到了什么地方；只知道心传道统，就只能对中国历史和现实大发文人的感慨和哲学的牢骚。《诗》文唱的"周虽旧邦，其命维新"并不是抽象的道学和盲目的信仰，它在《春秋》的文质相复中找到了道路，在汉家制度中得到了落实。子曰"吾从周"，也不是要抽象地恢复周文，而是有一套具体的革命更新方案，通过黜周之文而来救周之文。公羊家所谓《春秋》为汉制法虽然有民间神话的成分，为雅士所不喜，但它从汉家制度的政治现实读出的历史洞见和政治智慧，却委实是《春秋》的精髓、道统的血脉。这条道统在今天是否还能传承延续，可能维系着华夏中国未来的命运。[①]

　　另一方面，则是代表新世界诈力争夺原则的蒯聩。他虽然代表了将在后世位居主宰的新生政治原则，但他并不幼弱，而是正当盛年。而且，他所代表的政治原则行将发迹，一统六合。他的诞生源于腐朽的贵族世界，那个昏聩的公侯(卫灵公)和他的淫荡夫人(南子)的宫廷；他的悖逆肇端于对这个腐败世界的孕育者之一，他的亲生母亲南子的谋弑。夫子的时代，这样的新型君主已经不新鲜了。这类君主诚然是周文贵族礼乐的败坏者和对立面，但无疑也是它的直接后果。《春秋》十二公

　　① 关于文质史观以及从文质史观出发理解中国现代性的尝试，拙著《道学导论(外篇)》(华东师范大学出版社，2010 年)作了一些尝试性的分析展开，此不详及。

二百四十余年事,列侯无数,岂不大抵类此? 其中,虽最高典范如齐桓公,亦不免禽兽行。这些新型君主应该去帮助吗?"夫子不为也"。但是,可以直言贬天子、退诸侯、讨大夫吗? 亦不可。一群孔武有力、逾越礼法的强梁新物,难道不是应该以隐微的书法来贬退讨伐吗?

无论如何,现实行动作为的空间已经被这两种皆不可为之(助之)的新君旧王夹道堵塞了。"道之不行也,我知之矣,知者过之,愚者不及也;道之不明也,我知之矣,贤者过之,不肖者不及也"。"道其不行矣夫"(《中庸》)。在这种新旧对立、古今否隔的两难处境中,行道的唯一可能性只能是在现实的急促夹逼中暂时退隐,修《诗》《书》、正《礼》《乐》、赞《易》、作《春秋》,通过经典书写而来从容不迫地为未来开辟道路。这条道路是通达古今的,因为它既不是单纯旧文的,也不是片面新法的,而是通三统而大一统的大道、通道。如何大之? 通而大之。如何通之? 大而通之。这条通达广大的道路,上承先王大道,下为万世制法。这条承上启下、通达古今的道路,便是在行动上"不为卫君"的晚年夫子在言辞上制作的宪法,也就是垂空文以俟后圣的《春秋》。《论语》载:"子在陈曰:归与,归与,吾党之小子狂简,斐然成章,不知所以裁之。"说这话不久,夫子就自陈反卫,自卫反鲁。不为卫君不只是不为卫君,而是含有一个此世不再可为,可为者只有归裁旧章、制作更新、以俟后圣的意思。《春秋》、《论语》之间,符合若此,其犹一身之表里乎?

除了时代的变迁大势所构成的大背景之外,对话的语境还尤其相关于夫子晚年自卫反鲁的春秋制作;而夫子晚年的春秋制作又相关于伴随这一变化的诸弟子变故,其中尤其是子路死卫、颜渊早卒。这两场变故在《春秋公羊传》(简称《公羊传》)的结尾与西狩获麟的异象一起,构成了经文绝笔[①]引发的三叹,而《春秋》何为而作的心志,尽道此三叹。子路正冠结缨而死于卫,象征一个礼仪庄严的周文旧统的壮烈衰

---

① 这里所谓"绝笔"是指"绝笔于获麟",其义不同于"获麟绝笔"。虽然公羊家以为春秋是获麟后而作,但仍然不妨碍说"绝笔于获麟",因为公羊春秋的经文确实终止于获麟。

亡,而在《论语·卫灵公》中被寄予未来通三统希望的颜渊之早逝,①则意谓一个新时代的到来为时尚早。子路和颜渊在夫子修《春秋》前后的相继死亡,分别从继往和开来两方面的困境来逼出了获麟事件之为"吾道穷矣"的感叹。

《公羊传》结尾的三叹,分别对应三种不作为的作为:已经逝去的不再能作为,尚未到来的还不能有所作为,当前能做的只不过是微言立法以俟后圣。同时,正是在这三种不作为的作为中,卫国群公子公孙正在为争国而积极作为,各国公卿大夫、门客游士也正在以前所未有的规模积极作为,而且,过不了多久,一个更加普遍积极作为的战国时代即将到来。正是在这个时代的大背景和趋势之下,在颜渊、子路和夫子本人相继辞世前后,孔门诸弟子中也有三种人积极从事三种作为:冉有为季氏宰,参与方兴未艾的新赋税和新军事改革;子贡相鲁卫,斡旋于齐鲁宋卫中原诸国与新兴的吴越之间,"存鲁、乱齐、破吴、强晋而霸越"(《史记·仲尼弟子列传》);子游子夏少年新锐,跟随晚年夫子受经治学,夫子殁后子夏居西河教授,门徒辈出。以这三个学生为代表的作为类型,可以说分别开启了后来在战国时代成为主要行动内容的变法、纵横和百家论学三种作为方式。孔门师生的三种不为之为和三种积极作为:所有这些都构成了《论语》所载夫子不为卫君对话的背景。不考察这些背景,就不可能理解《论语》对话之为春秋微言的意义。

《论语》的春秋微言,在"夫子不为卫君"章隐藏在两个似乎与卫乱事件无关的古人身上:伯夷叔齐只是随意被征引来作为仁与让的典范?在卫君继嗣之乱中谈及伯夷叔齐何人,没有丝毫超出卫乱事件之外的深意?

伯夷叔齐何人,这个问题并不是在问卫君正统继嗣何人。卫君继嗣何人,这是问及大义的问题。但实际上,对于当时普遍熟谙周礼的公

---

① 《卫灵公》:"颜渊问为邦。子曰:行夏之时,乘殷之辂,服周之冕,乐则《韶》《舞》。放郑声,远佞人,郑声淫,佞人殆。"《论语》此章的春秋微言解读,将留待拙著《论语疏解》的工作。

侯大夫士来说,这一类问题其实完全不构成问题。礼崩乐坏,礼乐征伐自诸侯初,陪臣执国命,八佾舞于庭,射王中肩,召王狩河阳;那些富有教养的乱臣贼子们之所以做这些僭越的事情,并不是因为不知道这是僭越的;那些出口吐华的贵族们之所以不按照正确的礼仪制度去做,也不是因为他们受的礼仪教养不够,不知道合礼的行为应该如何。

《论语》的问答,《春秋》何为而作,绝不在于仅仅是重复一下当时众所周知的周制礼仪知识,以及练习一下如何把这种知识应用到具体的人事上去。对礼仪的重申和应用练习,诚然构成了《春秋》的主要内容,但是,《春秋》何为而作的意义却在于,如何在对周礼旧文的重温和正名性的使用中,隐含着面向未来新时代的立法。这种新的立法既是对时代变化的权变顺应,也是对过往传统的承续会通。这种旧章新命、继往开来的春秋心志,表现在《论语》中便不是问"卫君继嗣何人"这样的大义问题,而是通过"夫子为卫君乎"这样的行动问题而转问到"伯夷叔齐何人"这样的微言问题。

"伯夷、叔齐何人"如何是一个微言问题?在这个微言中如何含有复殷之质以救周文的意思?而且,这样一种文质相救的春秋道统如何在周文疲弊的乱象中拨乱反正,上通三代而为万世立法?这可能需要我们对《论语》"夫子不为卫君"章所从自出的"述而第七"篇以及与之紧密相承的"泰伯第八"篇做一个总体的结构分析和书法解读。显然,这个工作已经超出了我们眼下的题目范围,只能留待将来的工作了。在准备中的《论语疏解》中,我们将尝试这一工作。通过这一工作的展开,我们希望能逐步通达如下问题:在一个旧文已经朽坏而新文尚未建立的过渡时代,一个经典的编修者和教育者如何在周文正统名义的正名工作中微言名器的复质,从而建立通三统而大一统的春秋道统?

经 史 札 记

《易》类相感

虚中问:"圣人作而万物睹,本乎天者亲上,本乎地者亲下,则各从其类也"——《正义》解作"此类因圣人感万物以同类,故以同类言之",这里的类是什么样的类? 应该是中国的类而不是西方的类吧? 中国的类,譬如云、龙属一类,风、虎属一类,五行中的每一行都可以把很多貌似不相关的东西归为一类? 只有这种类才谈得上圣人作而万物各从其类以感之? 答曰:感者仁也,无一物不感,不感无生矣,《中庸》所谓"不诚无物",与此义相通。惟圣人所感者广大,故凡有血气者,莫不感而从之也。《春秋公羊传》起首"元年春王正月",何注自天地以至于草木昆虫,犹乾九五王道感通之大也。各从其类者,风万物之道也。物各有其性情,风牛马必不相及,风关雎则无不被王化也。夫子所谓"君子之德风,小人之德草,草上风必偃"(《论语·颜渊》),《易》观卦"大观"之义也。云龙风虎之类,非必五行之说。易经取象,不可为典要。五行,建类一首尔。易可为五行分类之本,五行不可为易之本。易与五行关联,汉人纳甲术始发之,邵子先后天方位说申述之。要之,无非以易卦配四时与四方,则五行入《易》矣。

拙文《阴平阳秘、文质彬彬》[1]尝谓:"刘河间说六气皆化于火,犹程子说万物皆只是一个天理。"或疑"理"与"火"不类,不宜相提并论。遂为答曰:中国思维所谓类与不类,未可以亚里士多德所谓种加属差观之。读《易》,读《黄帝内经》(简称《内经》),貌似不类的东西比类取象到一起的很多,未可为典要也。其要惟在通达。譬如坤卦卦辞,"元、亨,利牝马之贞"。元亨利贞是何等理性层面的东西,这里却忽然插入一个"牝马",连"火"的抽象层次都没达到,岂曰"殊不类也"?又譬如木火土金水五行。希腊印度皆有地水风火四大,以为基本元素。彼必惊呼曰:"金木者,元素复合之物也,奈何与水火并之,殊不类也。"中国的取象比类若按亚里士多德的标准,皆属不类。这一现象,福柯在《词与物》里一开头就提到过,虽然是借用博阿赫斯杜撰的中国百科全书这个玩笑来说的。博尔赫斯和福柯只是感觉到中国很不同,很有意思,可惜没有认真学习中文和中国文化,否则学术大进,不至于老在门外瞎逛悠。比类之外,取象的问题,拙文《画道、易象与古今关系》亦曾有分析,诸君可批评参考。[2]

易道落实于礼制

丁耘《是与易》[3]以易道衡论柏拉图、亚里士多德、海德格尔,为之定位,察其所由,观其得失,有涣然冰释之效、豁然开朗之功。这种以中观西的工作有益于中国西学范式的构建,必将成为未来中国西学研究的主流进路。"德不孤,必有邻"(《论语·里仁》)。公羊子曰,"以君子之

---

① 参见本书"古典文教与现代技艺"部分。

② 参见拙著《道学导论(外篇)》,华东师范大学出版社,2010年。

③ 参见丁耘《儒家与启蒙》,生活·读书·新知三联书店,2011年,第217页。

为,亦有乐乎此也"(《春秋公羊传·哀公十四年传》)。

丁文谓"如以原初现象整体观之,柏拉图与海德格皆各有所偏。前者惟见日月,后者惟见天地。"根据文意,"是"(being)惟日正,正午之象,当是见日不见月,似未可言见日月。日月成易:见日月,即见日月之会。经典常训辰为日月之会。见日月即见时辰,变化见矣。《理想国》容或有月,然不见日月之会,不知易道,丁文得之矣。

《春秋文耀钩》云:"伏羲作易,名官者也"。丁文既以柏拉图虽言政治而不知尚法阴阳时变,海德格尔虽知天地生生而不知法象制官,则丁文自宜道—器—变—通—事业,①落实易道于礼制,不妨以《书》、《春秋》、《周礼》、《王制》说之,则圣学之发明,尤较深切而著明也。如《周书·成王周官》"立太师太傅太保,兹惟三公,论道经邦,燮理阴阳",明言官司之设,法于阴阳者也。所谓"论道",无非纶序阴阳。《黄帝内经》谓"阴阳四时者,万物之终始也,死生之本也,逆之则灾害生,从之则苛疾不起,是谓得道",可通。"经邦"者,犹丁文艮止于山、导水道出海以显平陆之谓也。《禹贡》每言"某水既从、某陆既作、某泽既猪、某原底平"之类,皆为经野之事。经从纟从巠。纟,丝也,巠,水道也,故经纶水道谓经。《周礼》天地四时官,开篇每谓"惟王建国,辨方正位,体国经野,设官分职,以为民极,乃立某官"云云,亦上古圣人治水之道欤?《禹贡》、《洪范》可征矣。迄至国初变法人民公社,亦自水道改作始,余幼时习睹之事也。水道汤汤,不绝于今,亦可叹也。设官之义,燮理阴阳,此义发微于伏羲作易之旨,上承颛顼命重黎、尧命羲和四岳之旧(羲和自是日月星辰之官,四岳则康成亦以为四时之官,犹燮理阴阳者也),大成于周公制礼。乃至于《礼记·王制》,虽不明以四时阴阳设官,而郑注孔疏多引《尚书》、《周礼》、《春秋》三传、《月令》以至《律历志》说之,以明礼固有损益不同,而王制官司之时义,不异于古人也。要之,华夏圣王之

---

① 《易·系辞传》:"形而上者谓之道,形而下者谓之器,化而裁之谓之变,推而行之谓之通,举而错之天下之民谓之事业"。另参拙文《形上学与形而上学:道学与形而上学的准备性思考》,见收于拙著《思想的起兴》,同济大学出版社,2007年。

学,设官治政则爕理阴阳,作史纪事则序正春秋。是故一阴一阳之谓道者,著见于政典史册之神器,明矣。

从《春秋》泓之战到《礼运》大同

今天比较了泓之战一节的《春秋》三传,区别真是太大了,感觉还是《谷梁传》解经解得最好。《左传》只讲故事,未作褒贬,但这种看似客观中立的叙述实际上在后世读者那里起到了讽刺宋襄公的效果。后世对襄公的嘲讽态度大概主要是从《左传》的"客观"叙述来的。《公羊传》"大其不鼓不成列,临大事而不忘大礼,有君而无臣,以为虽文王之战,亦不过此也",对他大加赞赏,失之迂阔,不知时变。当然它的教化力量也是很大的,因为《公羊传》主要面向未来,知道后来的人读这个肯定会嘲笑襄公,所以预为之备,以强烈的反差修辞来棒喝平庸的后世今人。《谷梁传》的解法则可谓守经以达权,知道而通变:"人之所以为人者,言也;人而不能言,何以为人? 言之所以为言者,信也;言而不信,何以为言? 信之所以为信者,道也;信而不道,何以为道? 道之贵者时,其行势也。"可谓明体达用之论,既责襄公之迂,又不落无礼之非。所以,谷梁的文风和思想,感觉都是最接近论语的,应该是最贴近孔子本人真传的罢。

《谷梁传》比较中庸,重守礼又重变通,文风淳厚清通。相比之下,《左传》就比较博杂,有丰富的人生历史教训、治国经邦经验,语言绘声绘色,充满传奇性。春秋一个时代的贵族文化风貌、大君子之风跃然纸上。后世史书显然走了这个道路。《史记·宋世家》泓之战的叙事就是采用左传的版本,良有以也。《公羊传》的语言显然是平民阶层经世儒生的语言,采用比较直白的对话体。《公羊传》的解经思路是特别强调微言大义,但它指明微言大义的解经语言却是最直白、最通俗质朴的,一点都不像《左传》那样满篇诗书华章。所以,我感觉公羊作者可能不是亲炙弟子,而是民间儒学传统。后来的谶纬传统多与公羊学结合,有很多神道设教的东西,宗教性很强,更说明公羊学是接地气的、带有强烈民间色彩的儒学传统。我很奇怪,为什么谷梁学向来不兴,只在汉宣帝的时候有过短暂的繁荣。除了经学史上的具体历史原因外,可能因为无论好故事的还是好宗教的,都有大多数人吧。而中庸的终归是少数。

泓之战,人们一般也就讲宋楚战于泓、宋襄公守古礼而败绩、股伤身亡那段故事,但其实联系前面的事,更令人吃惊。宋襄公打这个仗是从楚国被放出来不久。之前,他与楚成王约好会盟,约的是乘车之会。公子目夷劝他兵车赴会,他说我哪能失信于人,约好乘车之会的嘛。结果就被抓起来了,人家楚王是兵车。放出来不久就有泓之战,结果又犯一样的毛病,因守信而吃亏,真是生就的贵族,学不了手段。《孙子兵法》那是战国时代的兵书了,其实春秋时代完全不同,打仗也是有礼的,相应的兵书叫《司马法》,《左传》还老引用,后来失传了,后世流传的当是伪作,即使伪作也还是《仁本》第一。

后来人们反驳儒家仁政王道,就老举宋襄公的例子。这可真是个大好人,被抓去之后,立马告诉公子目夷,宋国就交给你了,千万不要为了赎我而答应什么条件。公子目夷也比较酷,他说你不说,宋国也是我的。于是楚国觉得襄公这个人质没有利用价值,就放了襄公。放出来之后,这个老好人不好意思回去,就跑到了卫国,大有羞耻之心。然后人家目夷去把他接回来,才重新做宋君的。要是赶上别的公子,根据春秋的经验,大概也不会去接了罢。或者接回来,两个人总归要死一个。所以襄公和公子目夷都是老好人。战国以后,人们一般就拿宋国这些事情作为反驳儒家仁政的例子,大概是说心越黑,国才能越强,反正宋国总是被人笑话为迂腐就是了。战国时期流行的笑话段子就总是以宋国人为原型。

所以,我们看孔子:孔子生于鲁,但家族出自宋,殷人后代。殷尚质。孔子大概是本质上一个老实厚道人,又好学,学了许多周文礼乐,然后才成就了这样一个文质彬彬的圣人罢。为人上，他大概是有宋人的那种质朴鲁钝性格的，但文化教养上却是周文的，这就构成了孔子人文的丰富性。宋是殷正脉，鲁又是周嫡传(周公封鲁，所谓"周礼尽在鲁")，所以孔子的文质彬彬，其实是有深厚历史渊源的。因为殷是尚质的典范，周是尚文的典范。公羊家的一个重要观点就是，《春秋》之作，目的就是要黜周之文(因为太过，以至腐败)，复殷之质，以救周文。所以公羊家超赞宋襄公，大概也是好理解的。《公羊传》的"复殷之质"这个说法，可证之以《檀弓》关于孔子去世前的记载，就是孔子死前七天做了一个梦：

> 孔子蚤作，负手曳杖，消摇于门，歌曰：泰山其颓乎，梁木其坏乎，哲人其萎乎。既歌而入，当户而坐。子贡闻之曰：泰山其颓，则吾将安仰；梁木其坏，哲人其萎，则吾将安放？夫子殆将病也。遂趋而入。夫子曰：赐，尔来何迟也？夏后氏殡于东阶之上，则犹在阼也。殷人殡于两楹之间，则与宾主夹之也。周人殡于西阶之上，则犹宾之也。而丘也，殷人也。予畴昔之夜，梦坐奠于两楹之间。夫明王不兴，而天下其孰能宗予？予殆将死也。盖寝疾七日而没。(《礼记·檀弓》)

"梦坐奠于两楹之间"，知道自己要回老家了，要按照殷人的丧礼给自己送别了。这之前的几年正是作《春秋》的岁月。这个人一辈子崇尚周文，晚年灿烂之极思归质朴，应该是比较合情理的。五十以学《易》可能起到了一个中介枢纽作用。更早的时候，孔子的兴趣大概主要在问礼学礼上面。《周易集解》录干宝曰："夏政尚忠，忠之弊野，故殷自野以教敬。敬之弊鬼，故周自鬼以教文。文弊薄，故春秋阅诸三代，而损益之。颜回问为邦，子曰：行夏之时，乘殷之辂，服周之冕。弟子问政者数矣，而夫子不与言古代损益，以非其任也。回则备言王者之佐，伊尹之人也。故夫子及之焉。是以圣人之于天下也，同不是，异不非，百世以俟圣人而不惑,一以贯之矣。"讲得非常好。

干宝引《论语》出自《卫灵公》第十五:"颜渊问为邦。子曰:行夏之时,乘殷之辂,服周之冕,乐则《韶》《舞》。放郑声,远佞人,郑声淫,佞人殆。"这里,我们可以看看:行夏之时,是天;乘殷之辂,是地(车行地上,《易》坤所谓"牝马类地,行地无疆");服周之冕,是人文。冠礼成人之始,因而也就是大学文教之始(十五大学始教)。所以,《春秋》表达了孔子损益三代以通三统的宏大政治理想,非高徒不能授也。颜渊死,就只能授子夏了。这个大政治、大历史,除了子夏的《春秋》学,还有授之言偃子游的《礼运》大同学。《礼运》言礼,孔子也是以三代关系为背景开始讲的:"言偃复问曰:夫子之极言礼也,可得而闻与?孔子曰:我欲观夏道,是故之杞,而不足征也,吾得夏时焉;我欲观殷道,是故之宋,而不足征也,吾得坤乾焉。坤乾之义,夏时之等,吾以是观之。"

我在《年龄的临界》①文中对礼运的分析尝言:"'如此乎礼之急也?'这个问题带起了后面所有关于礼的论述。这些论述从'观(殷)坤乾之义,夏时之等'开始,至于'大顺'而结束。'坤乾夏时'提供了礼运的宏大舞台,也就是我们这个世界的诸般琐屑事务发生于其中的伟大舞台;'大顺'则意味着这个世界的礼运,虽然不过是大道既隐之后的替代方案,但毕竟是依顺大道的行走。在'坤乾夏时'的背景和'大顺'的结果之间,所有关于礼的论述虽然都是以小康之世为背景的论述,但都是在大道之志下的论述,都是在门户的临界际会性质规定之下的论述。以此,《礼运》之礼才不是对现成礼节的陈述,而是礼之运行于大道。不如此不足以谓'礼运'。"所以,回过头来就能理解《礼运》篇最开始孔子的感叹,所谓"三代之英"的义旨了:"昔者仲尼与于蜡宾,事毕,出游于观之上,喟然而叹。仲尼之叹,盖叹鲁也。言偃在侧曰:君子何叹?孔子曰:大道之行也,与三代之英,丘未之逮也,而有志焉。大道之行也,天下为公……"

_____

① 此文见收于拙著《道学导论(外篇)》,华东师范大学出版社,2010 年。

《春秋》文质不尽于尊尊亲亲

所谓"孝弟也者,其为仁之本与"(《论语·学而》),亲亲自然是周文礼乐和孔门思想中影响深远的核心内容,非惟殷制。只是商周之间相较而言,何邵公谓质家亲亲,文家尊尊。而且,所谓亲亲尊尊之别,在有些情况下也不过是在一个相对较大的亲亲语境中择亲的方式不同而已,而不是越出亲亲的范围去贤贤,乃至禅让(如尧舜)、选举(如墨家主张选举天子)。如隐公元年何注:

"质家亲亲,先立娣,文家尊尊,先立侄。嫡子有孙而死,质家亲亲,先立弟,文家尊尊,先立孙。其双生也,质家据见立先生,文家据本意立后生。"

不过是择亲的不同方式而已:无论娣侄子孙、先生后生,俱为公子公孙,无外乎公族之门也。此为一点。

其次,尊尊亲亲可归为文家质家,文家质家则不可归为尊尊亲亲。何注止说质家亲亲、文家尊尊,不说亲亲之谓质,尊尊之谓文。亲亲尊尊只是质家文家在政治礼法方面的一个表现,未可谓文质之义仅限于尊尊亲亲矣。即令上引何注文,亦不仅限于以尊尊亲亲说文质,而且以据本意据见说文质。又如桓十一年郑忽出奔卫,《公羊传》曰:"忽何以名,春秋伯子男一也,辞无所贬"。《解诂》云:"春秋改周之文,从殷之质,合伯子男为一",是以繁简说文质也。又郑注《王制》亦以繁简说文质之义,以为春秋变周之文,从殷之质,以周制五等爵为文,殷制三等爵为质。要之,文质可以为尊尊亲亲,可以为据本意据见,可以为繁简,不可谓文质之义尽于尊尊亲亲也。

略申论之。夫子所谓文质彬彬、然后君子,自然囊括亲亲尊尊,兼美二者,但不可谓仅言于此。所谓"绘事后素"(《八佾》),所谓"刚毅木讷近仁"(《子路》),所谓"行有余力,则以学文"(《学而》),所谓"礼云礼云,玉帛云乎哉,乐云乐云,钟鼓云乎哉"(《阳货》),所谓"我有知乎哉,无知也,有鄙夫问于我,空空如也"(《子罕》),如此云云,自是言文不宜胜质;所谓"言而无文,行之不远,所谓郁郁乎文哉,吾从周,所谓敏而好学,不耻下问,是以谓之文也,所谓赐也始可与言诗已矣,告诸往而知来者,所谓居敬而行简,以临其民,不亦可乎?居简而行简,无乃大简乎",如此云云,自是言质不宜胜文。必待文质彬彬而后可。此在礼学,大概就表现在损益上面罢。损者,质之也,以质救文也;益者,文之也,以文救质也。文质相救,损益之道也。此理或通《易》。文质关系见之于《易》,则《贲》可观矣。

《春秋》借事明义与"虚拟历史"

海裔游学美国,研究"虚拟历史",遂与讨论皮锡瑞以《春秋》为借事明义思想与西人所谓"虚拟历史"说之间的异同:

皮论《春秋》借事明义,无关史实。以孔子作《春秋》非为修史,是销史归经,离史立经,诚有功于扫除泥史俗见,立定志体,恢复春秋作为万世宪法之经义,但亦有过之者。皮论本欲张显经史之间的张力,但如果完全销史入经,脱史立经,则恰又消除了经史张力。而《春秋》之为《春秋》,作为因鲁史记而制作之宪法,其特殊生命正在于经史之间的紧张位置。相较于柏拉图的辩证言辞立法的经书来说,《春秋》作为经书的独特性在于,它同时又是史,但又不是希罗多德、修昔底德、司马迁、司马光意义上的史。后者虽然也都足资垂法殷鉴,但它们都还是史,不是经。《春秋》作为经,就在于它与史的关系不是那么如实的,但也恐非如皮论所言,如实与否完全无关紧要。如果完全无关紧要,那么不必因鲁史记作可矣。百家之学也好,柏拉图也好,都是不因史记而作的思辨设计立法方式。

孔子为何要因鲁史记作《春秋》?这是他从周文、继承王官学、贵族文化的一面。因鲁史记作《春秋》，何以要黜周文而复殷质(而复殷质的本质乃是要立素王，垂法万世)？这是他平民学的一面，质的一面，革命的一面。孔子兼文质而备美，所以可为必然到来的礼崩乐坏的平等时代垂立免俗之法。贵族因素与平民因素的张力，封建因素与平等因素的张力，礼法因素与革命因素的张力，过去与未来的张力，旧与新的张力，就表现为文与质的张力，史与经的张力。不达此不足论《春秋》之为经—史。孔子的深刻伟大在于深知简单坚持任何一方都必然导致僭政。人就是这样在天尊地卑之间的动物：天尊要他高贵，但若无地卑之牵制便成骄纵；地卑促他平等，但若无天尊之提携便成卑贱。左氏知古而不知来，识小而不识大，文胜而史也；公羊知来而不知古，志大而不习小，质胜而野也。(谷梁或得中道而可宗之？)今古文之间的张力，几乎是必然发生的，因为它正是《春秋》自身张力的必然体现，因为这正是人之为人、政治之为政治的基本处境。同样的结构，在佛教史、基督教史，乃至只要有人生存的任何地方，都在发生着。如果"借事明义"之借不是在皮的意义上的无关史实的纯属假借，而是在《春秋》之为经—史的本义上来使用的话，那么我们下面的讨论便有一个比较清楚的前提。

因此，作为文质道兼的经—史，《春秋》与史实之间的关系，就既不是如实写照，也不是虚拟历史。虚拟历史完全自觉这是虚拟。但《春秋》并不明确自称这是虚拟。不简单抄录史实，但又并非虚拟，所以才是取义[①]、书法、微言。至于你所谓的西方史学中的虚拟历史方法，我想虚拟历史意不在虚拟，亦在取义。虚拟历史乃是为了论证一个历史意义而虚拟。如"没有共产党就没有新中国"。虚拟历史亦如借事明义，也必须依据一个历史事件的既有要素而来虚拟。虚拟不是凭空虚拟，而是对事件要素的重新安排，安排的结果便是：事情是按另外的样子发生，或者说发生了另外的事情。如果说《春秋》是借事明义，那么虚拟历

---

① 《孟子·离娄下》："孟子曰：王者之迹熄而《诗》亡，《诗》亡，然后《春秋》作。晋之《乘》，楚之《梼杌》，鲁之《春秋》，一也。其事则齐桓、晋文，其文则史。孔子曰：其义则丘窃取之矣。"

史则是借事件之要素而来构想另外的事件，以便明义。虚拟历史借用事件要素而来虚构另外的事件，这是通过改变某些要素的状态，以及重新安排事件要素的时间序列关系而来进行的。虚拟历史的时间性因而是抽象的时间性，是以物理学时间性为楷模的历史取义。而《春秋》借事明义，正如皮论所示，则是结合具体历史，通过对于具体历史之意义的改写而来达到明义目的的历史取义。因而，《春秋》的书写，就能在书写者本人所处的具体历史(二百四十余年鲁史)书法之中，涵容古往今来的无限宏大的历史空间，为先王继绝政，为万世开太平，以所传闻、所闻、所见之二百余年而承三统、张三世，征远古而不遗，垂万世而犹新，斯以为《春秋》乎？《春秋》之兼文质、通古今，犹如《诗》之言近旨远，《易》之远取诸物、近取诸身，《礼》之能近取譬，道理是相通的，所谓"吾道一以贯之"。宜乎刘宝楠论《论语》"下学而上达"语在七十以后，作《春秋》之谓也。

《论语》二十篇文质大略

　　论语二十篇文质之变大略如下：前十篇文而质，先礼后仁；后十篇先进而后进，质而文者也。前十篇《里仁》次《为政》、《八佾》，文而质也；后十篇颜渊问仁先子路问政，质而文也。前十篇孝悌为仁之本，周文封建也。后十篇颜渊屡空、与点之意，皆平民政治也，可谓贫而乐道者。前后文质大变之机，由《子罕》第九"唐棣之华"发起端，《乡党》第十末章"时哉时哉"明示之。

　　首篇《学而》首章三句和末篇《尧曰》末章三句，是解读全书的总纲。其要犹如春秋始"元年春、王正月"，终"获麟"。以公羊春秋读论语，据在二书皆为质性口传之书，非文章之类。《学而》末二章与首章之呼应：切磋即为学而时习之说，琢磨即为朋来之乐，"不患人之不己知、患不知人"即为"人不知而不愠"。首章论学由远及近，后章曾子三省由近及远。

《阳货》第十七"六言六蔽"，论学详矣，何以不系之此篇，以其节目繁多矣，宜为后续展开之文。"学而不思、思而不学"，何以不系之《学而》，以未全于三也。考《学而》第一所记，多以三事出之，兼天地人之道而备焉。《为政》第二杂出二三，《八佾》多以二事对举，其微言大义尤须深味。

《八佾》多二事对举，失《学而》三句之善。于此篇论三代则必截断为两章者以此。以时礼之不全德，故以讽之。"杞宋不足征"为一章，"周监二代、郁郁乎文"为另章，微言风时而已，亦春秋通三统之义也。参《卫灵公》第十五"颜渊问为邦"章，夫子告以"行夏之时，乘殷之辂，服周之冕"，是天道取夏时之等，地道取殷质之行地无疆，人道取周之郁郁乎文也。以通三统之全德寄望于颜渊者，后十篇从先进、立素王之义也，详参《先进》、《颜渊》、《子路》、《宪问》、《卫灵公》诸篇章节编排结构。又可思考何以"颜渊问为邦"不系之《颜渊》第十二，亦不系《季氏》第十六，而系之《卫灵公》第十五？王之也。后十篇之《卫灵公》第十五可比照前十篇之《雍也》第六（"可使南面"）。又，此寄望可比较《春秋公羊传》结尾夫子三叹之义："颜渊死，天丧予；子路死，天祝予；西狩获麟，吾道穷矣。"

《泰伯》第八末章称禹三事皆自卑登高者，皆质而文者、绘事后素者也。首章泰伯，周泰伯也，而避周之文就吴之野，断发文身，亦春秋黜周之文以复质之义也。复质自非蛮夷化，但以之托义耳。托义，亦公羊之常例。《泰伯》第八可对勘《微子》第十八，位置相当，复质之义亦相当，惟一以圣王说之，一以隐逸说之，犹《易》上下经天道人事之对应也。

《乡党》与《论语》前后十篇的文质之变

"君子怀德，小人怀土"（《里仁》①）。车马与宫室构成了《乡党》篇的

---

① 《里仁》篇名亦如《乡党》，义涉居处与行动、经常与权变。

两大主题。《乡党》的结构与《孔子世家》有某种对应关系。《乡党》的记述是孔子生命的索隐，也是《论语》前后十篇文质之变的枢纽。尤其是末章，正好位处前后十篇的中间。

雉的文采与共（供）后之无毛。复质不是拔毛。文也不只是呆在那里不动的文采，而是"色斯举矣、翔而后集"的知时之动。知时是权变的能力，而权变不是毫无依傍的直觉能力，而是要根据常礼容色的观察来得到，而且所谓知时权变，不过是根据时机和情境的变化来调整礼容文面的变化。

君子时哉之改作，弟子多误识，不免供之为死物矣，亦《春秋》命运之先兆也。无论解为烧鸡还是解为拜鸡，反正都是死守礼文（拱手是礼仪动作，供具亦可相关于祭祀礼仪），不知时，错失了夫子感叹"山梁雌雉"的知时之义。

《乡党》记载了一个人的衣食住行情况，但多数记述没有主语。全篇只出现三次关于这个人的称呼，一开始是"孔子"，这个称呼统摄了接下来十数章这个人在乡党的礼仪生活，然后在中间康子馈药章出现这个人的自称名（讳"丘"）。还可以注意馈药章前面那一章，也即第一部分的最后一章是他乡问人，紧接着就是在下面一章称"子"，这个称呼统摄了一直到结尾的记述，而后面这些记述涉及的主题是君、朋友、车马、时变和迁徙。当这一部分也讲燕居的时候，却说的是"寝不尸，居不容"。因为这是在变中的燕居。从一场变故开始称"子"之后，时与变的含义发生了变化。此前是"孔子"的时变，也就是在乡党礼文内部的时变，此后是"子"的时变，也就是"山梁雌雉"的时变，即文质之变。而这样的时变是只有作为立法者的素王才能知的，才能行的。这样一个立法者不再是乡党的孔子，而是经过了自称私名（"丘"）而达到的大公无名（"子"）。这个意义上的无名之子也就是素王。

经学与史学的古今之变

"经学史学化"似乎是现代经学的根本问题。诚然如此。因为,史学化的经学不再把经作为经来研究,而只不过当作一种"史料"。于是,经学史与任何其他专门史、思想史、文本接受和解释的历史研究,不再有任何区别。于是,无论对于经学和经学史的研究者来说,还是对于这些研究者身处其中的大学和社会来说,经典和对经典的阅读和研究不再有任何切身的关系,不再是精神生活、文化生活和制度生活、物质生活的一部分。所有这一切问题的集中表现之一,显然可以称之为"经学的史学化"。于是,为了重建经的生活世界与尊经的经学研究,目前的首要任务之一便在于反思"经学史学化"的问题。

然而,一当我们深入思考古典世界中的经史关系,很快就会发现,反对"经学史学化"的提法很可能是有误导性的。因为,这种提法有可能把经与史对立起来,似乎只要摆脱了历史,先王经典就可以像某些中亚和西方民族的"圣典"那样"超越历史",变成独立于时代变迁之外的"神圣文本",从而永远免于被历史夷平和去魅的厄运。这种想法的出发点是为了尊经和重建经学,但是,由于它看问题的眼界本身就不是从传统的经史关系中培养出来的,所以,它很可能不但无法挽救经学,而且还有可能引入西方"圣典"和"宗教"形态的问题,旧病未愈,复添新疾。

况且,如果我们深入考察西方宗教与历史学关系的话,就会发现,今天在中国发生的所谓"经学史学化"的西方现代性起源,恰恰与基督教对于西方历史观念的影响难脱干系。西方"圣典"和"宗教"是建立在否定人的生活历史基础上的教化方式,所以,当它影响历史观的时候,产生了两种典型的现代历史观形态:一是激进否定历史传统的末世论革命形态,一是"客观中立地研究历史"的实证主义史学形态。这两种形态分属两个貌似相互对立的现代意识形态阵营,但本质上都不过是以基督教的宗教教化方式漠视历史乃至敌视历史的现代变形。

而在西方现代史观影响中国之前，中国固有的经史关系则是一种相辅相成的良性张力关系。六经的前提是先王史记和礼乐制度，六经的形成则有赖于圣人对于先王史记和礼乐制度的削删、损益、述作，乃至重新立法、以俟后圣。反过来，中国历代史撰又深受经义的影响，远不止是时间、人物和事件的"客观记录"，而是无不含有教化的意图和褒贬的笔法。因此，中国经典的"神圣性"非但不是由超历史的教条来得到保证的，反倒恰恰是由它的"历史性"来承载的，因为，中国历史所记载的远不是所谓"毫无意义的治乱循环"，而是天命的发生、保有、丧失和变革。所以，中国历史记述中最重要的一点乃是关于正统的判定。所以，如果为了挽救经而牺牲史的话，那么，很可能会抽空经，把经从先民的生活经验中抽离出来，变成教条化的东西，从而进一步加剧六经在现代化过程中的劫难。

所以，所谓"经学史学化"的危机，首先还不是经的丧失，而是史的丧失，也就是说，史不再是经的实践，史学不再与经学发生关系。只有在史学的这个重大变化之下，"经学史学化"才成为经的劫难。而只要史还是经的史，那么，经史之间固有的张力，就非但不是威胁经典生命的东西，反倒正是中国经之为经的活力保持机制和现实发生基础。所以，对于中国古人来说，经的"超越性"和"神圣性"从来不是通过"超越历史"而是通过"通古今之变"来实现的。

还有一个同样值得反思但也同样富有误导性的提法是通过严格厘清经与经学、史与史学的区分而来重建经史传统。所谓"某某学"构成对某某东西的破坏这种观点的前提，其实不过是遗忘了"学"在中文里的固有含义，把"学"降低为"logos"的翻译对应物。从西方学术传统中发展出来的一系列以"-logy"为词尾的所谓"学"自然构成了对所研究事物的逻各斯化破坏，但中国固有的"某某学"并不含有这样的逻各斯暴力破坏机制。学者效也，学非但不意味着对研究对象的宰割，反倒意味着对所学对象的效法。所以，传统形态的经学和史学并不构成对经史的破坏,反倒是发扬经史传统的必要工具。在受到"逻各斯学"形态的学术影响之后的今天,如果我们不加分析地一味反对任何意义上的"学"的话,那么,非常令人忧虑的是,如果不借助真正的经学和史学的话,何谓经史的本义将来就会湮没无闻了。如果不加分析地一味反对经学和史学的话,那么,中国经史就会越来越脱离它本来固有的理性形态,堕落为一些"宗教性的"教条性的东西。今天到处流行的庸俗国学,就有这个特点。

札 记 四 则

一、之光做《洪范》研究,问《洪范》与相关经书读法。答曰:今人学问流弊,不得大体。读《洪范》要建立在通读《书经》的基础上,将来再专注定位到《洪范》不迟。《尚书》等群经都要先读汉唐注疏的所谓正经正注十三经版本,奠定起码的学养基础,然后才谈得上其他质疑考证之类。一上手就是清学考证,加上西学实证方法,群经大义尽失。不识道体,虽详何益。古之学者为己,今之学者为人。现代专门论文徒以示人耳,何以为己? 何以为圣人? 譬如今人读《诗》,蔽在不知诗何为而作。《大雅》久不作,《风》亦沦为抒情、审美、文学之物,斯文扫地,陋之甚矣。故今日读《诗》,不必侈谈今古文之争、汉宋之争,宜先径读《毛诗》传笺,参以朱子《集传》。结合《尚书》、《史记》读《雅》、《颂》,先立其大者,再结合《左传》、《国语》读《国风》,以尽其情伪,庶几可免俗学情诗审美之蔽矣。今人读礼,先宜领会礼义。《礼记》本因礼仪而作,自然不能不接合《仪礼》。但今日重点仍在《记》,以《记》为损益之书,礼义之书,借以习古礼、作新礼之书。《周礼》是王者书,也就是政治立法书,宜最后涉及,可参熊十力《上周公书》。所谓社会主义传统,可由此重新解释。今人读《春秋》,还是不妨先读《左传》。没有《左传》的叙事,光读公、谷二传的微言,恐流于空疏,虽然我们的旨归是今文大义。当然,就同一句经文,讲的故事往往不一样,乃至经文亦有不同。这个暂时不用管,先读再说。至于五行灾异,其学甚微,可不慎与,必循正道,然后庶几有得。可从董子《春秋繁露》、《天人三策》入门,中经《左氏》、《公羊》,止于《周易》可矣。谶纬方术,非专门研究需要,君子存而不论。汉人读《易》、《洪范》、《春秋》,喜谈象数与五行灾异。今人德薄,无汉学之厚重,岂知汉学之精微?故习汉学象数者,尤须做功夫,修德厚道,乃可与闻象数精义,庶几可免贼物之弊也。[①]近日读《左传》昭二十九年传蔡墨(史墨)对魏献子论龙,从五行官各司其物立论,后又联系《易》乾、坤中的几条龙,颇能发明《洪范》五行之义,或于你的《洪范》研究课题有参考价值。尤资启发者,以其五行官司之说,提示《洪范》五行可能有上古政制的对应物,不惟抽象概念。《大禹谟》以五行与谷并称六府,值得深思,似乎只要有了粮食,五行就可以止于谷,行者即可变而为府库之意了。考诸《周礼》,六府皆有落实。农府散在地官,仓廪场圃山林虞衡诸官之事也;火水金木土五府,都在冬官百工。顺序方面,也值得思考。孔疏以为《洪范》以生数为次,此处则以相刻(克)为次。

二、近日重读了一遍《洪范》,想到汉人看世界、察人事的思想方法,可能深深地根植在这篇殷人遗留的大法之中。经学如伏生书传、公羊春秋,治国如董子三策、春秋决狱,乃至如水利建设、医学发展(《内经》、《伤寒论》),无不是洪范大法在生活实践中的落实。一部《尚书》读下来,感觉《洪范》仿佛是全书的枢纽,前面汇集了唐虞夏商先人的诸多成果,后面开启了郁郁周文万世维新的端绪,即使这个端绪还远没有达到文化繁荣的顶点,而是保留着上古的质朴省简。但它已经充分展开了,展开到这个文化礼乐名物制度的每一个神经末梢,表里精粗无不到,无不明哲听审而睿智仁通。但它仍然是质朴简明的,似乎它就是斯文之命的一个胚胎、种子,初始而完备,只等着周文汉制来把它发扬光大,枝

---

① 《礼记·经解》:“易之失贼。”

繁叶茂。联系《禹贡》九州、《洪范》九畴与周文的经礼三百、曲礼三千，以至周官的跻跻跄跄，仪礼的雍雍穆穆，文质彬彬之道尽矣。又揣摸孔子之为人，虽曰从周，而其先系出殷民。叶落归根，大概晚年的夫子也多思归藏罢，不然何以赞《易》、作《春秋》，梦坐奠于两楹之间而后没？虽然，少壮不经礼乐熏陶，野人矣，无由复上古之质，此为今日哲学学生尤需注意之事。今日之疾，虚实夹杂，文质交相胜。文胜质者，以主义竞起、知识爆炸、媒体嘈杂、广告纷纭；质胜文者，以工具理性、专家治国、崇利尚力、野蛮无礼。今日之药，则非兼用三代，不能济也。一点读书感想，随便写来，供你参考。又及，两点补充说明：赞易自是周易，非殷归藏，此取其归至赜于简易这一点上，二者是相通的。作《春秋》：公羊所谓黜周之文，复殷之质。当然，左氏传承了春秋学礼乐粲然、文史炳炳的一面传统，今古相合，文质彬彬，方见夫子之道之大。

三、《史记·商君列传》："孝公既见卫鞅，语事良久，孝公时时睡，弗听。罢而孝公怒景监曰：'子之客妄人耳，安足用邪！'景监以让卫鞅。卫鞅曰：'吾说公以帝道，其志不开悟矣。'后五日，复求见鞅。鞅复见孝公，益愈，然而未中旨。罢而孝公复让景监，景监亦让鞅。鞅曰：'吾说公以王道而未入也。请复见鞅。'鞅复见孝公，孝公善之而未用也。罢而去。孝公谓景监曰：'汝客善，可与语矣。'鞅曰：'吾说公以霸道，其意欲用之矣。诚复见我，我知之矣。'卫鞅复见孝公。公与语，不自知䣛之前于席也。语数日不厌。景监曰：'子何以中吾君？吾君之驩甚也。'鞅曰：'吾说君以帝王之道比三代，而君曰：'久远，吾不能待。且贤君者，各及其身显名天下，安能邑邑待数十百年以成帝王乎？'故吾以强国之术说君，君大说之耳。然亦难以比德于殷周矣。"有意思的是，在太史公的叙述中，商君四见秦孝公，开头两次分别是以帝道、王道说孝公，似乎商君初衷亦有大道，只是因为大道不行于世才退而求其次，说孝公以霸道才接近孝公的兴趣（即使春秋的霸道还是道，而不只是战国的"强国之术"），最后以"强国之术"获用。这个叙述似乎暗示我们，《商君书》不过是时君所能听取的道理罢了，它的背后还隐藏着更重要东西，这些东西已经消失在秦孝公宫殿的昏沉空气中，而我们所能看到的，只不过是四见孝公之后的商君言行罢了。从商君书的激烈情绪看，这个叙述似乎不像是商鞅本人的实情，而像是汉家制度用儒家消化吸收法家的尝试所产生出来的历史改写。这个改写是意味深长的，它引导我们用一种带着同情的批判、带着批判的同情来看商君这个人物及其影响深远的变法改革，从而最终有可能从法家走向王道乃至天下大公的帝道政治理想（帝者谛也，原非专制）。

四、历代学问气象：汉学从容博大，宋学高明笃实，明学意气风发，清学徒呈小慧而已。清人冒汉学之名攻击宋明，谬种流传，至今不绝。清人之不堪，譬如毛奇龄，虽然文献考据贡献很大，但是戾气熏天，大言不惭，毫无大人君子之风，委实可怜。朱子毕生反复修改《四书集注》，又作《四书或问》，反复探讨，《语类》中亦多商量，颠沛造次必于是，常思己过，砥砺切磋，其气象如此。反观西河《四书改错》，书名即透露戾气、怨气、霸气、小气，何曾有一点"如切如磋、如琢如磨"的《大学》淇澳之风。斯文扫地如此，考据贡献于经学何益！更有甚者，现代学院学者上承清学，外接西方实证史学，乃有今日侮辱圣贤、亵渎经典的所谓经学研究和经学史研究，而且成为所谓经学研究的官方主流，令人心寒。有识同志必须奋发有为，拨乱反正。为往圣继绝学，已经沉沦太久了。西河习气，实承晚明而来。晚明学风狂悖，多有不堪者。而西河论晚明丰坊之流造作伪经，窜乱《大学》，归咎于朱子首开其端，却有不公。朱子全无所隐，某句原在某句之下，今移某句之下，某字当训作某字，某章原无，又度经文之意与程子之意补传格物云云，一无所隐。后之读者可以根据《集注》，毫不费力地恢复古本《大学》原貌。而自阳明以来，以至于西河，攻击朱子窜乱圣经，以至于古本原貌不见天日云云，实有言过其实之处。朱子改经，自然不妥。古本义理本来一贯，自然无须另行安排。不过，朱子《集注》，交代明白，从容商量，而晚明诸子攻击朱子改经，却不惜伪造经典，或如魏校之徒，臆说纷呈，全无章法，至于西河又号称"改错"，气局何等猥琐，促迫不堪。较之朱子之诚恳笃实，云泥立判矣。

古典文教与现代政治、伦理

王道与人民共和：中国宪政的传统资源①

每一个时代都有它的过去和未来。先贤所谓"通古今之变"（司马迁）、"为往圣继绝学、为万世开太平"（张载），从来都是未完成的事业，是需要每一代新人面对新的时代状况，一次再次地回到古典，一次再次地重新开启的事业。《诗》云"周虽旧邦，其命维新"（《大雅·文王》），不是一劳永逸的颂歌，不是愚顽坚执的自信，而是"战战兢兢、如临深渊、如履薄冰"（《小雅·小旻》）的日新其德、变化其质、重新奠基。

六十年前的建国大业和三十年的经济发展，为今日宪政建设提供了必要前提和坚实基础。但是，更前提的前提和更基础的基础，却是数千年中华法系的政治传统和法理传统。这个传统一度被认为是非法的：它要么干脆被视为没有宪法和法律的野蛮统治形态，要么被认为是建立现代宪政和法制的障碍。这些夸张的观点曾经是一个时代的激情产物和宣传的需要。现在，革命激情已经消退，刻意矮化传统智慧的需要已经成为历史。新的需要于是产生出来：就是如实的历史研究和取法借鉴，以便为新时期的新任务做准备。

---

① 本文曾报告于北京大学法学院主办的"宪政、公共政策与法学研究新范式"学术研讨会（2010 年 10 月），部分文字曾发表于《文化纵横》2012 年第 12 期。

古人说反古开新、贞下启元。越是要创造前所未有的新事物，就越是要"往事越千年"，回到比通常印象中的古代还要古老的古代。现代人通常印象中的古代主要是明清两朝带来的图景。当年孔子"与于蜡宾，事毕，出游于观之上，喟然而叹"，想到了三代以前的"大道之行、天下为公"，远远越出了他自己时代的"古之道"，也就是周文礼乐的封建制度。孔子编《尚书》从尧舜开始，更有百家远承羲、农、黄帝之风，那就更加远古了。

每当古今交接的过渡时代，人们都要大大扩展对于古代的想象。可以说一个时代的人们对于古代想得有多远，对于未来就能想多远。人民共和的前途是深远阔大的，也是远未确定的，这种处境跟春秋秦汉之际的百家先贤所面临的处境是类似的。中华民族在那个"轴心时代"不是像世界上其他某些民族那样一味提倡新思想，发展新学术，搞新制度革命，而是努力拓展历史的记忆力和想象力，百家都以返古开新为使命，以某位先王的传统为革新的依据。所以，从一开始，中国政治思想就表现出清明的历史理性精神。《经解》所谓"疏通知远，书教也"，就是这种历史理性指导政治思想和实践的表现。

《庄子·天下篇》描述了这种疏通知远的百家之争。百家都是先王大道的组成部分，只不过因为礼崩乐坏，王官失守，每家继承了大道之一偏。无论百家之间如何是其所是，非其所非，它们之间的统一性都是先王大道。《易传》所谓"天下同归而殊涂，一致而百虑"，反映了那段时期的思想史状况。正因为百家皆以先王大道作为共同基础，所以，诸子之争并不是主义之争，因而也不是西方常见的古今之争、诸神之争、诗与哲学之争、哲学与神学之争、科学与宗教之争、神圣与世俗之争、意识形态之争、文化冲突等各种否隔不通的争论形式。华夏之所以越来越大，没有分裂、萎缩、消亡，实在有赖于这种通三统的历史理性精神。今天，在宪政建设的共同目标下，各路人马都应该放弃狭隘的主义之争，回归"疏通知远"的历史理性精神。

孔子删定六经的革命意义和立法意义

法在古代中文语境中主要指刑法。但礼乐刑政是一个整体。①阐明和规定这个整体的文本既可以说是具有宪法学意义的文本,也可以说是超出了宪法学意义的文本,或者说它是一种独特法系传统中的宪法样态,这种样态包含着对宪法的不同理解:它包含着对何谓"宪法"本身的立法。

在中国古代,这类文本总是以学术的形态表现出来,但这里所谓"学术"却不是与政治无涉的独立部门,而是作为国家重要组成部分的学术建制,也就是经学;同时,这里所谓"经学"也不是与"俗世"有距离的"宗教"意义上的经典和经典解释学,而是直接进入国家政治生活、司法实践、教育和选举体系的经书。这样的经书和经学是历史文献、学术研究,也是国家政治、社会伦常和精神信仰的渊薮。它们不但是一个国家的根本大法,也是整个社会,乃至整个民族历史的根本大法。如果一定要套用"宪法"这个并不合适的名称的话,那么,我们或许可以称之为"经学式宪法"。

当然,即使那种以形式化和规范化的约法为基础概念的宪法形态也必然是一个民族的历史、信仰和习俗的理性表现,但是,在成文宪法中对这一点是否自觉以及对它们的自觉程度却是不同的。形式化的约法概念对此缺乏自觉或自觉不够,因此,那种宪法形态不能有效地纳入时间和变化,于是就与动态的革命概念形成了一种抽象的对立。由此导致的后果很广泛,譬如说在历史问题上形成了古今之争,在地域、文化和国家问题上形成了狭隘的现代民族建制(现代所谓民族的划分是古今历史割裂的后果之一),在社会经济政治生活上纠结为资本主义自由民主的"历史终结论"。所有这些表现形态的弊病,都是未能做到通

---

① 《礼记·乐记》:"礼以道其志,乐以和其声,政以一其行,刑以防其奸。礼乐刑政,其极一也。"

三统和大一统(通三统和大一统关系密切,大一统并不是"封建专制"的意思)。

相比之下,经学宪法不是一代人的约法,而是历代祖先、圣贤、历史、文化的积累。它是常经大道,"天不变道亦不变",也是权变损益、与时俱进。它超越了革命与宪法的对立、这种宪法与那种宪法的对立、这种主义和那种主义的对立、这种制度和那种制度的对立、古与今的对立、民族与民族的对立、豪右与豪右的对立、党派与党派的对立。《洪范》①所谓"无偏无党,王道荡荡;无党无偏,王道平平;无反无侧,王道正直"大概就是这个意思。《中庸》云:"道也者,不可须臾离也;可离,非道也。"经是不可逃离的大道,宪法是不可能违反的大法。一群人坐在桌子面前是约定不出宪法的,或者说约定的法本身也必定是有所遵循的。西方所谓自然法、神法也被认为是约法所遵循的法,但无论自然法还是神法都有一个致命的基本缺陷,那便是孔子所谓"质胜文则野"的问题。纯粹理性和精神信仰都是毫无依傍的东西,而神话和习俗却又太驳杂不纯,"文胜质则史",所以在西方哲学和法哲学传统中就形成了自然和习俗的紧张、信仰和神话(迷信)的紧张。现代西方所谓宪法,无非是这种紧张关系的斗争结果和妥协结果。而这个问题,早在孔子削删六经的时候,就已经解决得很好了。

中国人之所以一直没有现代西方所谓"宪法",不是因为政治文化不发达,而是因为太发达了,以至于不需要。经学宪法或者说礼法是更高级的宪法,因为它是建立在"文质彬彬"基础上的法,是通三统而大一统的法,而不是那种不得已而与习俗和历史相妥协的自然法或神法,也不是那种建立在害怕革命心态上的所谓"反革命的"形式规范法。它是相对规范的礼,也是其命维新的道。是"革命的",也是"反革命的"。

从大的方面讲,全部六经之所以成为经典,都是孔子削删的结果。在他的这个削删里,包含有如何损益三代以为后世制法的革命意图在

---

① "洪范"篇名的意思就是大法、宪法。洪、宪都是大的意思。

内。所以,经过孔子削删的先王经典,本身既是一个革命改制的成果,即通用三代礼法而来变革周文之蔽的革命成果,同时也是基于先王法典为后世立法。这个关系非常要紧:由于孔子的经典革命,中国礼法传统既避免了婆罗门教、犹太教式的漫无节制的固守成法,也避免了佛教、智者运动、基督教、启蒙运动式的漫无节制的激进革命。前者文胜质则史,后者质胜文则野,而自尧舜禹汤以至于文武周孔的一贯之道则是文质彬彬的中庸之道。"道之不行也,我知之矣:知者过之,愚者不及也。道之不明也,我知之矣:贤者过之,不肖者不及也":在《中庸》里,孔子如此慨叹,再三慨叹,我们一定要去体会在这些慨叹里蕴含的历史意义,才能理解中国经典何以为中国经典,它们如何不同于印度和西方历史上出现过的种种旧典和新书,也才能理解为什么从汉代以来中国的"立宪"行动总是通过经学学术的方式进行。

在孔子的时代,一方面文化臻于高度繁荣发达以至于贵族生活糜烂,另一方面激进黜文的革命思想开始蜂起。可以说百家大半都是质家,都是要革周文的命。这时候就有儒家出来反对他们。但是这样一来,这个儒家就从整全的先王之道降低为诸子百家中的一个子了,成为单纯文家的代表,也就是当时被革命的对象。孔子对此深有忧虑,《礼记》的《儒行》篇对此有记载。所以,孔子告诫子夏说"汝为君子儒,勿为小人儒",就是告诫当时所谓儒家不能简单地与各路质家对抗,以捍卫周文的一个子学姿态来自限其命,而是要请复其本,复归先王大道的整全,文质彬彬,通三统而救周文,实现周文自身的其命维新。这就要求把堕落到子学形态的儒家救回到先王之道的大路上来。于是孔子晚年自卫反鲁,就开始赞《易》、作《春秋》、正《礼》《乐》、修《诗》《书》,为后世开启通过经学而来日新礼法的路子创造条件。如此,通过经学,就可以把儒家从子学小儒的堕落形态中救回来,从而维系了中国自古以来就有的政学结合的传统。

这个任务启辟于孔子,行成于汉代。先是西汉今文学首倡圣经,后来又有自汉至唐的古文经学来补今文学质胜文的偏差,又至于宋明以质救文，又至于清学以文救质，乃至近现代新学以质革文，无不是经学经世的遗意。所以，只要我们从根本上领会了孔子削删六经的大义，深味建立经学的革命意义和立法意义这双重看似矛盾的意义，那么，无论我们读六经中的哪一经哪一篇，都可以找到中国宪政的传统资源，为将来的宪政建设寻求深刻的启发。尤其是对于人民共和国这个处在"革命尚未成功，宪政先要建设"局面的新生政体来说，尤其有着特殊的指导意义。

时间、革命与宪法

人民共和国宪政建设面临的根本问题在于如何理解党和国的关系，而这个问题的根本则在于如何理解革命和宪法的关系。这是因为：共和国的创建者是一个革命党，而在国家已经建立而革命尚未完成的时候，必须建立一种过渡性的法治状态，这便是"初级阶段"和"中国特色"理论产生的历史背景。这样一来，中国特色的初级阶段宪法就必定不可能是终结革命的纯粹规范性秩序，这个党所要坚持的革命也不再是单纯破坏秩序的革命。于是，一种非常困难的任务就摆到了共和国的法理学面前：那便是如何动态地理解革命和宪法的关系，而不是把它们视为一对抽象的形式对立的东西。在这个问题上，中国古代礼法的传统提供了重要的启发和借鉴。为什么可以到古代去寻找启发和借鉴？这不是别出心裁、异想天开，而是因为：今天之所以成为今天这个样子，这绝不是任何个人或组织或某种主义能在一百年的现代历史中所能造成的结果，而必定是全部中国历史传统和所有外来影响合力造成的结果。一种深刻地重塑了中国的思想和力量不可能只是外来的，它必定是激发了这个古老民族的磅礴而厚重的底气才有可能成就建国伟业。

根据现代西方的通常宪法观念,宪政状态是革命状态的反面:宪政是秩序状态,革命是秩序的破坏和重建;建立宪政是革命结束的要求,也是结束革命的要求。如何通过规范化的立宪技术和宪政体系的建立而一劳永逸地终结革命? 这似乎是现代宪法学的核心任务之一。但在中国古代传统中,革命与礼法的关系却不是这样形式地对立的。《礼记·礼器》说:

> 礼,时为大,顺次之,体次之,宜次之,称次之。尧授舜,舜授禹,汤放桀,武王伐纣,时也。诗云,"匪革其犹,聿追来孝",天地之祭,宗庙之事,父子之道,君臣之义,伦也。社稷山川之事,鬼神之祭,体也。丧祭之用,宾客之交,义也。羔豚而祭,百官皆足,大牢而祭,不必有余,此之谓称也。诸侯以龟为宝,以圭为瑞,家不宝龟,不藏圭,不台门,言有称也。

这意味着,革命和禅让、继承并没有本质区别,只不过是时势的不同而已。而且,更重要的是,或革命或禅让的这个"时"并不是"礼"之外的东西,更不是与"礼"相对立的东西,也不是说,和平的政权授受是礼或宪法秩序之内的事情,革命就不是礼或宪法秩序之内的事情。或许可以说:礼法是包含革命在内的超级宪法。顾亭林关于"亡国"和"亡天下"的思考,就是在这个"礼,时为大"的礼法框架中的思考。

"礼,时为大"的意义在于:革命同样是礼法秩序之内的事情,而且是礼法秩序中最重要的事情,甚至毋宁说制礼作乐的目的就是为了保持革命状态:苟日新,日日新,又日新,与时俱进,与道偕行。天道就是自强不息、自我革命的。人礼既然是法天的制作,就绝不仅仅是一套形式化的"伦"、"体"、"义"、"称"的规范,而是应该有着温润而和平的自我革新理想。"革命的宪法":这在形式化的现代西方宪法学中是一个矛盾的概念,但在中国却有悠久的传统。这个传统要一直上溯到最初的先王伏羲和他制作的卦象。"易"或者"道":这不只是"变化规律"一类的东西,而是中国人最终极的天理和人情,是相当于西方人所谓最高理性和信仰层次的东西,只不过在他们那里,理性和信仰是相互对立的东西。"一阴一阳之谓道":道是阴性的贞定秩序,也是阳性的革命不息。《易》乾:"天行健,君子以自强不息",坤:"地势坤,君子以厚德载物"。乾坤并建,然后有天道人情。《大学》所谓"在新民,在止于至善",就是这个意思。《周礼》法天地四时运行,设三百六十官,也是这个意思。《礼运》在三代之英的大同历史之后退而求其次,认真设计小康社会的礼法,既充分尊重这套礼法,又保持一种礼运小康以至于大顺的理想,也是这个意思。

这个天人一贯的意思表现在历史叙述上,譬如就是《汉书·律历志》对三皇五帝以至于三王、春秋、秦汉的一贯叙述上:在这个一气贯下的叙述中,我们惊讶地看到,无论是血统氏族起源的不同,还是禅让、继承、革命的差异,甚或政体和制度的嬗变,都不构成中国历史连续性乃至王道正统连续性的障碍。这对一个囿于各种形式主义的现代法理思想和政治哲学教条的读者来说,都是无法理解的,就好像他们也无法理解"人民共和国"、"新民主主义"、"初级阶段"、"中国特色"等提法一样。有这样的传统作为底蕴,今天继续完成通三统的任务,把人民共和国的革命叙事和宪政建设与古代传统联系起来,又有什么困难呢?不过是一个中国人应该做的本分工作而已。而且具体做法,古人已经给出了明确的范例。现代人总是倾向于夸大现代与古代的差别,缩小古代不同时期之间的差别。实际上,三皇五帝与三代的差别、商周之别、周与秦汉之别,一点都不比"君主民主之别"小多少。

在中国古代历史中可以看到,所谓已经形成的礼法制度,无不是在革命改制、继承旧制和建立新制的复杂关系中形成的。《尚书》的大部分篇章都是在汤武革命带来的困境中完成的礼法创制,《春秋公羊传》和《春秋繁露》是在周礼崩坏、秦政无根的困境中通过回溯古礼而更新出来的礼法创制,《朱子家礼》和《明夷待访录》(虽然这个是成文而未付诸实行的)则是为了适应日益平民化的新型社会而尝试的古礼更新。

实际上，在中文传统中，一切思想和制度的基础都是时间性的，因而在某种意义上也可以说是革命性的。

黑格尔说中国相应于他哲学中的"存在"、中国历史停滞不前没有变化云云，刚好是说反了。一个东西你越了解得少，就越不能分辨它内部的细节。学习的过程往往就是学习分辨细节的过程，也就是一个文化的过程。对中国文化不了解的结果，就像看外国人，觉得谁跟谁长得都一样，没有区别，没有变化。就像美学界也有这样一种缺乏教养的见解流毒甚广，以为中国画千人一面，没有个性。这一类见解除了表明论者缺乏对所论事物进行细分的文化教养之外，不能对所论事物形成任何有意义的知识和判断。他们唯一应该做的事情就是去老老实实学习中国历史和文化，就像现今中国小学生背外语单词一样记住一些最基本的面貌和名字的关系：哪些是秦汉，哪些是唐宋，哪些是董巨，哪些是倪黄，不要继续用一种野蛮人的态度指着这些无限丰富的东西说：他们都是中国的东西，看哪，都是一些看不出相互区别的东西。这样一种面对中国历史和文化的无教养态度，这样一种恬不知耻的指手画脚的指点，如果说在缺乏中国教养的十九世纪西方还是可以原谅的话，那么，在二十世纪以至今日的中国，竟然成为一种差不多是不言自明的对于中国历史和文化自我想象，就非常可悲了。西方殖民主义在政治和经济上的野蛮被中国军队赶走了，而他们在文化上的野蛮却一直持续到今天。人心上的殖民地，乃是最难拔除的野蛮。如今，任何一个中国中学生对于西方语言文化和历史的了解，已经远远超过一个欧美大学生对中国的了解。对于约翰和汤姆的长相差异，一个中国中学生的分辨能力，已经超过一个欧美大学生对张三和李四的辨别能力。在这种时候，如果西方仍然夜郎自大地陶醉在黑格尔的无知论断中的话，那么他们就是在把自己放在一个世界历史的极为危险的处境中；而如果中国的这些从小就学习西方语言的学生到死都只能蒙昧地从西方获得自我想象的话，那么，中国就处在一个更加危险的处境中。因此，在学习和教育问题上，我们处在一个必须革变的时机，一个必须通过革变而来建立新型教育体制的时机:在这个已经"崛起"的国家,当务之急不再是盲目接轨,而是重新自我认识。这意味着,在继续学习外语、吸纳西方优秀文化的基础上,一定要开始用同样多乃至更多的时间和精力来学习自身历史和文化的优秀传统,开始用分辨约翰和汤姆的细致耐心来分辨张三和李四,开始认识中国人自身面貌的丰富性,解放思想,放弃成见,开始一个全面的自我认识过程。这便是我们今天来考察中国古代礼法和未来宪政建设的时代背景。

从"时间"的主题来看,黑格尔那种意见的前提是进步论的线性时间观。这种时间观是对希腊宇宙论理性和基督教末世救赎信仰的一个综合。基督教的线性时间看起来与希腊人的环形宇宙模式很不相容,但是,在深层旨趣上,它们却分享着对时间的克服意图。无论 kosmos 的理性秩序还是末世救赎的信仰,首先都是把时间视为蠹虫:所有形式的腐朽、堕落、败坏、混乱、罪恶、善变的欲望和激情、不测的机运和偶然性、妇女、儿童、奴隶、物质、陌生人、历史和未来、疯狂和水,无不隐藏在时间的可怕阴影之中。出于对时间阴影的惧怕——犹如希腊城邦市民对城郊森林的惧怕或犹太人对异族的惧怕——希腊人把时间铲平为一个环形的广场空间,基督教把时间照亮为一个一览无余的线性坐标,以为这样就可以纳入万民的历史和未来(黑格尔的历史哲学就是干的这个事情)。这样一来,时间就得到了彻底的"克服",不再黑暗,不再可怕,但时间也就不再是时间性的,而是超时间或无时间性的。超时间本来是一种弱者的发明,却被视为一种强大无比的精神胜利,到处受人膜拜,实在是人类文化的悲哀。

于是又有所谓循环时间观的重温。但是,所谓循环时间这种说法,只要它仍然是局限在西方语境内部的,那么,它就要么是回到希腊理性宇宙论的空间化时间观,要么就是对基督教线性进步论时间观的一种孩子气的反动:是对这个所谓俗世及其全部欲望的妥协和自甘沉沦,是对教化任务的无耻放弃,而这也就是所谓后现代主义。于是,西方在全面反思线性时间观之后,不但没有解决问题,反而陷入了更大的分裂困境,即所谓古典理性主义与后现代主义的对峙,反不如那种作为两希综合的黑格尔式现代理性主义那样能把西方整合为一个西方。二十世纪以来的西方精神世界日趋分裂,而中国却逐渐走上了重新通三统的方向。

中国人的时间观,如果一定要来概括的话,大概既不是线性时间,也不是循环时间,而是也许可以叫做往复的时间观。《易》云"一阴一阳之谓道",又云"寒往则暑来,暑往则寒来,寒暑相推而岁成焉。"中国人的时间图景既不是线性的也不是循环的,而是阴阳的往来相推而成岁时。《易》卦的剥复、泰否、既济未济的关系,以及时有出现的"小往大来、大往小来"等判辞,都是这种往来时间观的体现。与这种时间观相对应的历史观,也许可以叫做文质相复的历史观。这种时间观和历史观所反映的,不过是天地人生万物发生运化的实情,也就是道、诚、易、性这些字所说的东西,而不是形式、理念、绝对神、抽象主体一类虚构出来的静止不动、愚顽不化的东西。

所以,如果说革命与宪法在西方思想语境中是一对对立范畴的话,那么,在中国传统中恰恰是一件事情的两面。譬如在《易传》里面讲革命是紧扣一个"时"字:"天地革而四时成。汤武革命,顺乎天而应乎人。革之时大矣哉"(《革卦象传》);在《礼记》里面讲礼法制作也是"时"字当头:"礼,时为大。"(《礼器》)所以,礼法要去效法的东西并不是不变的几何知识那样的公理原则一类的东西,而是与革命的根本精神一致,是去效法变化之道:一种礼法制度好,是因为它可以有效地疏道(疏导);不好,是因为它否隔不通,不能疏导。同理,所谓革命,无非是在否隔不通的时候疏通,重新建立可以有效疏导的礼法制度。疏通的,就是达命的;否隔的,就是命穷的;命穷的就要革命,以便重新疏导。所以,无论求变的革命还是守成的宪法,重要的都是一个道、命的通达顺畅。这个道理在《易经》的每一个卦象里都在讲,在《尚书》、《周礼》和《春秋》里则落实到政治生活的每一个细节。譬如《礼记·礼运》篇讲了从尧舜到文武、从大同到小康的天命时革,然后又从小康礼法制度的完善达到礼运的大顺。在这里,我们看不到动变和静止的形式化区分,无论革命还是制礼都不过是礼运的要求。又如《商书》、《周书》的许多誓、训、诰,对汤武革命作了很多解释:革命何以正当、必要,如何巩固和发扬革命成果,革命之后如何在继承前代的基础上维新改制,如此等等。又如《尚书》中的《尧典》《禹贡》《洪范》《周官》等篇章,虽然是既成的典章形态,但其背景无不是革命成果的消化解释问题,也就是古今通变的问题。

道、德、命与政治正当性

从往复的时间思想出发来理解礼法和革命的关系,其政治哲学上的实质意义在于一种道学的正当性(legitimacy,或译合法性)概念。正当性问题是现代宪政建设中最敏感最焦灼的问题,但又是最轻易地被打发掉的问题。似乎正当性问题被转化为代表性问题就得到了完满的解决,这是民主时代的典型幻象(这涉及"民主时代的王霸之辨",后节详论)。从这种现代迷信出发,诞生了一些"政治正确"但是"失败"的"现代国家"。由于霸权国家的操纵,这种现象在当今世界还比较普遍。中国也有沦为这种"政治正确的失败国家"的危险。所以,在这种形势下重读古典,学习往圣先贤如何理解一种政治形式的正当性依据,是有现实教益的经学工作。

大体而言,基于经学传统的正当性思想主要运作在"道"、"德"、"命"三个要点之上。道没那么玄远,不过是顺天地四时五行之运而已,而天地四时五行之运又不过是阴阳文质的往复。这一点在《周易》经传和《白虎通义》里面,从天道到人事都论述得非常清楚,展开得非常充分。但是,天命无言,[①]道不可为典要,[②]所以,如何才是合乎天道的富

---

① 《论语·阳货》:"天何言哉? 四时行焉,百物生焉,天何言哉?"

② 《易·系辞传》:"《易》之为书也不可远,为道也屡迁,变动不居,周流六虚,上下无常,刚柔相易,不可为典要,唯变所适。"

于正当性的人间事物安排,这并不能简单粗暴地化约为某种机构的认证或某种固定规范的形式保证。

天道是过程性的和系统性的,人法于天的制度设计也只能是过程性的和系统性的。这就是"德"的概念。德不只是一点主观的心性修养,而是全部可见可行的文教武功、人伦礼法。德就是合乎天道的全部人类生活过程。《学记》学以知道、化民成俗,《大学》修齐治平,《中庸》伐柯不远、修教率性以行道,乃至道家全德以体道,都是把可仰观可取法的天道落实为可履行可修为的人德,由德以行道。"德者,得也"(《乐记》),德是得之于天的人情事物。一种政治是否具备正当性,诚然是通过是否合乎天道来判定的;但天道并不是某种具体的人格神,也不是某种抽象的形式理性,所以,一种政治的正当性既不是某种机构认证(如教会加冕)所能授予的,也不是某种制度设计(如代表制)可以一劳永逸地保证的。通过德来体现出来的道的正当性,是一种行事演示的(performative)正当性,而不是一种形式演绎的(deductive)正当性。[①]

道—德传统中的政治正当性是一种具体的论证、动态的论证、实践的论证、开放的论证、面向未来的论证,而不是一种抽象的、形式化的、静止的、理论的、封闭的、短时效的论证。这就是"命"的概念。命是道与德的相合。有命就是德合于道,失命就是失德而违道,革命就是革弊修德以复道。所以,从《诗》《书》的远古时代开始,先王反复告诫的就是天命靡常、敬德保命的教训。"君权神授"的思想与中国的王制传统是毫不相干的。夏桀和商纣自以为天命在身、不可移易的观点受到了反复的检讨。公羊家说"天子一爵",《白虎通》进而以德释命,通说天子、皇、帝、王、侯等名号的道—德含义(即所命之号该当何德),就以成文宪章的形式把这种德命的思想落实下来。道—德—命的政治思想结构,就是上面所谓时间、革命与宪法关系的经学基础。

---

① 关于行事演示与形式演绎的区别,参见本书"西方现代性的现代反思"部分《从〈存在与时间〉到〈哲学论稿〉》。

王道、君主与民主

上面立足于古代经史文献和政治思想传统，结合革命、时间和宪法的关系，谈了宪政建设问题上通古今之变的经学依据。下面就在这个依据指导下谈一个具体问题：王道与人民共和的贯通问题。因为受到西方的形式主义政治思想影响，"君主制和民主制"往往被视为古今差别的大端，所以，如何贯通王道和人民共和，可能是今日宪政建设中通古今之变的关键所在。

第一个要辨析的关键问题在于王道的概念。在这个问题上造成古今通变困难的主要障碍，可能在于对中国古典"王道"思想的过分狭隘的理解。"王"不一定意味着一个世袭的王族和王位。王道首先是《礼运》所谓"大道之行，天下为公"的意思。这个意思由来已久，大概是中国政治传统中最古老、最根深蒂固、最能激发中国人的政治想象和政治热情的本原传统了。《洪范》所谓"无偏无党，王道荡荡；无党无偏，王道平平；无反无侧，王道正直"就是这个传统的成文表述。《中庸》和《大禹谟》的中道思想也在这个范畴之内。王道的第二个要义就是《春秋》公羊家说的，王道就是贯通天地人三才之道。第三个要义也是公羊家说的"王者，往也，天下所归往"（《白虎通》卷二）。

根据这三个基本含义，"王道"并不是与"民主之道"相对立的"君主之道"，而是在一个时代，什么道能大公无私、贯通天人、得天下人往归，那个道就是王道。譬如在现代世界，如果民主共和能做到大公无私、贯通天人、天下往归，那么民主共和就是王道。"王"与"道"基本上是同义反复，其所贵者都是一个"通"字：上下贯通、古今贯通、中外贯通、知行贯通。所谓"理论联系实际"、"从群众中来，到群众中去"、"古为今用，洋为中用"，就是王道传统的某种遗绪。

所以，千万不可把中国古典的高级概念"王道"与西方政体分类思想中的"君主制"这个形式化的初级概念混淆起来。近代革命者已经混淆过一次了。但历史的吊诡在于,历史总是将错就错,用"错误"的方式走"正确"的道路。君主制的推翻虽然造成很多便利条件的丧失(譬如民族边疆治理优势的丧失),但总的来说,是占据了时代话语的最高点,带来了更多的便利条件。可以说,现代中国革命推翻君主制,建立人民共和制,是为王道的新命开辟了道路。王道至大,无远弗届;周虽旧邦,其命维新:王道绝不会脆弱到只能依赖太监嫔妃群中的那个男人才能延续。大道之行,天下为公:民主革命绝不是王道的陨落,而是王道的自我革命、重新开端。既然在现代社会,只有人民共和才是大公无私的、贯通天人的、天下往归的,那么民主革命就不是革王道的命,而是王道的革命,也就是王道的更新赋形、改头换面、重新受命。

《易》文言以乾九五为"上治",用九"群龙无首"则曰"天下治"。又曰"乾元用九,乃见天则"。这些都是值得今天好好学习的。当然,通过人民共和而行王道比通过封建制和郡县帝制来行王道更艰难,因为它需要更高的公民德性作为基础。因此,我们完全有理由严重怀疑,古人都玩不了的高级政体,败坏的现代人如何玩得了?现实形态的王道共和,很可能不过是种种僭政的遮羞布而已。更严重情况的是:这块遮羞布如今也恐怕没人稀罕,因为现代人已经不以王道丧失为耻,反以为荣了。他们反倒会觉得在"共和"前面加个"王道"是对"共和"的侮辱和蒙羞,因为在他们的意识形态里面,"共和"不过就是不受妨碍的"自由"和表达意见的"民主"。与"王道"一样,"共和"的古典含义早就黯然无闻了。

封建、郡县与王霸之辨

第二个要辨析的关键问题是王霸之辨。无论是在周文封建的天王制时代,还是在秦汉以后的皇帝制时代,王霸之辨是维护现行体制是否真正行王道的关键。如果"礼乐征伐自诸侯大夫出"、"陪臣执国命",那么,王道就是徒有其名而无其实了。同样,在人民共和的新王道形式中,如果内政外交自权贵出、资本家族执国命,那么人民共和的大公王道也就是徒有其名而无其实了。所以,无论对于君主制的旧王制,还是对于人民共和的新王道来说,王霸之辨都是一个涉及王道名实的重要论题。

在周礼中,霸(也就是伯)本来并不是与王对立的东西,恰恰相反,在周礼的制度设计中,伯原本是王制的重要组成部分,是维护王道的一个制度性保障。中国土广民众,治理成本很高,技术要求很高。出于这种国情特点,先王从《禹贡》的时代以来就创造了畿服制度,一直延续到清朝的朝贡体系,成为中国特有的天下体系的基本构架。

《禹贡》九州五服皆出于地理。九州以山川泽海为界,夏商五服、周九服皆以道里远近为计。而当我们考虑到九州与二十八宿相配分野的时候,也可以说九州的地理意义是与天文意义紧密相关的。畿服的同心圆结构也是有天文学意义的。在九州畿服的地理之上,商周建立了诸侯封建制度,秦汉以来建立了郡县制度或郡县封国交相错杂的格局(后者参《汉书·地理志》)。无论封建还是郡县,首先都不是地理概念,[①]而是建立在天文地理之上的人事礼法安排。这是两种不同的礼法安排,也可以说一个主要是礼制的安排,一个主要是法制的安排,但两者有共同的地理基础。共同的地理基础给它们带来了共同的技术困难,那便是维护中央权威、建立治理秩序的困难。商设州伯,周立州牧,春秋尚霸,秦同文同轨,汉郡国错杂,都是为了解决同一个问题,即人事礼法与天文地理的矛盾问题,也就是大一统的问题。在这个背景之下,我们就能理解为什么何邵公解诂《春秋公羊传》开篇"大一统"的时候要从上法天时的王者讲到地上的草木昆虫了。[②]

---

① 当然,侯国与郡县也成为地理的名称,如人们常说"齐鲁大地",又譬如郡县意义上的较小概念"徐州"、"扬州",淆乱了《禹贡》的较大地理概念。

② 何注"大一统":"统者,始也,总系之辞。夫王者,始受命改制,布政施教于天下,自公侯至于庶人,自山川至于草木昆虫,莫不一一系于正月,故云政教之始。"

从春秋大一统的思路出发,从《禹贡》的畿服朝贡到《王制》(殷商)的州伯连帅,到《周礼》的州牧职方,到《春秋》"实与而文不与"的桓文霸业,到秦制的取消封建、建立郡县、加强集权,到汉的兼儒法、杂王霸而用之,虽然制度屡迁,但无不是一以贯之的问题意识。乃至片面贬损霸道的孟子,也不过是在霸道蜕变为争霸而丧失了尊王本义的情况下对王道的维护。当诸侯还是王制内部的一个有机组成部分的时候,崇伯自然就是尊王;当诸侯开始纷争而王道陵夷的时候,"上无天子,下无方伯,天下诸侯有相灭亡者,力能救之,则救之可也"(《公羊传》);当诸侯分裂加剧,霸不过成为一种假号,有争霸之名而无尊王之实的时候,自然要像孟子那样进行王霸之辨了。孟子王霸之辨的深层含义,其实是反封建:当霸道不再能率领诸侯共尊京师,而是蜕变为毫无礼义可言的兼并战争,那么,超越霸道而直尊王道就成了正确选择。因此,孟子的王霸之辨其实要与同时代的法家思想一起看。二者的结合,一直要等到汉代才完成。①

从春秋大一统的思想来看,儒法之间、封建郡县之间并非否隔不通、势如水火,而是可以贯通的。秦以前,由于天子直辖在技术上只能限制在千里之内(《王制》:"天子之田千里"),所以千里之外必须分封诸侯以候民情(《白虎通》:"侯者候也,候逆顺也")。诸侯就是诸候,是天子治力不能直接达于地方时维护大一统的手段。而当这种手段不再能维护目的乃至毁坏目的,成为目的的障碍,那么,取消这种手段,采取另外的手段就是必要的了。然而,当秦采取了另外的手段之后,忽视了此前的手段之所以必要的技术前提(广土众民而交通、通信、文吏、语言、文书、货币等诸多限制),轻视了新手段所需的技术条件并未成熟,所以必然导致制度设计超前于技术条件的失败。汉的调整并不是简单复古,回到周的封建制,而是在现有条件下创造性地最大化中央权力的方式。汉初的黄老学风气,其实是对秦人过度进取的一种反动。经过黄

---

① 参见拙著《道学导论(外篇)》(华东师范大学出版社,2010年)第四章及其附录。

老的缓冲,武帝以后的儒法兼用、王霸相杂就可以从容进行了。

以古观今,共和国后三十年的政治文化冷漠,未尝不是对前三十年过分进取的反动,而今日也未尝不是进入了一个儒法兼用、中西通融的大创造期。这个时期整合得如何,可能关系到未来数百年中国的命运。要言之,王霸之辨的实质重心在行王道,而不在霸本身如何。霸本身无可无不可,王道才是目的。抓住这个要点,就可以避开霸道历史上的各种善恶面相的困扰,把王霸之辨的思想一以贯之地运用到现代民主宪政的建设中来。

王道与人民主权

民主的基础是民意,王制的标的是天意;然而,民意之难知之与天意之不定,几无程度差别。因此,二者对于制度设计来说可能只有信仰差别,并无功能差别。所以,行大一统的人民王制(王以前是君主,现在王是人民),还是议会党争的霸制(霸以前是尊王的封建贵族,现在是代表多数利益的政党),这个选择仍然是今天面临的问题。无论美国建国初期的联邦党人,还是为民国拟宪的康有为,都是大一统的公羊家,主张放弃春秋霸制。而这在中国,还不用等到汉代公羊家,实际从孔子述古删定的《洪范》、《禹贡》以来就是深入人心的主流传统。十九世纪以来,列强分裂中国终未得逞,实有赖这一传统对于党国形态(无论国共)的暗中支撑。今日宪政建设,亦将有赖这一伟大传统。

今日宪法学,必须提高到制礼作乐的高度。康有为的宪政构想应该也是在这个高度来理解问题的。这是我们的宪政可能依赖的传统,而不是西方的约法传统。"王者功成作乐,治定制礼"。制礼作乐必须以建国大业为前提。"非天子不议礼,不制度,不考文"(《中庸》)。制礼作乐需要权威来保证。而今天正好到了这个 kairos,有了这个 fortuna。

在明智地放弃了不切实际的政治激情之后,应该尽快学会放弃毫无追求的实用主义。政治激情造就的建国伟业和实用主义带来的经济实力,如果都能顺利导向制礼作乐的方向,确立华夏宪政根基,则中国幸甚,人类幸甚矣。

《利维坦》第十八章:"人们之所以看不到君主政体与民主政府的道理彼此相同,是由于某些人具有野心,他们偏爱自己可望参加的集体政府和对君主政体感到灰心绝望的原故。"人民代表(议员)并非人民本身,恰如天子并非天本身。无论一个人(君主)、少数人(贵族、寡头)还是多数人组成的会议来代表人民的人格(person),都难免其自然人(human)身份,因而都不是绝对的代表(《利维坦》十九章)。认为人民请愿的代表一定比"六百年王统继承人"更能天然地代表人民,这是民主时代的幻象,犹如认为天子一定比上访群众更懂天意是君主时代的幻象。这些幻象是秩序的保证,也是秩序的威胁。无论古今中外,无论君主民主,无论谁是统治者,谁是被统治者,王道就是被统治者相信这个保证而统治者知道这个威胁,霸道就是统治者利用这个保证而被统治者警惕这个威胁。

王道与人民民主,这如何讲得通? 民主自然是无君。人民主权的前提就是推翻君主。但是,推翻君主的合法性基础,可能恰恰是为了行王道。王道有很多可能的载体,君主制只是其中之一。当君主制成为王道障碍的时候,为了实现天下大公的王道,人民尝试民主道路。君主当然是一个人。但王的本义只是通天地人三才之道,它的含义中本来没有一个人的意思。不过,确实,君主当王是自然的,合乎人类直观的(所以,长期以来形成了王的含义和君主这个指称的几乎同一不分)①。但是他的非王性,也就是他的私人性,也非常直观。王的含义不必然对应君主这个指称,这是违背人类自然和历史的剥离,也正是现代政治的

---

① 含义(meaning)与指称(reference)的区别,是分析哲学强调的。譬如"启明星"、"长庚星"、"太白金星"、"vines"这些词语的含义是各不相同的,但它们的指称是一致的。

抽象之处。

在这个抽象的剥离之后，在"人民主权"和"民主"中，公义或王道似乎显而易见，似乎民主就是天然公义的，合乎王道的，彻底摆脱了君主私人性的东西；但实际上更困难的问题出来了，那就是民主政治的私人性、非公义性或者说违背王道的东西不再直观了。民主的问题在于，似乎大多数个人私利的总和就是公义。人民与王，这个超越人类天性能力的抽象整合体到处充满裂缝。很多现代政治的猫腻，或者说僭政，就是从这个裂缝里滋生的。对于教化来说，尤其困难的是，如果说教化一个君主或者少数贵族曾经并非易事的话，那么，如今教化千千万万君主就几乎是不可能的事了。当然，现代政治的很多优点也是从这里出发的。这种古今之争的分析只是勾勒一下，并不是重点，因为君主当王还是人民当王不是通过理论争论选择出来的，而是时势造就的事实选择。人民既承王统，利维坦既成，当务之急就不是搞古今中西之争，而是辅佐利维坦，忠于人民，坚持王道大一统，防止利益集团的霸道。

霍布斯在1651年英文初版《利维坦》封面铜版画上，写了一句non est potestas super terram quae comparetur ei(世上没有什么权威可以与他相比)，画了一个戴王冠的巨人，右手持剑，左手举主教令牌，君临大地之上。细看这个巨人，并不是一个人，而是千千万万小人组成。他没有独一不可分割的身体，却有独一不可分割的法权人格。他所拥有主权的独一不可分割性并不维系于其身体的可分性，而只维系于其法权人格的独一不可分割性。这是一种高度抽象的游戏，使得现代民主政治语境中的王霸之辨更加难以看清了。

毫无疑问，君主制是实行王道的自然途径。不过，对于明智审慎的思考来说，惋惜、追悔、假设、抱怨都是没用的。一切考量都必须立足于具体情境，敬畏人事所处的天时，敬畏民心向背。现代民心向往民主，读书人一要清醒它的问题，二要敬畏这种趋势。康有为虽然痛恨袁世凯，但他拟的民国宪法还是打着学习法国议会制的名义，暗中学习德国君主立宪的样板,设计了一个近似君主的国家元首。①缅怀历史没用,批判现代用处也不大。君主制对于中华彻底一去不复返了,我们要做的事情更多了,任务更艰巨了。今天要勇敢面对民主时代,教化利维坦这头巨兽。我们已经没有别的选择,利维坦是现在唯一的谈话对象。

更何况君主制不一定行王道。在君主制下,读书人的任务是把君主制带入王道。导君主入王道工作的方便之处在于君主的身体和人格都是独一不可分的,因而是具象的。不过,不方便之处恰好也在这里,因为君主的个人情欲也紧密不可分地结合在这个不可分的身体和人格之中。导民主制于王道显然是困难得多的任务。在所有困难中,首先最困难的是,它还没有成为一个自觉的任务,因为王道这个词已经被历史上的君主完全征用了,占有了,耗尽了声誉和人类的想象力。

人民共和与王霸之辨

施密特《宪法学说》第八章"制宪权"讲到上帝、国王和人民分别作为可能的制宪权。其中讲到人民作为制宪权的时候说道:"一切依宪法而设立的权力和权限都是通过制宪权产生出来的,而制宪权本身则永远不能凭宪法律来设立。人民(Volk),即民族(Nation)始终是一切政治事件的根源,是一切力量的源泉。这种力量以日新其德的形式表现出来,由自身生发出其命维新的形式和组织,其本身的政治存在则永远不会有一个最终的定形。"②

把人民上升到神的高度,进行神道设教,是防止民主庸俗化、利益集团化(即封建化、霸道化)、行人民王道的唯一途径。但是,这种人民

---

① 参见康有为《拟中国民国宪法》及章永乐(海裔)在《旧邦新造》第四章中的解读,北京大学出版社,2011年。

② 施密特《宪法学说》,刘锋译,上海人民出版社,2005年,第89页。

神道教必须有个限度,这个限度就是人民制定的宪法。一旦宪法既成,神还是供起来敬而远之的好。但是也不要把它忘了。什么时候忘了,什么时候它就会现身。和历史上有过的其他神一样,人民神现身的时候,也会降下火、雷电和洪水。这可能是最后的神。中国政治文化可能是最早供起这尊神的。当柏拉图们对民主制进行口诛笔伐的时候,中国圣人就已经在构建人民利维坦了。这个利维坦既不是比希莫特的陆地贵族争霸战,也不是海洋利维坦,而是天空利维坦(天与民的一体性)①,也就是王道天下。

所谓人民王道就是宪政民主、依法治国,不能凡事付诸人民的偶然意志。这是由人民这个新王的身体特性决定的。人民没有一个独一不可分割的身体,却要以一个独一不可分割的人格来当王。那么,保证人民王道、防止人民鼓动家或利益集团窃人民王权而行诸侯霸道的唯一方法就只能是宪政法治。犹如在君主制的时候,要么不奉君主为王,要么必行王制礼法一样,在民主制时代,要么不奉人民为王,要么必行宪政民主。

《易》曰:"初筮告,再三渎,渎则不告。"(《蒙》卦辞)人民这个多头的王,它的意志和欲望可能比一头的君主和寡头的贵族更暴烈,更贪婪,更喜怒无常。而当它被崇高的目的激动起来,在极罕见的机运(往往是民族生存危机)中被凝聚成一个人格或至少是一个代表会议的时候,它几乎就是神意和正义的化身,超过历史上任何伟大的帝王和贵族元老。这样的机运犹如"初筮告"一样极为罕见,也极为宝贵。在这样的初筮告之后,理性的宪法作为初筮告的结果将代替再三渎而不告的人民意志,行使统治的权能。只不过,这个初筮告的人民意志始终藏在宪法的字里行间,犹如獬豸一般时刻警惕着利益集团对法的窃用,并且会在意想不到的时候突然现身,放下雷电和洪水,重新颁布它的敕令。

亚里士多德《政治学》第四卷第四章曾经这样讲"再三渎,渎则不告":

---

① 参见拙著《道学导论(外篇)》(华东师范大学出版社,2010 年)第四章。

又一种平民政体同上述这一种类似，凡属公民都可受职，但其政事的最后裁断不是决定于法律而是决定于群众，在这种政体中，依公众决议所宣布的"命令"就可以代替"法律"。城邦政治上发生这种情况都是德谟咯葛（"平民领袖"）造成的。以法律为依归的平民政体，主持公议的人物都是较高尚的公民，这就不会有"德谟咯葛"。德谟咯葛只产生在不以法律为最高权威的城邦中。这里，民众成为一位集体的君主；原来只是一个个的普通公民，现在合并为一个团体而掌握了政权，称尊于全邦。荷马的诗说"岂善政而出于多门（众主）"，他所谓"多"是指多数的民众集体地发号施令或指若干执政各自为主，我们这里不能确定。可是，这样的平民，他们为政既不以"法律"为依归，就包含着专制君主的性质。这就会渐趋于专制，佞臣一定取得君主的宠幸而成为一时的权要。[多数制中的]这种平民政体类似一长制（君主政体）中的僭主政体。两者的情调是一样的，他们都对国内较高尚的公民横施专暴，平民群众的"命令"有如僭主的"诏敕"，平民领袖（德谟咯葛）就等于、至少类似僭主的佞臣；在这种平民政体中，好像在僭主政体中一样，政权实际上落在宠幸的手里。"平民领袖"们把一切事情招揽到公民大会，于是用群众的决议发布命令以代替法律的权威。一旦群众代表了治权，他们就代表了群众的意志；群众既被他们所摆布，他们就站上了左右国政的地位。还有那些批评和指控执政的人们也是同造成这种政体有关系的。他们要求"由人民来作判断"；于是人民立即接受那些要求，执政人员的威信从此扫地而尽。这样的平民政体实在不能不受到指摘，实际上它不能算是一个政体。凡不能维持法律威信的城邦都不能说它已经建立了任何政体。法律应在任何方面受到尊重而保持无上的权威，执政人员和公民团体只应在法律（通则）所不及的"个别"事例上有所抉择，两者都不该侵犯法律。平民政体原来是各种政体中的一个类型，但这种万事以命令为依据的"特殊"制度显然就不像一个政体，按照平民政体这个名词的任何实义说,这种政体都是同它不相称的。命令永不能成为通则("普遍")〔而任何真实的政体必须以通则即法律为基础〕。①

如何防范民主霸道,维护民主王道?《政治学》这里的建议是"法律":不能凡事付诸平民领袖的鼓动和人民的偶然意志。而只要是"法律"就意味着,民主必然含有贵族制的因素,因为任何代表会议、立法会议和法庭都必然是少数,既不是一,也不是多,虽然在理论上它可以代表多。在宪政民主中,代表会议是这样一种中介性的东西,也只能是这样一种中介性的东西:作为"少",它一方面是(is)"一"(以一个会议的形式行使不可分割的独一主权),另一方面代表(represent)"多"(全体人民)。在存在论(ontology)上讲,它是通过"代表"而成就的"是",因而是经过中介的"是",并非直接的"是"。这个中介空间就是贵族的生存空间。中介机制从来就是贵族和霸道的产生机制,无论周礼的封建诸侯、秦汉以后的郡县委吏,还是今天的党员、人民代表、议员政客,无不如此。甚至经济领域里资本贵族的产生,也根本上依赖货币和金融这个中介机制的发明。以物易物的原始市场不需要也产生不了资本家,全体成员共同参与管理自己的小共同体不需要也产生不了"政治家"。

因此,只要大国的宪政不得不因技术限制而建立在中介机制之上,"民主时代的王霸之辨"不应期望彻底去除任何贵族制因素,它的目标只是把贵族制因素控制在为人民王道服务的范围之内;正如在战国秦汉之际儒法两家共同促成的帝制王道的创制中,反封建斗争不是彻底消灭贵族,而只是驯服贵族。无论古今,一个社会不可能没有豪右家族和利益集团,关键在于如何发挥他们有益王道的积极作用,防止他们上操国柄、下欺愚民、中互倾轧。王霸之辨的意义不在于一味攘除豪右集团,而在于教化豪右,限制贵族,让他们成为遵行王道的州伯连帅。而

---

① 亚里士多德《政治学》1292a,吴寿彭译,商务印书馆,1965年。

这首先便是要让他们知道,恰恰是大一统的王道,而不是他们的集团私利,才是贵族利益的最大庇护伞。诚能如此,则共和国前三十年与后三十年的矛盾可解,现代与古代的传统也可以通达了。

相关讨论与补充

拙文公诸道里书院论坛,引起讨论。或以为宪政是现代高智商的理性构造,应该摆脱历史传统和现实国情的制约。答曰:现代人智商确实很高,不过麻烦之处在于,人性中还有理性之外的部分,制度结构中还有一个存在论的问题。柏拉图一辈子都在考虑这些部分和这个问题。但在现代政治学看来,古人的智商太低了,竟然想不到这么绝妙的设计。洛克、康德、黑格尔、马克思就是如此自信,以为终于搞懂了什么叫"人"和"主体",怎样才能组建真正的"政府"、"国家"和"自由人的联合体",而这些高级的哲学是愚笨的古代人做梦都想不到的。

什么是高智商,什么是理性?黑格尔说理性要跟密涅瓦的猫头鹰一样,"要等黄昏到来才起飞",也就是说,抽象的形式设计是最缺乏理性精神的,也许可以说,它表面上看起来越完美,实质上就越缺乏理性。"密涅瓦的猫头鹰要等黄昏到来才起飞",就是告诫政治哲学和法理学要谦虚,不要以为自己可以从观念出发,不顾历史和现实就可以指点未来,不用等到黄昏到来就可以在理论的天空自由飞翔,而是要虚心地向历史和现实学习,研究历史,理解现实,在白天的事情都热热闹闹地发生过以后,不偏不倚地起飞,保持翅膀的平衡角度,在夕阳的成熟光辉中俯览人世,深思熟虑地观察一片土地及其人民的生活法则,然后才有可能在人们熟睡的时候为第二天的生活预先操劳。同时,这话也是告诫法理学要敏感,要勤快,要及时总结历史和现实的经验,不要等到天黑了还没有飞出去看,坐在台灯下搞制度设计。黄昏是一个临界的时机,暂时的成熟和重新蓄积的时机,是无用的哲学唯一可以有用的时机。"五四"九十年、建国六十年、改革三十年之后的今天,或许就是这样一个时机:已经发生过的历史急需今天的总结和理解,未来道路的走向也亟待今天的展望和思考。

或曰"一味要求直接民主反而最不靠谱"。答曰:拙文主要论点之一正在于论证直接民主是不可行的,也是不宜追求的(参"初筮告,再三渎,渎则不告"一段)。但是,正因为这个原因,文章同时又指出,间接民主因而就是一种必须忍受的缺陷,千万不要过分得意,以为自己就是终结一切的最后形态;同时,合在一起,直接民主(即古人所谓多数人统治)和间接民主(即少数人统治)一起,构成了君主制(一个人统治)的界限。但同时,拙文的论点之一又在于指出,君主制也构成了民主制的界限,实际上也是民主制的内在参与要素。君主制不要过分得意,以为自己就是一切;民主制也不要过分得意,以为自己就是一切。这就是《尚书·洪范》所谓王道的意思。这就是拙文为什么不合时宜地要在现代政治语境中重提王道的原因。现代人特别自负的一点在于,他们以为自己可以摆脱古人的复杂思虑,用一种高智商的设计获得最后的解决。韩非子和秦始皇也这么梦想过。法家几乎是百家中智商最高的,可惜不懂人情(情在这里当情实讲),所以他们终结历史的设想落空了。法家和秦政可以算是中国最早的现代性开端。法家和秦的伟大贡献及汉代儒家对它们的吸收转化可参拙文《儒法关系的共和意义》。[1]今天要做的工作其实与汉儒类似。曾经也是在汉初,王道湮没无闻之后,又被重新提起。王道至大,具有永恒的规范意义,不等同于任何既定的政治制度。汉儒可以导法家皇帝制度入王道,今天也可以导民主共和入王道。

---

[1] 此文见收于拙著《道学导论(外篇)》,华东师范大学出版社,2010年。

古今通变札记

通三统与因传统

　　道里诸君质疑现代"通三统",无竟寓(道里书院作者名号)曰:儒者有尊先王,有法后王,实宜兼而用之也。汉家通三统,固为夏商周三统,又何尝不兼通道法黄老诸家? 高祖初定,制度多依秦朝之旧,迄至今日,犹多有遗迹。武帝时儒术隆盛,道统赓续,实有赖文景两朝默养之功。能臣辈出,难脱法家文吏干系。无卫绾、直不疑之愚,何用桑弘羊、东方朔之巧? 无卫青、霍去病之武功,安立董仲舒、扬子云之文教? 宣帝训太子之言,至今犹响。[1]歆、莽文胜之失,良可殷鉴。治国之道,非惟读经。经典之外,犹有现实,船山先生所谓势者是也。譬如医家治病,往往千奇百怪,无一病按医经而得。所以,用经方既贵守经,亦贵临证加减。故仲景每遇非常坏病,则谓"观其脉证,知犯何逆,随证治之",[2]不以某方主之也。今华夏变证丛生,譬如非常坏病之人。临证如此,何

---

　　① 《汉书·元帝纪》:"汉家自有制度,本以霸王道杂之,奈何纯用德教、用周政乎? 且俗儒不达时宜,好是古非今,使人眩于名实,不知所守,何足委任! 乃叹曰:乱我家者,太子也!"
　　② 参见张仲景《伤寒论》"辨太阳病脉证并治篇"。

妨师法仲圣,暂时不做断定,且观其脉证,随证治之可也。

经礼堂以为"秦非正,不得不因。汉因秦,不得以为正"。此论甚善,可为共识,多加推广论说。所以,不妨区分"正统"与"传统"。有些统虽非正统,确是一直传到现在的统,甚至是在根本的方面挽救和维系了中华国基的统,如秦的郡县制等很多东西(郡县自然更早就有,但毕竟是秦发扬光大),如孙、毛的很多东西。所谓"百代皆行秦政制",虽不中,亦不远矣。正统地位在经学意义上诚不可轻许,但是,如果迂腐到连"传统"的价值也不赋予它,只是一味欲去之而后快的话,就太孩子气了。今天不是无数所谓"儒家"都是这种经典教条主义的孩子脾气吗?经礼堂疏通知远,与网上很多这类可爱的愤青儒家朋友进行过对话,做了很多工作。曾子曰,"士不可不弘毅,任重而道远",诸君其勉乎。

譬如拙文《儒法关系的共和意义》①,其意本不在论学经子,亦不在论秦汉历史,而在于时贤所谓"通三统"之现实意义犹须重视,未可遽然斥为不经。诸君既论秦有上古礼乐之根,孙、毛又何尝没有?汉朝建立之初,多因秦制,沿用法吏,又好黄老,明朝建立亦借异端之教(明教)而起,明太祖亦有过于儒术(删《孟子》),然无妨其为正朔所在,要在天下承平之后,儒者以文化之而已。今国朝亦借西来主义之名而起,驱逐列强,平定天下,重建国基,何妨我辈效仿前贤故事,以文化之?此番用心,诸君当有共识。

网友或难曰:"有朝一日,若德国人归化中华礼乐,亦论通三统,是否要将希特勒治下的第三帝国一起通进去?"答曰:汉多因秦制,虽然名义上汉从来不以秦为正统。对于汉来说,秦是一种活的传统,虽非正统。清与民国对于国朝来说亦如是,虽非正统,却是一种有历史渊源和现实力量的活传统。又如马克思主义出自德国思想脉络,经过中国化之后,同样构成了现代中国的活传统之一。通三统自然意味着《尚书·

---

① 参见拙著《道学导论(外篇)》,华东师范大学出版社,2010年。

洪范》意义上的建皇极①、复正统，但这个工作不能与因承活传统分开，否则便是脱离历史语境的，也就是不现实的。所问华夏可否通德国纳粹传统也是一个脱离历史语境的、不现实的问题。光读哲学，不读历史，容易提出这类问题。经史兼治，方能明体达用，知常达变。

再说德国问题。德国目前状态并不佳，就是因为没有通三统。通三统并非意味着不加甄别地对前代所有历史照单全收，而是重在通贯历史理解，通贯历史叙述。即使对于三代王道正统，孔子也是有因有革，有损有益，并非照单全收，更何况对于非正统的历史传统。无竟寓何敢造次，以为通之即收之。通三统之义，统之义固然要辨，通之义亦须深思也。时贤如甘阳先生所谓通三统者囊括有清与民国，孙毛与邓，此说对于"统"的辨析诚有欠深入，但对于"通"的提倡却是非常重要的，尤为世之儒者所不足。其实，"通"之义何尝不含现代人所谓批判反思之义，又何患乎？第三帝国历史，德国人如诚能通之，打破思想教条，解放思想，贯通理解之，批判反思之，因革损益之，前途无量。否则，德国无望、欧洲无望矣。

施特劳斯对纳粹的分析，便是德国思想家通三统的典范。相反，毫无反思地接受盟国政治正确教条的"批判反思"却是德国通三统的障碍。我在德国所见，感觉德国受美国教条思想毒害太严重，与自身历史极为隔膜。人人避谈纳粹，谈则政治正确，非常刻板意识形态，远未能通贯这段历史，前途堪忧。美国教条极富迷惑性，自己做一套，对外宣传一套，完全两回事。美国在全球传播庸俗文化、庸俗简化版自由民主，腐坏他国，自己却搞三讲，讲学习，讲政治，讲正气，非常注重家庭伦理建设和爱国主义教育，对青少年进行正确价值观引导。友人在美国呆一年，饮食饭店，如点酒饮，必查证件；公共活动，即使教授"公知"亦全体起立，升国旗，奏国歌，全场肃立，行注目礼，慨然有斯巴达罗马古

---

① 皇者大也，不必意味着封建和专制。此点可参见本书"古典文教与现代政治、伦理"部分《王道与人民共和》。

风。深慨美利坚之所以强,良有以也。盖美国所以能通其三代之统也。基督教自东方外来,非西方正统,而美利坚亦用之强国。此正统必通,而非正统之历史传统亦当损益之又一例也。

心兰以为"制度与统不同,不可混淆。譬有一宅,房屋结构为制,而其祖先为统。不幸被强盗占有,必弃其统,而于宅屋或有修缮改制。今宅主重新夺回,必恢复其祖统,而被改之房制亦不得已而因之。"

答曰:既然谈到房子,想起《资治通鉴》唐纪十二载唐太宗的一段话,也是讲的房子与治国的道理:"丙子,上(唐太宗)指殿屋谓侍臣曰:'治天下如建此屋,营构既成,勿数改移;苟易一椽,正一瓦,践履动摇,必有所损。若慕奇功,变法度,不恒其德,劳扰实多。'"什么人住固然重要,房子结构亦未可随意改变。完全根据某种理想来进行"制度设计"——尤其是这种理想如果不过是对他人的不明就里的模仿(庸俗版自由主义),或者是对于某部古代经典的生硬照搬的话(如王莽、王安石等),后果都将是非常严重的。前者可谓激进的激进主义,毫无明智审慎可言,非常有害;后者可谓激进的保守主义,貌似保守,实则保守精神不足,激进气质有余,同样有害。唐太宗说的这番话体现了成熟稳重的保守气质,真老成谋国之言也,非常有益于今日中国。今日中国要的是成熟审慎的保守气质,而不是作为一种激进主义论说的保守主义。一个东西一旦成为主义,就是现代性的,激进的,无节制的,偏执的,教条的,要不得的。隋之于唐,太宗魏征君臣每言及之,无非以为反面教材,而唐之所欲取法者,君臣言对无不称道尧舜禹汤周汉。但这只是一面。另一面是,唐因隋制者多矣。太宗此言盖有道于此,学者深思之。通三统不是一种经学教条,而是一种具体的历史见识和政治智慧。

蜀中曰:"唐承继于隋,隋承继于北周,而北周上溯于北魏,自与南渡之东晋及宋齐梁陈之正统无法接续。"答曰:如依此论,从汉就开始出问题。秦既非正统,而汉多承秦制,则汉如何?所谓典范意义上的正统,其实永远只能是三代先王,此后都只好叫传统。正统是天,传统是地,每个时代的现实是人。所谓通三统还有一个意思是通天地人三才之道,也就是通先王正统、混杂的历史传统和注定不纯粹但有活力的时代现实。天行健,纯亦不已;地有容,载物顺行;人修道,日新其德。

《中庸》云:"子曰,愚而好自用,贱而好自专,生乎今之世,反乎古之道。如此者,灾及其身也。非天子,不议礼,不制度,不考文。今天下,车同轨,书同文,行同伦。虽有其位,苟无其德,不敢作礼乐焉。虽有其德,苟无其位,亦不敢作礼乐焉。子曰:吾说夏礼,杞不足征也;吾学殷礼,有宋存焉;吾学周礼,今用之,吾从周。"今之学者宜多思之。时贤所谓"通三统"之论,因为学者久矣不习春秋义理,几代人只读西学,自然难免捍格不通、牵强附会之处。虽然,原其用心,究其大要,则无非《中庸》此论之意也,实属难能可贵,又何必一味排斥。圣学之大,莫不能化。"子曰,三人行,必有我师焉。择其善者而从之,其不善者而改之"(《论语·述而》),斯可矣。

现代中国革命与传统史观[①]

一百年前,中国这片有着古老政治文明传统的大地上发生了一场革命,确立了共和政体,开始了这个古老政治文明传统的"现代化"进程。人们普遍相信这场革命及其后续的一系列革命,包括国民党和共产党的革命,是彻头彻尾崭新的和外来的历史观念、政治理念和斗争方式的表现,是完全超出了中国自身的历史传统、解释话语和运动方式的。无论"自由主义"还是"马克思主义",无论左派还是右派,都共享这样一种对于中国现代革命及其共和建政的历史理解和历史叙述话语。根据这种普遍流行的现代意见,现代中国,无论中华民国还是中华人民共和国,就被从中国政治传统的历史大地上连根拔起,而且,

---

[①] 此文原稿是在复旦大学思想史中心主办的"历史与政治"研讨会(2011年)上的发言。

有些人甚至认为,只有与中国政治传统和历史观念彻底断绝关系,才能为新中国奠定基础,否则,新中国就不够新,现代革命的成果就会付诸东流。

不过,这种意见已经过时了,现在已经很少有人这样想问题。这种转变的原因,首先是出于现实的解释困难:无论从西方自由主义的观点出发,还是从经典马克思主义的观点出发,人们都无法解释中国目前的"奇迹"是如何取得的。为了理解现实,人们发现,首先必须解释清楚最近的历史,也就是现代革命与共和建政的过程,在中国的发生究竟是怎么回事。而这一件原本认为很清楚明白的事情也开始变得难以理解,因为,如果原先关于中国近现代史的理解是通顺的话,理解今天就会是顺理成章的事情。正是对现实的解释困难,导致人们开始反思近现代历史观和历史叙述的困难。于是,很自然地,越来越多的人,包括不同派别的人,都试图从中国传统政治思想和历史观点中寻求资源,以期形成对于近现代历史与当前现实的更加有效的解释模式。历史与现实往往就是这样相互反观,相互调整解释的。

其次,这种转变的原因也是出于一种政治与文化战略的考虑,也就是出于面向未来的考虑。①目前,越来越多的有识之士已经感觉到:如果这一代中国人还不能把新中国的政治理念与传统政治文明的话语衔接起来,如果在时隔百年之后的今天,我们还不能从中国传统的史观和叙事话语出发,对现代革命与共和政体的建立作出有效的解释,那么,现代革命的成果真的就会付诸东流了。从汤武革命以来的诗书篇章,从

① 未来并不是什么尚未到来的虚幻的东西。未来是人类现实和历史的本质。人是一种理解和行动的动物。理解和行动是面向未来的东西,也正是造成现实和历史的东西。这正是人类历史与自然史的区别。否则,人就只有现代生物学、人类学和文化人类学意义上的进化史和文化史,没有政治历史。现代学院派的实证史学之所以越来越无能于理解历史与现实,正在于它越来越无能于理解人,因此也就越来越无能于理解政治,也就是说,越来越无能于像一个人那样去理解和行动。无论根据孔子、司马迁还是柏拉图、希罗多德的思想,现代实证历史学、人类学化、社会学和文化研究,都已经不是人的学问。那些自以为代表人类文明最新成果的社会科学家实际上正在充当着人类物化和野蛮化的急先锋。所幸在全球野蛮化的社会科学和历史学背景中,中国的一大批青年学者开始恢复政治的视野和人的关怀。

高祖建汉以来的春秋立法，乃至从《利维坦》、《联邦党人文集》和托克维尔来看现代英国、美国和法国的立国基础建构，我们都可以看到，马上打天下虽然艰难，但毕竟只是一时的斗争，而马下治天下，尤其首先是马下知天下，也就是从历史观和政治思想上形成对于革命成果的理解和解释，才是革命的真正完成。革命是为了建国，而建国首在建极①，建极首在治心，而治心首在治史。

因此，如何重新激活中国传统的历史观和历史叙述话语，并以这种话语来重新叙述和解释现代中国革命史、建政史和改革历史，是目前事关存亡的一项重要工作。一些盲目乐观的人只看到经济的繁荣就匆忙提出"中国模式"的说法。殊不知在表面的经济成就下面隐藏着巨大的危机。在这个过分片面强调实用理性和实用效果的时代，理论和说法上的失败将会给予人们最严重的教训。因为，表面上似乎只强调实用效果的现代性格，实际上是人类历史上最观念化、最偏执的性格。现代生活和现代政治一点都不实用，毋宁说完全就是观念化的、主义化的和意识形态化的。正如满口崇尚实用性、反对古代贵族式无用装饰的现代消费者，当他买东西的时候，他的选择一点都不比古人实用多少，反倒全部是广告支配下的观念型消费者。无论在超市还是在政治领域，在这个据说是物质至上的时代，现代人所选择的东西，与其说是实用性和物质，还毋宁说恰恰是最不实用的和最远离物质的东西。物质这样质朴的东西对于太过文明和文化的现代人来说，根本就是不可能触摸得到的东西。这也是为什么"经世致用"的传统越是在这个实用的时代越是难以得到真正的理解。

在近现代中国背景中，首先试图衔接中国历史和现代观念的是自由主义、马克思主义和新儒家（典型如牟宗三，本质上属于自由主义）的尝试。这三种解释方法各有立场，但是分享共同的前提和方法，那便是

---

① 《尚书·洪范》的"建立皇极"，注曰皇者大也，非必指皇帝。即使在古代，建极也并不意味着只要有皇帝有君主即为建极。建极的关键不在于君主的有无，而在于君主的正统性。正如春秋"大一统"的关键不在于是否一统，而在于一统于什么。

都试图从西方借来某种历史观点,以之解释中国古代历史和现代转型是怎么回事。现在,人们已经看得很清楚,这些尝试都尚不成功,因为他们既不能为今日中国现实提供有效解释,更不能为未来道路提供可信的指导。我们必须感谢这三种解释路径的先行尝试,因为他们本身已经构成一种历史。这一历史启示我们,首先要从方法上根本倒转过来,不是从西方史观出发解释中国,而是应该从中国传统史观出发解释整个人类历史,包括西方历史和近现代中国历史。其次,出于中国史观及其背后所蕴含的大而化之的道学要求,这样一种重审西方历史和中国近现代历史的解释方法和叙述话语,必须能超越于各种现代意识形态之上,通观古今,权衡左右,如其所是地看到各种现代力量是如何相互斗争地促成了这个古老文明的现代存活和变形的,以及在未来应该如何对这几种现代力量善加利用,调节它们之间貌似不共戴天、实则彼此依赖的仇恨,纠正中华文明在残酷的现代生存斗争中不得不遭受的变形、改头换面,乃至自戕、自残和自杀,最终完成中华文明的现代重生。

中国历史观和叙述话语有多种不同的传统。大概有五种主要的史观和解释话语:汤武革命以来的德配天命和天命更替说、源于阴阳家的五德终始说、文质再复说和三统更改说、春秋大一统与王道天下史观、大同与小康的历史叙述等。这几种史观和历史叙述方式的来源或相同或不同,意义有区别也有重叠。它们在汉代今文经学家那里有过完美的结合,在历代史撰作品中也都有充分的体现,对于今天重新解说近现代历史的任务来说,都有着非常重要的现实意义和理论价值。最近十几年传统文化热兴起以来,在解释近现代历史的时候,这几种传统史观和叙述话语都有被激活的倾向。而且,这些倾向同时出现在学院学界和草根网络,具有普遍的现实意义。这些现象有:一、德命更替说的网络激活:譬如网友为现代历史人物作列传、起谥号,用传统史观语言来探讨清帝逊位诏书与辛亥革命、禅让与革命等话题;二、大一统与王道天下史观的表现:譬如网友提出共产党方伯说、思考王道与人民共和的历史衔接关系等等；三、五德终始说：最近三朝的五行特性及其更替、关于通三统的讨论等；四、文质与三统说：涉及文质与古今之争、现代社会选"贤"废家、用忠黜孝等问题的讨论等等；五、大同与小康的历史叙述：把现代革命和共和建政放到天下为公—为家—为公的叙事里去等等。这些不同进路之间分享着共同的中国文化本位的前提，但在涉及一些具体判断的时候，尤其事关夷夏之辨的时候，却也存在分歧。不过，这种分歧之所以可能，正在于他们分享共同的前提。

现代政治的古典思考札记十五则

一、梁启超《异哉所谓国体问题者》："夫立宪与非立宪，则政体之名词也；共和与非共和，则国体之名词也。吾侪平昔持论，只问政体，不问国体。故以为政体诚能立宪，则无论国体为君主为共和，无一而不可也，政体而非立宪，则无论国体为君主为共和，无一而可也。国体与政体，本截然不相蒙。谓欲变更政体，而必须以变更国体为手段，天下宁有此理论？而前此论者谓君主绝不能立宪，惟共和始能立宪（吾前此与革命党论战时，彼党持论如此）；今兹论者又谓共和决不能立宪，惟君主始能立宪，吾诚不知其据何种理论以自完其说也。"梁启超此说可以廓清很多混乱思路，至今仍然大有教益。想到孔子说的"夷狄之有君，不如诸夏之亡也（亡通无）"。孔子的时代，"君"是政治正确的符号，真正的政治正确其实是华夏礼法。有君只是拥有这种政治正确的符号，但拥有这个符号却不一定拥有这个实质。没有这个正确性符号而能保持华夏礼法实质的（即"诸夏之亡"），要比拥有这个符号但不具备华夏实质的好（即"夷狄之有君"）。所以孔子说："夷狄之有君，不如诸夏之亡也。"说这话的时候，孔子是指季氏虽然假惺惺地拥立政治正确性的符号（鲁君），但如果不行华夏政治之实，陪臣执国命，则无异夷狄之有君，还不如周召共和的时候,虽然没有了这个作为政治正确的君主符号,但只要有华夏礼法之实,反倒比那种假惺惺的政治正确好(意即比陪臣执国政的君主政治好)。孔子时候的那个作为政治正确性符号的"君"在今天这个时代就相当于梁启超所说的国体上的"民主共和";而这个符号所代表的实质,孔子时代是周礼,梁启超这里就是宪政,他管它叫政体。梁启超穿透了时人的许多幻象和迷雾,指出我们真正要注意的是实质上的宪政与否,而不是在符号上是否戴了一顶政治正确的"共和"帽子。只要有利于宪政,不管君主国还是共和国都好;只要不利于宪政,不管君主国还是共和国都不好。只要能宪政,即使君主国都是可以接受的;而如果不能宪政,那么就算民主了、共和了也是假的。就好像孔子说,只要行华夏之政,即使无君都是可以接受的;只要行夷狄之政,那么就算有君也是假的。共和国可能是专制的,犹如"有君"可能是陪臣执国命的;君主国可能是宪政的,犹如"无君"却反而可能是华夏的。所以,他说:"政体诚能立宪,则无论国体为君主为共和,无一而不可也;政体而非立宪,则无论国体为君主为共和,无一而可也。"可谓深得古今变通之精髓。

二、谈中国现代性总得面临这个两难:如果承认中国现代革命的成果,就难免危及中国传统文化的正当性;而如果采取比较书生气的过分激进的保守主义立场,彻底否定现代革命,结果又无异于"灭人之国,先去其史",割裂中国古代历史与现代中国的联系,把中国现代化的解释权稀里糊涂地拱手让给全球化的谎言和西方现代性的叙事。最近纪念"五四"九十周年,关于"五四"的讨论很热闹,争论的关键可能就在如何解决好上述两难问题。刘小枫关于儒家革命精神源流考的工作,对解决这个问题很有帮助。可惜时下讨论"五四"的人,理解这项工作的人并不多。丁耘提到政治多肯定,文化多批判,讲得很好。萧武强调"五四"运动和新文化运动要分开提,也是好主意。不过,两家提法似乎都不乏权宜之计的味道。分开的建议很好,只是这个历史联系太牢固,意见很深,很难分开。根本上,最终可能还需要打通,而打通的工作就包含经学和道学上的通古今之变，深入中国历史本身的文理，研究古今之变的实情，以期得出基于中国历史自身经验的叙述话语，以消化吸收中国现代貌似外来的革命叙事和科学民主话语，把古代中国和现代中国理解为一个中国。拙著所谓道学导论的工作，问题意识之一就在于此。张旭东论"五四"新文化诸篇是通古今之变的努力，虽然这个任务在"五四"九十周年之后的今天仍然显得异常困难，因为时间也许还不够久远，还纠缠太多尚未了结的历史恩怨。张文提到今天复兴传统的呼声，也必须在新文化的语境中才能理解。如果补充另一点就更全面了，就是"五四"新文化革新传统的呼声，也必须在传统文化自身的语境中才能理解（张论鲁迅文章就含有这个意思）。中国文化很特别，日新其德，适应性很强。无论宋明新儒学习吸收佛教思想，还是"五四"新文化，它们之所以发生，不可能脱离中国文化的这一善于自我革变的本质特点。否则，外来文化激起的就不会是文化革新，而是宗教战争，原教旨主义圣战。而中国从来不是这种意必固我的文化。"五四"的问题只是：它的过分激进的面相掩盖了它作为中国文化自我更新的本质，这是它的虚骄和自我神化。当然，一切历史事件，在它轰然发生的时候，都要造声势，时代需要，不必苛求先人。好在今日传统文化的重新普及，已经可以帮助人们透过新文化金光闪闪的外衣，心平气和地看到它作为中国文化自我更新的朴素本质。不过，旧学新知如其所是地共处一室，可能还需要时间，只是现实却给出了紧迫的任务：那便是这群已经解决了挨打、挨饿问题的人，如何解决挨骂的问题。要解决这个问题，唯一的道路就是通三通而大一统，即旧中国和新中国如何说成一个中国。

三、丁耘《启蒙主体性与三十年思想史》："可以逆料，施特劳斯的保守主义在完成其历史使命之后，将迎来儒学乃至中国政治思想的又一次复兴。西学伟人们的时代行将结束。更深入的西学译介工作当然不会停止，但西学为中国思想界提供导师的情景将一去不复返了。这三十年的思想史，将以中国思想的自觉为归宿———一个真正意义上的归宿。"信哉斯言。这段话出现在文章倒数第六段末尾，行文三分之二处，一个意欲结束而又不容结束的地方。这段话之后,作者在这段话的新生立意下,重新叙述了前面叙述过的李泽厚:这一次是从康德的李泽厚改写为儒学语境中的李泽厚。看完之后感觉意犹未尽的是:其实,作者完全可以在那段话的儒学归宿立意下,重述三十年的四个西来导师,去重新讲述,为什么青年马克思的"人"吸引了中国的马克思主义者,或者说中国的马克思主义对于人的兴趣,其底蕴的深厚是否只是一个卢卡奇所能激发引导;去重新讲述中国的康德学,它的中国背景和旨归,譬如说它的牟宗三版化用尝试;去重述中国的海德格尔学,它的中国根源和中国心志,它的独特的中国阐释;去重述中国的施特劳斯学,它的独特的中国形态和中国关怀,它在中国青年学者中所荣享的借物起兴之旨,托古、托西改制之功,如此等等,让那段真正的宗旨位居中央,成为反客为主、洋为中用的枢纽,面向未来三十年而重写过去三十年的关节,岂不整全?

四、丁耘作《斗争、和谐与中道》,论中国化马克思主义的哲学基础,批评张横渠先生"仇必和而解"是以乡愿和谐取消春秋复仇大义。无竟寓曰:春秋大义方面,横渠何曾亏欠。横渠先生行状,《宋史》言之详矣。横渠先生讲武习兵,行乡饮酒礼,是理学家中极有行德方义的,非乡愿之辈可比。横渠所谓"仇必和而解"之仇,不宜简单解为对立仇敌之仇。仇通逑,匹偶之义。《关雎》"窈窕淑女,君子好逑",就是"窈窕淑女,君子好仇"。《正蒙》所谓仇虽然不是《关雎》这么美好的嘉偶之义,但也需要从这个角度来修正一下现代汉语所谓"对立仇敌"之义的。即使所谓"敌",也不只是"仇恨之人"的意思,而是有"敌体"、地位对当之义,这在《春秋》是常有的用法。所以,无论仇,还是敌,都以中性的匹敌对偶之义为本,至于是相好的匹偶还是相恶的匹偶,则是第二位的意思了。只有在这个意义上才能理解,张子《正蒙》所谓"仇"所要说的,无非是阴阳匹偶、阴阳匹敌、阴阳相交的易学,这跟《春秋》讲的复仇(雠)大义两不妨碍。最近讲《孙子兵法》,所以研读了一下《孙子》,对于敌我关系颇有些领悟。又因讲《易经》,看《周易尚氏学》,其中对同类和敌体的理解也很特别。中国的思想,大概总归是个阴阳的道理罢。就好像夫子作《春秋》,春生和秋杀,春仁和秋义,嘉偶和寇仇,本来就是一体两面。越是大复仇,越是张仁义。《黄帝内经·四气调神大论》把这个讲得最清楚了。共产主义讲斗争到底,最后是为了无争,这个其实是末世论。毛泽东的矛盾论承自《易经》和《孙子》,是超出了末世论思想境界的。所以,毛泽东思想是对马克思主义的决定性发展。张子亦在此列。"仇必和而解",并非最后解决,而是,每一个卦,每一个进程,终必解散,变成另外一场事态和矛盾。关键不在有否讲和解,而在有否讲最终解决。《周易》终未济,《礼运》志大同而急小康,皆其义也。

五、吴飞《从乡约到乡村建设》文意表面似乎只是解释:何以梁想得太深太早;而深意却在于指明:继毛之后,梁学今日正逢其时。支配全文思路的一个重要隐蔽线索:儒法关系。因此,道里诸君以周礼说之,似有泥古之嫌,不达作者吴飞通今之意。乡约溯源,吴飞不满足于虚应故事,溯本周礼仪礼,而是特别指出,必须本诸儒法杂用的汉代循吏。因此,于吕氏乡约四款中,吴飞特别拈出过失相规一条,以为理解古代乡约制度之门钥。并以此条之得失索解毛梁二家,以毛为此条运用之过,以梁为此条运用之不足;过之,所以成就革命而带来今日社会问题;不足,所以无能于建国而将有益于治世。毛梁皆出乡约,传统未断。继毛以梁,经由重法(以及三十年黄老之后)而复乡约教化本义,中国有望矣。

六、林国基的文章《比希莫特抑或利维坦:美国建国的生死问题》所谈,可谓现代法治国家美国的王霸之辨问题。霸即伯,就是诸侯争雄,一个诸侯较强时带来暂时的秩序,它毋宁说恰恰是专制的反面。无论中外,霸的局面往往通过专制来扫清。霸的缺点是不稳定,战乱频仍,均势只能维持暂时;专制的缺点是削足适履,因小失大,用贵族问题绑架人民,牺牲人民为诸侯争霸埋单,所以注定是一种更加暂时性的过渡。专制君主是这样一种奇特的混合体:他是扩大得超出了霸范畴的超级大霸,达到了王的尺度范围;但是他的内涵还远未达到王的高度。

所以他注定是从霸到王的过渡。王制的大一统则实现了霸道和专制的另外一种综合,较好的综合:内涵上它承续并实现了霸所宣称维护而未能真正维护的东西,外延上它继承了专制君主反封建的积极成果。

七、曾亦《共和与君主》结句云:"总之,人类社会就其理想来说,必须限制自由,以便为自然留下地盘。"[①]无竟寓案:意思完全理解和赞同,只是用什么字眼还需考究它在中文传统里的习惯。曾书所谓"自然",儒家一般称之为"性"。一说"自然",传统中文的习惯是想到道家的"自然",现代汉语的习惯是想到自由主义的"自然"、浪漫主义的"自然",乃至共产主义的"自然"。希腊政治哲学和伦理学的 physis,实在更接近儒家的"性",而不是道家、自由主义、浪漫主义或共产主义的"自然"。当然,现代中文词语无不是古今流变的结果,也多是近代以来翻译西语的结果。综合这些因素来看,问题的关键可能在于:"性"与"自然"两个意思在西方语文中是合在一个词中的(希腊词源的 physis 或拉丁词源的natura),而中文自来就有两个词来分说。那么,现在翻译西方语文的时候,问题不在于中西能不能对应,有不有家族相似,而在于选择两个中文里的哪个词来对应西方的那一个词,哪个中文词跟被翻译的西文词更相似。而且,在选择用哪个词来对译的时候,这个选择反映了什么样的传统在发挥作用,哪一个传统继续活在我们的语言中。如果我们总是不假思索地倾向于用"自然"而不是"性"来对应 physis / natura 的话,这意味着中文传统中的哪个传统(儒还是道)在现代汉语中起到主要支配力量? 反过来,如果在看到 physis / natura 的时候,我们总是不假思索地想到"自然"而不是"性"的话,这又意味着西方传统中的哪个传统(柏拉图还是伊壁鸠鲁)在现代汉语中起到主要支配作用?《中庸》性—道—教的提法远比所谓"自然/名教对立"或"physis / nomos 对立"的说法更得天人性命和政治教化的根本。如果只把"儒家"等同于"自然/名教对立"两极中的任何一方,如果只把柏拉图等同于"physis /

---

① 参见曾亦:《共和与君主:康有为晚期政治思想研究》,上海人民出版社,2010 年,第 398 页。

nomos 对立"两极中的任何一方,这就太小看孔子和柏拉图了。子曰,文质彬彬,然后君子。董子《春秋繁露》原性为生。董子以性为禾,善为米,教犹春禾出米,此说与《中庸》合。盖以善虽非生而即善,犹须教而觉之,但教善之道不但不与生性相悖,反倒恰恰是成性之道。自然名教之论则否。Physis 与 nomos,恐怕也要从性与教解,则义更胜,如若从自然名教解,等而下之矣。

八、杨立华译"文质彬彬"之"质"为"material of life";"文"为"form of life"。无竟寓案:在"生活的形式感"意义上,以现代中文的"形式"一词解"文",还是蛮好的。不过说 form 的时候就要小心了。文与西方人所谓 form 差距甚大。不独 material 是朴,form 也是质胜的东西。希腊语境中,material 和 form 都是哲学的,都属于质的范围。文在希腊则是神话、史诗、戏剧、历史,还有风俗等等。西方文化的一大遗憾在于:这些方面一般来说没有被很好地涵容在那个特别地叫做哲学的东西中。哲学特别地是"形之学",而与"文之学"构成紧张。后现代的出现,就是为了解决这个紧张,希望哲学能容纳更多文性的东西。但这样一来,哲学就终结了,文也被解构了。倒是在黑格尔那里,哲学第一次严肃认真地希望能有效地以质含文。但黑格尔的努力只不过换来后现代的繁荣。黑格尔和后现代的问题并不是晚近才有的,而是深深地根植在西方古典文化的特殊形态中。从黑格尔和后现代回首,现在总结起来,我们可以发现西方文化的症结:原来,从一开始,希腊哲学就无法与文质彬彬的道学相比,基本上属于偏质少文的类型,而文又太过芜杂,怪力乱神,荒诞不经,缺少一个削删诗书的夫子化文为经、化史为经。所以,无论希腊哲学的 material 还是 form 概念,都只能用来说质,而不足以说文。要讲希腊的文,需要超出哲学的视野。中国就不是这样,道兼文质。此理拙文《易象与模仿》、《仁通与爱智》尝论之,此不及详。[1]

九、心兰以"士"解"公民"之义。无竟寓曰:如果按"士"的周礼原义

---

① 分别参见拙著《道学导论(外篇)》(华东师范大学出版社,2010 年)第七章、第十章。

来解"公民"的话,把"公民"解为"士"就太精英主义了。这个方向是要警惕的,尤其在今天,当所谓精英主要意味着当官的和有钱人,而不是以德以学论之。不过,春秋以后,士的意义大有改变。孟子说过,无恒产而有恒心者,惟士为能。战国以后,周礼崩坏,士的意义发生了改变,不一定意味着社会地位和经济分配的上层,主要是指他的为公精神(何止士无位,诸侯亦有无土)。凡公民皆得为士。这正是源自《王制》而在后来发皇光大的科举选士制度的理论基础。所谓位卑未敢忘忧国,所谓天下兴亡,匹夫有责。教民以士德,是儒家思想在汉以后吸收消化道法诸家而成今文学的伟大成果。唐宋以后消化佛禅而有理学、家礼,亦当如是观。今后消化西学公民观念等思想,仍然有赖这一"士民儒学"的发扬光大。今日通三统工作的重要一点便是通士与公民之义。以士之义训公民,教公民以士德,取士于公民,等等。这是对现代西方启蒙运动的反启蒙或再启蒙,既非西方现代的保守主义,亦非西方现代的激进主义。通三统的智慧和中国的历史经验远远超出这些相互对立的西方概念。以此,今日读经之人可以平观左右两家。《诗》云,"左之左之","右之右之"。自称左派主义或右派主义的儒家要好好读《诗》。

十、蜀中论及抽签选举以应天意,子横以为荒唐。无竟寓曰:人间事物无法期望太高,何必大惊小怪。无论继承、选举还是挚签,都不过是神道设教而已。学政治最好的方法是看寓言。一种政治理论转到制度操作层面都只能通过寓言取象的方式转化,这叫政治现象学。只是有些转化已经为人习见,就不再觉得其中的寓言可乐性质。譬如继承制,古人觉得庄严,今人觉得荒唐;譬如投票选举,今人觉得理所当然,很多古人会觉得可笑。挚签能摇签而不能保证测知天命,正如继承能遗传长相而不能保证遗传祖德成烈,选举能投票选人而不能保证体现民意。但一个好的选举制度涉及多方多面的安排,非惟投票而已,可以起到监督功能和教化功能(虽然这种可能性微乎其微),一个好的继承制度涉及多方多面的安排,非惟血统而已(不是化验单问题),可以起到规谏功能和教化功能,一个好的挚签制度也应该连带一整套多方多面的安排,非惟摇签抓阄,也可以起到很好的制约功能和教化功能。(其实,蜀中讲抽签可以讲点修辞:如果以希腊为例,再谈点亚里士多德,今人就会觉得很符合政治科学,诉诸喇嘛就是搞封建迷信了。)

十一、子横有感于读施特劳斯之难,似非其智力所能入者。无竟寓曰:不是智力问题,是阅读量和背景知识问题。现在你读海德格尔轻车熟路,当年开始进入时也时觉困难,道理是一样的。夫子自许者惟好学。学者何必自限。而且,读到底,我们会发现,海德格尔真正重要的不是他本人说了什么,而是勾起了人们的回忆,忆起一些重要的事情;施特劳斯亦然,重要的不是他本人说了什么,而是他作为向导,带人逆旅,通观今人生活诸般样态之原委,而惊觉今日之文明有如临深履薄,而古人之智慧早已洞悉今天。

十二、时下汉族主义竞相批评曾文正公助满清。无竟寓曰:《晋书·王猛传》对王猛的功绩作了客观记录和评价,而现在也被网民骂作汉奸。现代人不读古书,不疏通知远,偏狭愤青,已经很厉害了啊。《王猛传》载:"猛曰:晋虽僻陋吴、越,乃正朔相承。亲仁善邻,国之宝也。臣没之后,愿不以晋为图。鲜卑、羌虏,我之仇也,终为人患,宜渐除之,以便社稷。言终而死,时年五十一。"这样的王猛也被现在的汉族主义骂为汉奸,可见愤青之褊狭。实际上,汉族主义是个十足的西方现代观念,现在却被奉为儒家立场,真是可悲。曾文正公何尝没有王景略那番心志,何尝不知正统所在。但做事是有个轻重缓急的。《春秋》所谓力能救之可矣,所谓实与文不与,都是懂得轻重缓急的疏通知远,而不是只抱定个教条原则,不懂得实际做事的人。又不妨以管仲为例。从原则上讲,管仲应该做的自然是勤王,因为当时正统自然在周天子。然而帮助齐桓公称霸是当务之急。就当时形势和他的个人地位能力而言,管仲自然不可能直接勤王,只能通过扶霸而勤王。所以,孔子才"如其仁",说"微管仲,吾其被发左衽矣"(《论语·宪问》)。这话显然是说给当时那些"周族主义"愤青们听的,他们骂管仲是"周奸",是周礼的大盗。今日愤青和网络暴民的总总褊狭思想言论,回想起来很可能与"五四"以来传统经史教育中断,现代西方主义论说横行的背景有关。就在不久前的"文革",凡论事判人,动辄立场排队、戴帽子、只攻一点不计其余,根本丧失疏通知远、知人论事的教养卓识,在今天看来仍然处处可见,并不陌生啊。即使圣贤如孔子,虽然无时不在心系天子,当时想到要做和能做的也只不过是周游列国,希望劝动一两个诸侯而已。做实际事情的人是知人论事、知时做事、疏通知远、知经达权、明体通用的人,不是成天抱着个绝对不错永远不变的教条主义的人。

十三、民主的本义:精英和民众的良性互动。社会精英的工作从来都是辅佐、教导和制约君主,古代君主制如此,现代民主制同样如此。民主以人民为主权者,相当于就是以人民为王。古代以自然人为主体的君主需要受教育、受教育、被塑造、被劝谏、被监督,现代以人民为主体的抽象君主(霍布斯《利维坦》之义)同样需要接受教育、塑造和劝谏、监督。这就是孙中山先生所谓"训政"的意思。其实,"训政"并无了期。只要民主实行代议制形式,民主永远都难免和必需"训政"的因素。政党与人民的关系:政党要听民意,要反映民意,这是大家都知道的。但是,大家不常知道的是:政党同样是人民和民意的塑造者。政党塑造人民,政党又臣服于人民,犹如士大夫塑造君主,同时士大夫又臣服于君主。关系是一样的。如此理解的民主真义与选战的关系:必须对民主有深入的理论理解,才能更加深刻地理解什么是选举,如何进行选战。民主选举的政治哲学与现代"营销政治学"的关联:商业上的市场营销理论现在已经明白,调查和迎合市场需要和消费需求是一方面,但同时更重要的一面是走在市场和消费者前面,创造需要,塑造消费群,培养市场。只有这样,才能在激烈的市场竞争中永远领先,立于不败之地。同理,民主政治中的政党竞争也是这个道理:调查、反映和迎合民意自然是很重要的一面,但这绝不是所谓民主的全部,更不是民主的本质精髓。民主的深义是社会精英和大众的良性互动。精英一方面要了解和反映民意,另一方面也有社会责任去提高民众、教化民众、引导民意、塑造民意。前者是民主的消极方面、属阴的一面,后者是民主的积极方面、属阳的一面。阴阳协调,才有好的民主。阴不胜阳,就会导致精英高高在上,脱离群众,民怨沸腾,民意得不到表达;阳不胜阴,就会导致民主社会的文化低俗、整体堕落,在民主的名义下导致社会的总体腐化。

十四、或问权力与智慧,以为爱智者必然远离权力。无竟寓曰:向往权力的是愚人,逃避权力的是高人。子曰:"道之不行也,我知之矣。知者过之,愚者不及也。道之不明也,我知之矣。贤者过之,不肖者不及也。人莫不饮食也,鲜能知味也。"子曰:"道其不行矣夫。"(《中庸》)。一个政治社会,一个国家是否行道,关键在于知道中庸滋味的人有多少。追求欲望的愚者自然永远是大多数,但高人自古也不缺,即使在所谓"物欲横流的现代社会",高人也还是很多的。甚至可以说,越是乱世,高人越多。像在春秋战国、魏晋南北朝、雅典、希腊化时期等,高人就是与愚人一起繁荣的时代。在汉代和罗马,高人就少一点。譬如道里书院论坛,高人如林,至如无竟寓之辈,虽无权力之欲,亦恐难免愚人之嫌罢?

十五、或问孙子兵法与现代政治。答曰:兵戈之象,从五行上讲,人们首先想到的是金象,所谓金戈铁马、兵戎相见(戎为西方为金),其次想到的是火象,所谓烽火连天、战火纷飞。但从《孙子兵法》来看,金火只不过是兵的表象。兵法的本象是水,所谓"兵形像水"(《虚实》)、"决积水于千仞之溪"(《形篇》),其次是木石,所谓"势如彍弩"、"转圆石于千仞之山"(《势篇》)。懂得治水的道理就懂得用兵的道理。兵法和水象的关键,关键在形势的道理。懂得形势的道理,孙子兵法的精髓就把握住了。《形篇》最后一句话把形势的道理讲到了极致:"胜者之战民也,若决积水于千仞之溪者,形也。"水至柔之物,而能产生巨大动能,"动于九天之上"(《形篇》),关键在于形势:形是积水藏形,不使轻易放泻散失,在敌人不知不觉中悄悄汇聚力量。势在现代政治中特别指造势。造势不光是指造舆论,搞宣传,更主要的内在本质是指团队内部建设,形成一股精神,有想法,有话语,形成一个占据制高点的话语水库,随时可以发机放闸,一泻千里,激流漂石。所以,《势篇》开头讲的是"凡治众如治寡,分数是也;斗众如斗寡,形名是也"。分数是指部曲、科层结构、建立有效的组织;形名是指旗鼓、指挥手段、协调方法,今天可以包括海报、刊物、电视、网络、微博。总而言之,造势首先说的是要蓄积自己的势能,在自身内部进行高度组织化的机构体系、高效的决策和执行系统,把一个个力量有限的人组建成一个力量庞大的团队,就像把一滴滴水蓄积成一个势能巨大的水库。这说的正是现代人熟悉的团队组织工作。确实,团队组织工作正是《孙子兵法》所谓造势思想的重点。对这一点认识得最透彻的是毛泽东。他从《孙子兵法》里学到的首先是治党治军的道理,其次才是如何对敌的智谋计策。孙子强调"能为不可胜,不能使敌之必可胜"(《形篇》),"无恃其不来,恃吾有以待之;无恃其不攻,恃吾有所不可攻"(《九变》),就是这个道理。藏形造势做好了,就要临机能用。用势的要点是"短以发机"。造势是一个相对较长的过程,发机则要短,临机立断,乘人不备,出其不意,突然发动,这样才能充分发挥长期蓄积的势能。所谓"养兵千日,用在一时"就是这个意思。造势和发机的关系,《孙子兵法》上是这么说的:"激水之疾,至于漂石者,势也;鸷鸟之疾,至于毁折者,节也。故善战者,其势险,其节短。势如旷弩,节如发机。"(《势篇》)两个比喻,一个是天上的,一个是水中的。毛泽东诗词说"鹰击长空,鱼翔浅底",诗云"鸢飞戾天,鱼跃于渊"(《诗经·大雅·旱麓》),何尝不是兵法的道理。学兵法一定要上升到诗人的自由境界,否则是很难灵活运用的。"将军额上能跑马,丞相肚里可撑船"。学兵法一定要提高修养,开阔胸怀,每天花十分钟时间读读古书,圣贤经典,历代史乘,诸子百家,琴棋书画,临战才能胸怀天地,灵感泉涌,时出奇谋。这不是玄虚论道,而是很实用的建议。一个人气象要大,心性要稳,才能从容不迫地运用智谋,左右逢源。否则,稍遇挫折就会心慌意乱,稍见利好就利令智昏,容易自败,也容易上当。智谋是心之用。智谋虽好,还要看谁来用。用智谋的是心性、心体。心性不养,心体不立,何以用心,何以用智?毛泽东在这方面是活生生的成功榜样。他的孙子兵法是真正学到化境的,所以他的诗就是兵法,兵法就是诗。只有这样才能临机不乱，养正出奇。在这一点上，我自己也是有体会的。我学兵法无用武之地，但在书法上却大有启发。书法不养正就没有根底，不出奇则缺乏灵性。平时多藏形（藏己之形，从法书之形）、多蓄势（临帖蓄养），创作时不拘泥于一家一体，随机发动，任物赋形，才能做到"以正合，以奇胜"，"奇正相生，如循环之无端，孰能穷之哉"（《势篇》）。

时事关怀与哲学沉思札记五则

一阳来复：为最后一个汶川震灾哀悼日而作

汶川震灾的第三个全国哀悼日，我去给学生讲课。虽然课名是"现代西方哲学"，但是在起立默哀之后，强忍着泪水，话题还是禁不住谈到了灾难之后的思考。课后，一个学生，也是我的诗人朋友紫光凝说，他在钻研易学，就诚惶诚恐地为国运卜了一卦，占得一个"复"。这个卦占得有效吗？如何解释这个卦与时下忧难的关系？我颇感惊讶，不过没时间仔细思考，只是觉得一个青年，在国家罹难的时候通过占卦表达他的忧思，无论如何是不能归作易教之失的。

回家的路上，看着地铁电视上持续不断的救灾场面，突然想起予沉兄为抗震救灾写的帖子，其中有一句话我把它做到了道里书院论坛哀悼版的题头图片上："一阳来复而万方多难，光明在前却忧患重重。但，仆而复起，愈挫愈奋，这是中华的命运，'即便充满了无尽的艰辛与悲怆'。"面对切实的救灾行动，予沉兄的这句话与紫光凝占得的"复"卦突然联系到一起，给予我一个全新的视角，帮我学会如何来看待最近发生的事情，理解他们，学习他们，向着行动，向着这片土地上的人民。

高高在上的启蒙主义精英啊，现在是人民在用切实的行动来教"哲学"思考：面对突发的巨大灾难，一个社会，一个国家，一个民族，拿什么来应对？当巨大的灾难来临，当神话般的孤立个体不堪一击、无力自救的时候，国家和社会用什么来凝聚人心、组织救援？宗教？意识形态？但这次灾难发生在上世纪九十年代后"价值真空"、"物欲膨胀"、"个人主义盛行"方兴未艾的时代，我们可用的人心资源、伦理资源、话语资源似乎早已消耗殆尽。我们拿什么来对付突如其来的巨大灾难？

然而，这次事件教育我们看到：人心依然是仁通的，社会依然是在场的，精神依然是坚强的。这是否提示我们：必须重新考察九十年代后中国社会道德教育的实际后果、社会风尚的实际情形？这是否意味着：在一个虽然意识形态化的思想政治教育中，仍然隐含地传承了许多优秀的传统文化因素，平时隐而不显、流于形式，但在危难时刻却骤然展现出来，迸发出惊人力量？或者，是不是在意识形态化的道德教育之外，在民风民俗中，在家庭教育中，在师生的课外接触中，在网络的自由教育中，仍然保留着许多传统文化的优秀因素，平时日用而不知、习焉而不察，危难之时却突然绽现，如天地之昭彰，如日月之光华？

在一个不再调动意识形态话语动员的时代，当人民自发地展现这片土地上历史悠久的美好品德的时候，当"个人"无能自救而人民无需精英的启蒙拯救而竟能相救的时候，个别精英仍然不忘冷嘲热讽的"哲学"，但更多的精英失语了：他们在学习，他们在反思。他们在想：先前那种基于社会表层观察的、出于道德优越感的"社会评论"、"文化批评"是否显得过于"学院气"了，过于尖锐而苍白了，缺少了大地的深沉，丧失了哀悼和赞美的能力？

他们观察到：所有那些"高级的"知识和信仰，无论是各种五花八门的主义，还是官方意识形态话语，在这次灾难中似乎都没有成为人们舍生忘死、救死扶伤的主要精神资源，而"一方有难、八方支援"所体现出来的"恩义"、"帮扶"传统，"今天我们都是汶川人"所体现出来的"一体同仁、万民同悲"传统，"地震无情人有情"所体现出来的"人间情义"传统，"全国哀悼日"所体现出来的"祭礼"、"慎终追远"传统，"是人民养活你们，你们看着办"所体现出来的"民本"、"仁者之兵"传统，"中国人是压不垮的"所体现出来的"多难兴邦"传统,凡此种种,似乎都在告诉我们:虽然经历过百余年的文化浩劫,虽然经历过五花八门的新潮异说、应接不暇的理论主义、铺天盖地的"现代西方哲学",但中国人民仍然深深地扎根在他自己的历史文化土壤之中。这个土壤是如此深厚而坚韧,以至于无论当这个民族面临多么巨大的地震,无论地质意义上的地震,还是政治、历史、文化意义上的地震,只要还有这片土壤支撑在脚下,就永远还有搭建帐篷的地方。

《易》"复"震下坤上,是深深地埋在大地深处的震动之象。震动的原由乃是起因于"剥"尽之后的一阳来复。是的,这个民族的文化确实已经剥尽了,无可再剥了,就像反复余震之后再也不能掉落任何东西的坍然废墟。当曾经的财富在灾难中成为致命的落体,当所有这些落体都已尘埃落定,化为废墟,这个时候如果还剩下什么珍贵的东西,那便是废墟下的余生。抗震救灾就是要从废墟中救出余生:他们虽然被压在重重阴爻之下(那重重阴爻是他们曾经的财富,如今却成为致命的压迫),但他们注定是重新开端的一线生机。作为一阳来复的劫后余生,他们是重建家园的希望。于是,我似乎开始领悟到"复"卦之于这次抗震救灾的启示,那便是去抢救这个文化的劫后余生:他们还被深深地埋困在那由曾经的财富剥落而成的废墟之下,但已经在悄然预备重新的开端。

写完文章,天已大亮。打开网络,发现有些网站已经渐次恢复彩色。这才意识到,昨天,也就是第三个全国哀悼日,原来是最后一个哀悼日。而新的一天已经开始。

习与性成:论哲学学习

汶川震灾。某生问:"学习哲学,是要学习知识,还是要学习信念?我们学习的目的是否为了找出一些材料(无论古今)印证自己的信念?"无竟寓答曰:这是很多同学常有的问题。你喜欢亚里士多德,我就先引几句他的话,希望能给你的问题带来启发:

尽管对永恒实体的认识只是一瞥，然而根据这种实体自身的价值，这一瞥所产生的快乐远远胜过获得关于我们生存于其中的那个世界的知识所带来的快乐。正像对所爱之人瞬间一瞥所产生的快乐超过对其他事物进行精细观察所产生的快乐一样……（644b30—35）①

这是亚里士多德在《论动物的部分》中说的话。一个哲学家，为什么孜孜不倦地解剖动物，研究动物的部分？是出于现代"动物学"一样的认识兴趣？学科专业兴趣？不，你感觉它们不一样。你可以明显感觉到：在亚里士多德的动物研究中有 something more，有某种更多的东西，这些东西在现代学术体系中丧失殆尽了，以至于无论科学还是哲学都堕落为纯粹知识的、专业技术的兴趣。那么，很好，从现代学术和古代哲学的区别出发，我们也许可以稍微接近哲学，看看哲学作为 philosophia，爱与智慧的结合，究竟有着怎样一种既热烈又冷静、既崇高又平实的品格。

所以，在接下来的文本里，亚里士多德又强调说：

另一方面，因为……地界事物与我们更接近一些，与我们的自然或本性更加息息相通、血脉相连，因此它们能够同有关神圣实体的哲学交换位置。……因此我们不应孩子气地耻于对那些卑微动物的探究，因为自然王国中的每种事物都是神奇美妙的。据说，某客人欲见赫拉克利特。当他来访时发现赫拉克利特正在厨房的火炉旁取暖，便踌躇不前。赫拉克利特说："无妨，请进，火炉里面充满了神灵。"（645a）

---

① 参见苗力田主编《亚里士多德全集》第五卷《动物学》所收《论动物的部分》，崔延强译，中国人民大学出版社，1997年。以下所引译文出处同此。

世间有朽之物无不是卑微的,卑微之物又无不是充满神灵的。在知识被片面地分配给科学,信仰被片面地分配给宗教和神学的片面时代,哲学——这难道不是恢复健康整全世界的希望吗?但是,考诸西方哲学史,知识与信仰的病态割裂又恰恰是西方哲学自身根本缺陷的必然后果。因此,哲学要想在人类文明的将来世代继续有所作为,就必须调整改变自己。而改变的关键便在于:如何做到在摆脱以现代科学为范式的认识论哲学形态的同时,不落入那种以基督教为范式的蛮昧信仰主义形态?这就要求哲学彻底从那种"两希对峙"的狭小格局中解放出来,在更加广阔的文明格局中重新生成自己的慧命。亚里士多德引述的赫拉克利特格言或许指示了哲学重新生成自身的方向。"无妨,请进,火炉里面充满了神灵。"灶火是家的中心。在灶火旁烤火的寒士或许是哲学家的永恒形象。在那里,知识和信仰的区分还是尚未发生的事情。对于今天有志于学习哲学的人来说,学习哲学或许就是找回那一灶原初的炉火。

而你的问题就是在一个灶火坍塌的背景中提出的问题。面对四川地震的巨大灾难,在数百万家庭房屋毁损、亲人罹难的时候,你作为一个学习哲学的学生,在公共论坛上展现了"关于地震的冷静思考"。运用亚里士多德关于必然、常然、偶然的区分,你论证说地震是一件偶然的事情,而既然是一件偶然的事情,就不必为之动容:不必为之哀哭,也不必为之奋起。停云批评你"以物化为客观,以麻木为理性,此岂所能知之哲学为何物者?!"这个批评触动了你,引起你对何谓哲学的反思,所以有上面的问题。

而我想跟你说的是:千家万户灶火的坍塌和重建,这个事件本身就是值得哲学来深切关注和思考的哲学问题,而不仅仅是地质学、灾害社会学、卫生防疫学等专业技术学科的事情,更不是说,只有等到关于事件之起因究属"必然"、"常然"抑或"偶然"的考察才是所谓"哲学的思考"。原初的哲学,它的基本情绪是与千家万户的灶火息息相关的思想,是有关心、有关怀的思想,是"感而遂通天下之故"的仁通思想,是有思有想的思—想。这不是"意必固我"的信念或信仰,也不是凌驾于理性之上的愚昧教条,而是为理性奠基的伦理,为哲学奠基的生活。以此,沉思才是自由人值得一过的幸福生活,思想(Denken)才是思念(An-denken)和感恩(Danken)的行动。正如赫拉克利特的一句箴言所说:

Ήθοs ανθρώπω δαίμων(伦理是人的性灵。若按《尚书·太甲》或可译为:习与性成)。

时事关怀与哲学的节制

奥运火炬列国传递,事端纷起。道里书院诸友意见纷呈。无竟寓发帖曰:现实事件更多的是利益和血气,这是现实事件的缺点,也是它的优点。哲学反思更多的是理性和理想,这是哲学反思的优点,也是它的缺点。深思熟虑、明智审慎、极高明而道中庸的政治—哲学要结合两者的优点,双谴两者的缺点。实践智慧、知行合一、内圣外王的哲学—政治要把思考本身理解为一种行动参与,提升引导,而不是居高临下的旁观、判词。

面对群众血气的运动,哲学要展现理性的优势是容易的,但要达到理性的明智、审慎、谦卑、笃实则是更值得追求的。学习哲学的同学口头上总说敬畏,知行合一,一到事上就难免表现哲学的虚骄和戾气,这是为什么?这是因为我们的哲学教育总是把天命抽象化,把敬畏私人化,把知行合一体验化,不知道尽性知天与尽人知事的关系,不知道畏天命与畏民情的关系。

《尚书·泰誓》曰:"天视自我民视,天听自我民听。"天可畏,民声可畏。天命无言,聆听天命自聆听风声雨声始,敬畏天命自敬畏民生民情始。这是"畏天命"的开端,知行合一的入口。孔子曰:"庸德之行,庸言之谨。有所不足,不敢不勉,有馀不敢尽。言顾行,行顾言。君子胡不慥慥尔。"(《中庸》)朱子注曰:"庸,平常也。行者,践其实。谨者,择其可。德不足而勉,则行益力;言有余而切,则谨益至。谨之至则言顾行矣,行之力则行顾言矣。慥慥,笃实貌。言君子之言行如此,岂不慥慥乎,赞美之也。凡此皆不远人以为道之事。"

哲学要指出群众运动不过是粗鄙浅近之事,这是容易的;但哲学要从浅近、切近之事学习道理,笃行道德,则是更值得追慕的。子曰:"道不远人。""庸德之行,庸言之谨。有所不足,不敢不勉,有余不敢尽":思想的反思,言语的深辟,不能旁流而肆行,而是总要有实践的深虑,并因而视情况而有所选择、有所削删、有所保留、有所引发、有所贬责、有所倡导、有所隐讳、有所暴露。这就是为什么《春秋》为六经之钥,修辞为逻各斯之辅。

民主与民族主义

奥运前后,国家多事。道里网友或以民生问题为重,以国家独立与否无关己身。无竟寓曰:内政民生问题必须有一个好的外交环境才能搞好,两者并不矛盾。在当前局势下,抵御外侮恰恰是为了给国内民生建设创造条件,而制造分裂,把国家沦为列强鱼肉,那么,令各位忧心忡忡的那些民生问题就永无希望解决了。有强盗敲门的时候,夫妻吵架都会暂时中止,拿起菜刀一致对外,等强盗赶出去了,夫妻再吵架不迟。《大学》说:"物有本末,事有终始,知所先后,则近道矣。"这本是浅近的道理。

美国人要从英国殖民统治下独立解放出来建设自由民主宪政国家的时候,如果有人反对说:"不能反对英国,因为英国是宪政国家,反对英国就是反对宪政,而反对宪政,新美国就会诞生为专制国家。"这种说法是不是很可笑呢?华盛顿1776年夜渡特拉华河战役的时候,强行征用了一个磨房主的船,这个磨房主很生气。这时候如果有维权组织出来说:"华盛顿将军,收起你的爱国主义吧! 如果公民私有财产不受侵犯的基本权利都得不到保障的话,那么你要建立的国家又如何值得爱呢? 御外爱国不过是你转嫁于磨房主的矛盾罢了。"这种说法是不是也很可笑呢？

权利，自由，民主，这些都是有边界的。民族主义与自由主义本来就是一对双胞胎。迄今为止的所有民主制度都是一个有限政治体的民主制度，而不是全球人民的民主。美国虽然是一个民主普选国家，但是布什的上任，我们中国人都没投过票。布什确实是民选总统，但布什只是美国公民的民选总统。谁选出来就为谁的利益服务。那么，布什会为你服务吗？这些都是过分简单的道理。我们有些学生不明白是情有可原的，但是有些博学的知识精英都装作不懂，实在是让人怀疑他们的动机和背景。

被一个专制国家殖民，殖民统治者只有一个；而如果被一个民主国家殖民，殖民统治者就会有千千万万个。一个国家内部的问题，无论这个国家是民主国家还是其他体制的国家，都不能依赖外国的插手来帮忙解决，无论那个国家是民主国家还是其他体制的国家。这是简单的道理。当一个国家面临外来威胁的时候，无论这个国家是民主国家还是其他体制的国家，无论外面威胁它的是民主国家还是其他体制的国家，无论这个国家内部有多少分歧，这个国家也都应该保持统一团结，即使是暂时的、策略性的也好。这本是很简单的道理。公共知识分子囿于"理想"，却往往连最简单的常识也不顾了，怪不得老百姓不信任他们。

慢慢关心政治

"牢骚太盛防肠断，风物长宜放眼量。"雅典哲人告诫我们，还是先多读圣贤书。政治嘛，慢慢关心，急不得。越是急诊，大夫越要冷静，切勿着急上火。尤其是时事政治，先读史，再看戏，然后或许才能看懂一点新闻。时事观察是最难的学问，道里书院因此不设时事版面，敬而远之。临床主刀，坐班急诊，书院欠的火候可能不是一点半点。

问题不在于激进还是保守，而在于为了什么而激进，为了什么而保守？无论什么派，都会在博弈中慢慢成熟起来，懂得该激进时激进、该保守时保守的道理。但是，激进什么，保守什么，还是不一样的。

为什么汤武能称为革命，那是因为他们的斗争是出于公义，而不是为了打倒现政权而打倒现政权。所以，当天命转移，革命实现之后，可以封前王，不至于赶尽杀绝。孙中山接受建议，把造反改称革命，也体现了公义的追求。"政者正也"。任何斗争必须是出于公义，才配得上政治这个词。任何一种力量，都有它存在的必要性。尤其是国家统一的力量，是任何政治秩序建设的必要保证。尤其是民主宪政秩序的建设，更需要国家统一的力量做后盾。因为越是自发秩序的形态，越需要坚固统一的堤防。边界越坚不可摧，内部才越能自发秩序，否则自发只能导致混乱，而不是秩序，这正是民主宪政秩序比君主专政秩序难以建立的原因。我所谓王道大一统，既不是封建，也不是专制，而是民主宪政的强大统一。

纵然不论为何而激进为何而保守的终极目的差异，单就技术层面而言，儒家的时中协商性格也是典型的宪政性格。宪政意味着斗争的勇气，更意味着协商的智慧。革命往往是宪政的先导，但宪政的直接促成却恰恰是对革命的反动。宪政，这意味着革命的反革命，或反革命的革命。权贵集团，资本大鳄，白领精英，工人农民，中央地方，国力民权，国内国外，方方面面要结合起来考虑。人间从来没有完美，能有的只是捉襟见肘的平衡。激情满怀令人敬佩，但不合天地常道，最终难免有害无益。如果还有一颗爱人的心，决意牺牲自满自足的沉思生活为这个世界操心，就要有起码的耐心，平衡的大度的心灵，知人论事，鉴往知来。血性男儿是保家卫国的栋梁。但如果举国读书人也只是血性男儿的话，宪政就几无可能了。在充满民主理想的高尚人士中间很难建成的宪政，在利益计算的商人中间却容易建成。宪政是这么个东西：很难，也很容易，太崇高，也太廉价。一百年了，各种主义该忽悠完了，折腾完了。"从明天起，做一个幸福的人。喂马，劈柴"，建设宪政。①

---

① 海子《面朝大海，春暖花开》："从明天起，做一个幸福的人。喂马，劈柴，周游世界。"

古典文教与现代伦理

儒家与陌生人问题

赵汀阳在"儒学第三期的三十年"学术座谈会上的发言,重申了儒家无能于面对陌生人的批评意见,并希望得到回应。[①]现不揣浅陋,略作回应如下,希望小有补于问题的深入:

面向陌生人是基督教的长处。基督教渴望面对陌生人。陌生人是营养基督教的血液,犹如海外市场和殖民地是营养资本主义的血液。但卢梭曾如此评论基督教的社会效果:如果每个人都是兄弟姊妹,那么结果就是没有一个亲人。对陌生人的热情本质上乃是对人世的冷漠。如果所有陌生人都成了教内兄弟,那么热情将不复存在,世界将陷入完美的冷漠之中。

《社会契约论》第四卷第八章(论公民宗教):"有人告诉我们说,一个真正基督教的民族将会构成一个人们可能想象的最完美的社会。我对这种假设只看到一个很大的难点,那就是,一个真正的基督徒社会将

---

① 赵汀阳发言参见:http://daoli.getbbs.com/post/topic.aspx?tid=202377&p=1。

不会再成其为一个人类的社会。我甚至还要说,这种具有其全部完美性的假想社会,就绝不会是最强有力的,也不会是最持久的。由于它是完美的,所以它便缺乏联系力;它那毁灭性的缺陷,也就存在于它那完美性本身之中。"

其实亲疏之别正是把陌生人本真地作为陌生人来面对,而不是在一种亲疏无别的博爱中同时取消了亲人和陌生人,从而使社会趋向一种秩序井然的同一性冷漠之中。所谓"儒家无能于面对陌生人",无非是批评儒家把陌生人当做陌生人。但为什么不应该如实地把陌生人当陌生人呢? 那是因为批评者怀有对他异性的排斥,无能于本真地把陌生人作为陌生人来面对。把陌生人作为陌生人来面对,这需要承受矛盾冲突,乃至战争的可能性,而这是通常的现代政治正确意见所无力承受的东西,所以这种把陌生人作为陌生人来面对的思想便被认为是失败的。把陌生人作为陌生人,这是承认人世并非完美的。人世不完美,所以需要政治。取消陌生人,努力把陌生人变成假亲人的观点,乃是一种意在取消政治的完美主义。而由于现实人世的不完美,凡取消政治的完美主义势必导致僭政,无论它是极左的僭政,还是极右的僭政。

赵汀阳当然不是基督教主义。这里拿基督教说陌生人问题,不是为了回应赵,而是着眼于陌生人问题在当今世界的政治意义。至于道家和法家如何面对陌生人的思想,我以为是非常值得儒家挖掘借鉴以补充自己的。事实上,中国历史经验告诉我们,中国政治的开明强盛从来不是单纯依据儒家的结果,而是儒道法互用的成就。现在如何吸收借鉴包括基督教在内的西方文化,构成了中国智慧的全新考验。赵既自称是一个实用主义者,就不该抽象地考察一个被建构出来的纯粹儒家概念并对之进行批评。如果他确实在乎实效,就应该知道,无论在历史上还是在现在和将来,儒家在一个有着强大生命力的混合体中的不可或缺的元素价值。更何况,儒家与诸子百家本来出自共同的先王之道本源(参《庄子·天下篇》),并在汉以后的长期融合中越来越难分彼此。

需要特别补充说明的一点是：把陌生人当陌生人，把他人当他人，绝不意味着不把他人当人。而只要把他人当人，就要待以仁义礼智信，绝不允许对他们实行不仁不义、无礼无信的压迫。《诗·黄鸟》讽秦穆公殉葬三良，连同《左传》对此事的评论，皆不以君权纲维臣命。事实上，如果君不仁(不人，非人)，那么也就不够格作为君了。

仁为五德之首，实已含有他人伦理的维度。可以说与他人的伦理关系不但不是没有，反倒是构成着儒家伦理的基础。仁就其实践策略义而言确为始于亲亲终于推放四海；但就其根本义而言绝非推的结果，而反倒是亲亲的前提和"推"的基础。不仁无以亲亲，不仁无以推扩。在根据意义上讲，仁并不依赖推扩，推扩倒要依赖仁；当然，在为仁的具体实践中，孝悌亲亲确实是最切近的开端，只要人还是降生于家庭而不是试管(但即使克隆婴儿也有父或母)。不过，实践意义上的开端不等同于根本义上的开端。《论语》有子曰"孝弟也者，其为仁之本与"是从为仁之方的实践用功上来讲，所以强调要从切近之处入手；而当孟子讲恻隐之心仁之端也的时候，意在说明根本义理上的仁心之端，所以他为此而举的例子恰恰不能是自己的孩子落井，而只能是一个彻底的陌生人落井才能说明问题："所以谓人皆有不忍人之心者：今人乍见孺子将入于井，皆有怵惕恻隐之心；非所以内交于孺子之父母也，非所以要誉于乡党朋友也，非恶其声而然也。"正是这个被论者视为其全部立论基础建立在亲亲和"自夸的"推扩之上的孟子，在这里论证说：对一个完全陌生之人的不忍人之心构成着全部伦理的基础。

无不忍人之心(不忍人之"人"就是他人)就是不仁，不仁就不是人，不是人意谓：不能面对他人而站立，也就是不能成人同时不能成己。而只要成仁，就能成人。成人同时意味着立人与立己。所以仁之中本就涵有他人以及人我关系的维度。孔子因而也说过"仁者爱人"，"四海之内皆兄弟也"。《礼运》也谈及天下大同。当然，正如孟子的论证所提示的那样，这里的"爱人""兄弟"和"大同"绝不是以取消人我差别为前提，反倒恰恰是建立在这个差别之上。无论战争还是和平，都只有在把陌生人当陌生人面对的前提下才有意义。面对作为陌生人的陌生人，才有作为战争的战争，作为和平的和平。而建立在消除陌生人基础上的永久和平，正如康德在那本书的开头所讲的笑话暗示的那样：那只意味着人类的墓地。

《论语》："仲弓问仁。子曰：出门如见大宾，使民如承大祭。己所不欲，勿施于人。在邦无怨，在家无怨。"这段话既讲明了面对亲人的伦理，也指明了面对他人的伦理。"出门如见大宾，使民如承大祭。"对他人的礼敬既是把他当人来尊重，也是把他当陌生人来保持距离。对他人的过分狎爱不但不是尊重他人，反倒是无礼的贼害人伦物理。不保持人我距离就是不尊重他人之为他人。"己所不欲，勿施于人。"更是提供了面对他人伦理的黄金法则。说儒家缺乏他人伦理的观点是不成立的。

更进一步，如果我们思考一下何谓儒家孝亲之礼的话，就会发现儒家对于他异性的重视甚至是深入到亲人熟人层面的。《乐记》："乐者为同，礼者为异。同则相亲，异则相敬。乐胜则流，礼胜则离。"礼的彻底性实际上甚至是要在亲人之间反对狎爱，即使在亲人之间也要维建有利于德性培养的距离，呵护即使亲人之间也必须保有的陌异性、他者性。亲亲绝非某些人所歪曲的那样是不讲公义的、蛮昧的血亲原则。孝亲礼仪所要克服的，除了不亲不孝不仁不义的冷漠之外，同时还要矫治的是过分狎爱。相比之下，只渴望把陌生人变成兄弟姊妹的文化正是崇尚狎爱的形态。他们因为不懂得如何面对陌生人，于是也就破坏了亲人之间的礼，取消了亲人之间必要的陌异性他者性距离，把爱变成了亲狎溺爱。现代通常所谓"爱情"、"爱心"观念何以变成滥情的东西，与那种惧怕他者性的博爱之教大有关系。

《书·泰誓》武王数商罪曰"狎侮五常"。《书·旅獒》："德盛不狎侮。"《曲礼》："礼不逾节，不侵侮，不好狎。"《缁衣》："夫水近于人而溺人，德易狎而难亲也，易以溺人。"不狎之德贯之于家庭伦理，便是以溺爱为无礼。《后汉书》梁鸿传夫妻举案齐眉之所以千古称颂，以其保持亲人之间的他异性距离为合礼，以狎亵溺爱为失礼。如何面对他者的经验，这甚至是在儒家的亲情伦理中都富有的内容，在面对陌生人，把陌生人作为陌生人来对待的时候就更能发扬了，怎么能说他者性维度是儒家所缺乏的呢？

后汉光武帝不庇姊罪，答其姊曰："天子固不与白衣同。"不包庇亲人过错，不谓不合亲亲之礼也。"父子相隐"，王弘治考其本义曰"父子相隐括（隐当作上隐下木）"，父子絜矩之道也。父子相隐之道，犹朋友共学、君臣相正之道也。天德居中，人人以它为中心而相互间保持必要的陌生距离，互为絜矩隐括，便成就一个"如切如磋、如琢如磨"的学习型社会。伦理风俗之美，莫夬于斯也。《论语·里仁》："子曰：参乎，吾道一以贯之。曾子曰：唯。子出，门人问曰：何谓也？曾子曰：夫子之道，忠恕而已矣。""己所不欲，勿施于人"的忠恕絜矩之道在儒家那里非但是面对陌生人的黄金伦理，而且是贯彻到了亲人伦理关系的一以贯之之道。

因此，如果不是太过分的话，在一定程度上甚至可以说，亲亲礼仪与其说是要维护血亲关系，还不如说是要驯服它，以德驯服它；当然，反过来说，德之端又在于斯。亲亲与尚德，这是一个相互生发培育的循环关系。（根本的事情之间往往具有循环关系。对于这类关系的把握，论证是无益于事的，解释才能接近。）亲亲礼仪所要克服的恰恰是血亲关系中的蛮昧因素，而绝不是维护它——当然，也绝不是弃绝它，如耶稣所言"那些爱他的家人胜过爱我的人不配做我的门徒"，失之另一极端，儒家所不取也。《中庸》所谓"极高明而道中庸"：把血亲的自然关系通过孝悌亲亲的礼仪而上升为仁德，这是极高明而道中庸的一个例子。儒家之为儒家，向来就是在兼距杨墨之间，至今依然。资本主义今之杨也，基督教今之墨也。儒家以其中道而不属任何派别主义，因此儒家本质上是普遍道学。道学在伦理学上一以贯之的落实便是忠恕之道，包括无论面对亲人还是面对陌生人时对于他异性的深刻认识和切实履行。

再请深论之。《论语·泰伯》:"子曰:恭而无礼则劳,慎而无礼则葸,勇而无礼则乱,直而无礼则绞。君子笃于亲,则民兴于仁;故旧不遗,则民不偷。"在政治哲学的意义上,亲亲礼仪实际上是一种驯服欲望的高难度训练。如果亲亲私爱空间都能做到克己复礼的话,那么天下归仁就不远了。通常人们讲起家庭关系,仿佛这里面没有什么大不了的冲突:一家人吗,有什么不好商量的呢? 但其实,只要有一点实际生活经验的人都会知道:家庭关系差不多是最难理顺的复杂关系。一个人如果能理顺一个家庭的关系,差不多就能理顺一个国家了。这不光是一个类比或类推,也绝不必然导致家天下的专制主义。美国清教对家庭伦理建设的重视,很大程度上成为支撑美国自由民主政治的基础。这里有道理可言,那便是家庭作为欲望的集结——人欲之大端曰食曰色曰情曰爱曰生命延续曰相互承认(一个人最初学会对他人的承认便是叫"爸爸""妈妈")曰荣誉成就("望子成龙""光宗耀祖""郎才女貌")皆集结于家庭——,是一个纠缠了太多欲望关系的地方,同时,亲人之间关系的亲密又特别增强了冷静地理顺这些关系的困难。所谓"家家有本难念的经"。

孝悌和睦以其顺乎自然而为人乐道的是它容易实行的一面,但这只是抽象的推理。具体生活经验告诉我们,因为太多欲望关系的纠缠,因为亲人之间的容易亲狎而难以保持庄敬,因为亲人之间喜怒哀乐的不易节制,齐家之难远远胜过与朋友、同事、陌路人打交道的困难。想一想舜的例子:要在那么恶劣的家庭关系中保持孝悌和顺,一方面要孝敬顽父嚣母、爱护对自己充满敌意的兄弟,一方面又要逃避他们对自己的合伙谋杀,孝悌之难远远超出了一个人所能做到的自然尺度。孝与其说是黑格尔所谓自然的原则、实体的原则,不如说是自然原则的提升、实体原则与主体原则的双重超越。当颜回感慨"舜何人也,予何人也"的时候,他发愤要学习志之的绝不是一蹴而就的自然亲情,而是由自然亲情出发而走上的一条向上道路。舜这个极端例子的意义在于使得这条道路的艰难和意义凸显出来。"舜好问而好察迩言,隐恶而扬善,执其两端,用其中于民。"舜何以能如此聪明虚受,亲民善纳,与他早年在家庭关系中通过孝悌礼仪来克己复礼、驯服欲望的艰苦磨炼有极大关系。

家庭处在个人和社会国家之间的临界位置,因而是克己复礼的重要练习场域。实践经验告诉我们,一个孩子如果在家庭中没有学会克己(面对陌生人克己比较容易,面对可以对之撒娇的父母克制自己的欲望是多么困难),那么在社会上他就很难学会与同事、朋友、陌生人打交道,即使他学会了个人灵魂信仰的安顿工作也不能完全解决问题。伦理是具体的,切忌抽象。希腊人讲 ethos,佛学讲熏习,儒家讲礼乐教化,比起现代伦理学的空洞概念来说都要具体得多。即就西学主流传统内部来说,亚里士多德的 phronesis,西塞罗的 prudentia,黑格尔的 Sittlichkeit,也都还是具体的概念。具体是伦理学的灵魂。

亚里士多德《政治学》一上来就把家人之间的关系放诸政治领域之外。公私领域之分更是现代西方政治主流形态的基础之一。但政治,即使如现代自由民主政治,虽然其初衷和目的仅在于满足欲望、保障欲望满足的条件,但它的制度形式也还是要尽量克服公共事务中的徇私舞弊。也就是说,即使其出发点和目的不过是"卑之无甚高论"着眼于欲望的政治,其实行的成功亦有赖于欲望的克服。美国宪法处处体现这一对于公务人员的克己要求、防范措施;至于公民之公德公义(公民何以为"公"民),更是构成了健康的自由民主政治的基础。投票之所以体现公意,前提在于投票的人是公民。至于其他对于德性要求更高的政体,驯服欲望对于它们的重要性,就更不在话下了。总言之,无论任何政治体制,尚欲也好不尚欲也好,欲望的驯服都是至关重要的前提,因为政治就其本质而言就是人性的艺术。而儒家孝悌礼仪的家庭伦理就提供了驯服欲望的绝佳途径:从家庭关系入手,既容易上道,切实可行,又难以达到至高境界,永远留有向上改善的余地供人努力,所谓"循循然善诱人,博我以文,约我以礼,欲罢不能"也。因此,儒家家庭伦理实际上可以超越任何民族、文化、时代、地域、宗教、意识形态的差异而有益于任何政治体制的健康建设,具有永恒的普世意义。一个人只要是父母生的,就先天地是一个"儒教徒"。当然,也正因此,他就不是一个什么教徒。世界上因此就不存在一个与基督教徒、佛教徒相并列意义上的什么"儒教徒"。特别意义上的"儒教徒"是不存在的(当然"儒教"的切实建设是有益处的),存在的只有人。仁就是人本身所包含的教义。而"孝弟也者,其为仁之本与?"

本真性崇拜与现代性危机

中国现代化进程中最遗憾的一点是价值观的节节败退。首先是丰富多样的传统价值系统受到一波又一波的冲击,接下来则是刚刚树立不久的社会主义价值观流于形式。结果,只剩下"真诚"值得炫耀。近年许多社会事件表明,"真小人"作为对"伪君子"的反动,受到普遍的尊重,社会道德状况非常堪忧。[①]有鉴于此,对"真诚"观念进行一个思想史的梳理,成为深具现实意义的迫切课题。

"真小人"与"伪君子"之争远不只是一种暂时的社会现象,而是折射了古今之争的大问题,有着深远的价值观变迁的背景。无论在西方现代性的兴起历史中,还是在中国现代化进程中,我们都可以观察到,"真"总是被一再用作批判的武器,用以否定传统:破除迷信,解放思想,是为了求真,因为迷信歪曲了真理;批判礼教,解放人性,是为了求真,因为礼教扭曲了真实的人性,教人虚伪。仿佛只要是古典的,就必定是虚伪的崇高,只要是现代的,就是平易近人的、真诚的渺小。这种图景

---

① 在这些社会事件中最有代表性的,可算 2008 年的"范跑跑事件"。事件原委:2008 年四川"5·12"地震期间,都江堰光亚学校教师范美忠弃学生而不顾,逃离教室。事后发表公开言论,为自己的逃跑行为高调辩护,自称这是"真诚"的表现,引起媒体热议。

已经深入人心,成为现代人对于古代和现代之别的基本想象。虽然无论古今中外,"真"从来都是正面价值,但现代人固执地相信,只有在现代社会,"真"的价值才真正得到尊重和实现。

这种崇尚真诚的现代价值观,在近代西方思想史上影响最大的来源是卢梭。他虽然言必称古代美德,以罗马古人为楷模,但正是他从根本上偷换了美德(virtue)的内涵。内心剖白的真诚忏悔方法、"高贵的野蛮人"理想,塑造了现代人的基本情感和价值追求,为"启蒙"蒙上了一层清白无辜的感人面纱。从此之后,古代的伟大英雄和圣哲理想受到越来越多的质疑和嘲讽,因为那种理想"虚伪"、"压抑人性",而"真诚"、"充满爱心"的"普通人"则成为最真实感人的传说。对于这场古今之变的实情,托克维尔曾结合美国民主的政治学和社会学考察进行过详尽描述,[1]海德格尔则通过对人道主义的哲学批判进行过深入剖析。[2]今天,有鉴于这一问题已经在中国现代社会形成现实影响,我们更需要从比较思想史的角度出发,对本真性崇拜和现代性危机的关系进行深入分析。

从大的方面来说,在几乎不讲德性的现代伦理中,"真"被上升为几乎唯一的"德性",可能与两个东西大有关系:一是科学知识崇拜,二是基督教的忏悔传统。自由主义、浪漫主义的"尚真",与基督教的忏悔传统应该都有渊源关系。从奥古斯丁的《忏悔录》到卢梭的《忏悔录》,基督教的古今真诚有区别,也有联系,中间的转戾点是新教改革。天主教尚且诉诸客观的绝对神,新教则倾向于诉诸个人内心的真诚,使得本真崇拜的问题更加严重。本真性崇拜的确立,与现代性的确立,几乎是同一件事情的两个方面。但本真性的问题其实早在现代性全面发展以前,早已根植在传统基督教的忏悔问题之中了。新教只是加剧了这个老问题,而不是制造了新问题。

---

① 参见托克维尔:《论美国民主》,朱尾声译,中国社会科学出版社,2007 年。
② 参见《海德格尔选集》上卷"关于人道主义的书信",孙周兴选编,上海三联书店,1996 年。

新教改革之前的基督教是基督死后,基督门徒与"旧世界"(包含旧约和希腊罗马古典文化)妥协的结果,因而在基督教中保存了很多"旧世界"的健康因素。宗教改革本质上是基督教的完成。这个完成的过程抛弃了《旧约》和希腊、罗马古典礼法中的许多好东西,把基督教中原先包含的问题一下子突出地尖锐化出来。而现在回过头去看的话,我们会发现,即使在改革之前的基督教那里,问题就已经潜藏在里面了。因此,批评"真诚"信仰不仅要批评现代性,不仅要批评新教,而且还要从传统基督教那里寻找根源。正是在这个意义上,考察早期基督教的忏悔,对于今天思考本真性的政治哲学问题,将是很有助益的。

在现代西方哲学中,海德格尔的"本真"概念,仍然难免基督新教的影响。阿多诺对此曾有深入批判。不过,仅仅看到《存在与时间》的本真性概念与阿多诺对这一概念的批评,是远远不够的。在这个问题上,海德格尔有两个词要区分:一个是本真(eigentlich),一个是真理(Wahrheit),它们的政治哲学含义是大不一样的。关于本真的讨论见于《存在与时间》,阿多诺的批评也只主要是针对那个。但真理的问题则完全不同。《存在与时间》讲的本真,不脱基督教和存在主义影响,是来自克尔凯郭尔的。对于它,阿多诺和诸君的批评都是对的。但海德格尔在《存在与时间》之后,自觉地展开了对自己前期思想的批评。从三十年代开始,他在尼采的带领下,进行了一个脱基督教、去存在主义的过程。[①]所以,后期海德格尔不再在此在生存论意义上使用本真一词。于是,关于本真政治的指责不仅不可以加在后期海德格尔身上,而且实际上,从后期的真理思想出发,恰恰可以构成对那种本真政治的批评反思。那种批评反思不但是对基督新教主观真诚主义的批评反思,而且是对咄咄逼人的现代科学技术的"真理"和"真实"概念的批评反思,而

① Existentialism 一般译为存在主义,其实应该翻译为生存主义,以便把 existence 与 being 区别开来。

后者实际上是自由主义的"真诚"政治价值或"范跑跑式的真小人价值观"的重要同谋和背景支持。海德格尔真理概念同时在这两个方面蕴含着对"真诚"政治的批评反思。[①]

如此一来,我们的考察范围就不得不从"价值领域"的本真性问题,扩展到"事实领域"的本真性问题了。所谓"事实"与"价值"的两分,本身就是现代性观点的一种体现。从这种两分的观点出发,人们倾向于认为社会政治层面上对"本真性"的批评反思,不宜牵涉对"科学真理"的反思问题。海德格尔对现代科学和技术的沉思表明,那种想法是浅薄的。即使在中国现代化过程中,"五四运动"所谓"德先生"、"赛先生",绝不是说,一个是事关政治的,一个无关政治。列奥·施特劳斯(Leo Strauss)也认为,科学技术是现代政治必须面临的首要问题。现代思想家区分的所谓"事实领域的问题"和"价值领域的问题",本就是同一个现代性问题的不同表现。解决其中任何一个方面的问题,必然牵涉另一方面的问题。由于现代政治、经济、文化生活的网络特征,所有问题无不是牵一发而动全身的。所以,反思本真性问题,小修小补恐怕无济于事,必须进行全盘反思。而且,这种反思并不是信念辩护,而是逻辑分析,是对一个东西进行全面的历史考察和逻辑分析。其实,无论海德格尔还是施特劳斯,他们对现代科学技术的批评绝不是"非理性的"或者"信念的",而恰恰是地道"理性的",是要从理性的现代堕落形式科学技术那里挽救出希腊理性。[②]

福柯专门谈过希腊悲剧和政治中的 parrhesia(真诚坦言),[③]把他对基督教忏悔的考察向前推进了一步。德里达《书写与差异》中对卢梭的分析,也与这个问题相关。真诚其实就是一个与书写、差异相对立的东

---

① 参见 Heidegger, *Beiträge zur Philosophie*, Frankfurt am Main: Vittorio Klostermann, 1989. 第76 节"关于科学的命题",及拙文《理性与沉思:海德格尔哲学文稿中的科学沉思》对那些"命题"的解读,见收于《外国哲学》,商务印书馆,2012 年。

② 参见拙文《理性与沉思:海德格尔哲学文稿中的科学沉思》,前揭。

③ 参见 Michel Foucault, *Fearless Speech*, ed. by Joseph Pearson, Los Angeles: Semiotext(e), 2001.

西，就是书写和差异要解构的东西。①这个问题，《论文字学》里也讨论过。从柏拉图的《斐德罗》开始，书写就是一种可疑的技术发明，因为它必然导致对"真言"的偏移，为谎言的流布打开了缺口。从柏拉图到卢梭，书写几乎被认为是不真诚的代名词。真诚依赖在场性、同一性、即时性。相比于书写的事后性、不在场性、偏移性来说，说话是更相应于真诚的。忏悔就是现象学里讲的独白。由此也可以理解真诚、忏悔与圣灵在场(parousia)的关系：这种关系意味着一种海德格尔总结过的所谓"当前在场"的西方传统形而上学的时间概念，也就是说，只有现在在场的时间才是真实的时间。而现象学的分析却发现，即使在场性以及由此在场性保证的本真性，本身早已经是回忆、重复和补足、解释了，因而自始至终永远只能是踪迹。这层关系，用中国传统的文质话语来说就是：在文质关系上，质家没意识到，文其实构成了质的文史背景，死人和死人之文构成了活人活生生言谈的背景。由此出发，我们就可以看到"真诚"自身的悖论，看到"真诚"如何可能的非真诚背景，亦即，即时言谈何以可能的文字文化背景、在场时间何以可能的历史和未来背景等等。也就是说，真诚的独白声音，实际上却有赖于复调的、有可能产生层层伪作的文字书写。

譬如基督教的《圣经》是一本书，它实际上构成了真诚忏悔的"文史"背景。从文字书写和即时本真性的文质关系出发，我们可以思考一个问题：摩西从西奈山上得来的刻写神法的石版，为什么第一块一定要被摔碎？只有第二块才有可能保留，进入约柜？这其中的意义是很深

---

① 现在认真读书的朋友对"后现代"很恐惧，很厌恶。其实，德里达和福柯没那么可怕，也没那么先锋。也许必须等到先锋们也厌弃他们的时候，认真读书的朋友可能就会心平气和地认识他们的贡献。这有点像马克思。无论如何，现在谈德里达是有点犯众忌的，但也只能让他去了。不同背景之间的误解和愤怒也算是促进学术进步的一个因素。历史不仁，以学术背景为刍狗。我们这群思想学徒朋友，如果说还有点了不起的地方，那可能只在于：我们在学术上有几乎天生的公心公德，使得我们可以虚心地学习任何背景，心平气和地给予深思熟虑。我们的学术公德几乎是天然地不喜欢维护自己熟悉的背景知识，以便保持自己的话语权力优势，而是只要是有助于通古今之变的学问，我们都倾向于虚心学习，小心甄别，去粗取精，虽小道必有可观焉。

的。摩西是有大神力的伟大政治家。从山顶的虚无,他硬是带下石版,为一个民族立法,此非伟丈夫,莫能为也。石版的神法是刻写的文字,而非直接即时的圣言,因为圣言是不可能永远活生生在场的。对圣言的重新唤起,必须借助不甚可靠的第二位的东西:文字。所以,刻写神法的石版也只能是第二块,被改写的另一块,更加属于人为之伪的那一块,才能最终成为人的法。这其中体现了人类政治技艺的伟大,也毫不掩饰地展现了人类政治、伦理和律法的脆弱,犹如石版的脆弱,犹如文字的谬误:永远只能是另一块,另一块。所以,经过海德格尔、福柯和德里达等后现代思想家①对在场时间性和语音逻各斯中心主义的解构工作,现代性的"真诚"观念及其基督教基础,就都被掏空了。这种批判固然深刻和彻底,然而,如果连最后一根价值稻草"真诚"或"本真性"都已经被解构,现代社会又将何去何从? 置身于这一问题的紧迫处境之中,重温中国儒道传统中的"真""诚"概念,或许仍然具有重要的现实意义。

道家的"真"与儒家的"诚"

"真"和"诚"在中国思想传统中本来是两个字,有着不同的含义和来源。一般来说,"真"是道家的传统,"真人"是修道的极高目标。《庄子·大宗师》:"何谓真人? 古之真人,不逆寡,不雄成,不谟士。"又说:"古之真人,不知说生,不知恶死。"《素问·上古天真论》:"黄帝曰:余闻上古有真人者,提挈天地,把握阴阳,呼吸精气,独立守神,肌肉若一,故能寿敝天地,无有终时,此其道生。"道家所谓"真"既不是现代西方科学和实证哲学所谓认识与客观相符的概念,也不是现代价值观重视的不

---

① 海德格尔本人很难被称为后现代思想家,但他毫无疑问是后现代思想的重要来源之一,所以,在某种意义上把他归入广义的后现代思想是不无道理的。

欺骗、不做作的主观状态,而是人的生活与自然天道顺应无违的意思。合于天道自然就叫真,不合天道自然就叫伪。

"诚"则更多是来自儒家的传统。"诚"的思想,在儒家传统中影响最大的文献是《大学》和《中庸》。《大学》的"诚意"思想深入人心,影响深远:"所谓诚其意者,毋自欺也。如恶恶臭,如好好色,此之谓自谦。故君子必慎其独也。小人闲居为不善,无所不至,见君子而后厌然,掩其不善,而著其善。人之视己,如见其肺肝然,则何益矣。此谓诚于中,形于外。故君子必慎其独也。"诚不完全是个人主观状态能定义的。如果诚完全只是某种个人主观状态,"独"就没必要"慎"。慎独的必要性在于,个人主观状态必须接受"人之视己"的监督。诚意是发自内心自然的、不自欺的"恶恶臭"、"好好色",但什么是"恶臭"、"好色",却是人同此心、心同此理的。

《中庸》关于"诚"和"诚之"的思想博大精深:"诚者,天之道也;诚之者,人之道也。诚者不勉而中,不思而得,从容中道圣人也。诚之者,择善而固执之者也。"诚不是人的主观状态,而是天道自然的运化、显现。人效法天道自然的诚是一种修道活动,这种活动叫做"诚之"。只不过,与道家不同的是,这个天道自然是有伦理道德含义的。所以,效法天道自然的"诚之"活动也就是"择善而固执之"的教化行动。所以,《中庸》开篇才说"天命之谓性,率性之谓道,修道之谓教"。

天道自然一面和人伦道德一面,在道家那里是有矛盾的。儒家之所以能把它们结合在一起,有赖于"性"的概念。所以,《中庸》接下来说:"自诚明,谓之性;自明诚,谓之教。诚则明矣,明则诚矣。唯天下之至诚,为能尽其性,能尽其性,则能尽人之性,能尽人之性,则能尽物之性,能尽物之性,则可以赞天地之化育,可以赞天地之化育,则可以与天地参矣。"诚而明之的自然显现叫做性。性是天命之于人的(命在此作动词),本属人所固有。但性各有欲,欲各有情。情欲蒙蔽,则性不显,也就是不诚了。不诚,就需要教。"自明诚,谓之教",就是从各种具体的显现之物出发,从人伦日用出发,从"悬象著明莫大乎日月"(《易系辞传》)出发,教人复归"惟精惟一"的"天命之性"。

所以,《中庸》又接着说:"其次致曲,曲能有诚。诚则形,形则著,著则明,明则动,动则变,变则化。唯天下至诚为能化。"这又是反过来,从"自诚明"的一面来讲性情的关系。自天命之性而化生万事万物,其情莫不正。综合上面两个意思,"诚"贯穿天人性情,既是自性而情、曲成万物的天命("天命"即天之赋予),也是人由情复性[①]、教以诚之的人文。所以,《中庸》接下来说:"诚者,自成也,而道自道(通"导")也。诚者物之终始,不诚无物。"可见"诚"其实是天人合一的枢纽,是贯通全部《中庸》思想的主轴。这个意思落到实践中,便是成己成物的忠恕之道:"是故君子诚之为贵。诚者非成己而已也,所以成物也。成己,仁也;成物,知也。性之德也,合内外之道也。故时措之宜也。"正好,在《论语》的记载中,孔子也是以成己成物的忠恕之道为一以贯之之道(参《论语·里仁》)。现代"真小人"在诉诸"真诚"为自己辩护的时候,可曾聆听过一星半点来自道的消息?

现代革命与年龄的政治

近代革命,基于平等理念,传统五伦中,为朋友近之,故谭嗣同仁学倡之。但朋友之义,实以兄弟为楷模:朋友之道,以齿为序,称兄道弟。兄弟亦依齿序,大宗小宗,以别正庶。故兄弟之道,又基于父子:序齿之由,以出生之早晚。以此之故,父子之道,实统兄弟朋友。君臣师生皆如父子,则父子道亦统君臣师生。唯夫妇曰匹夫匹妇,郑曰匹配之义也。夫妇匹配,犹如阴阳相敌。无极而太极,太极动静曰阴阳两仪,于是有乾坤父母,然后有三男三女,各以齿序。所以,在平等大势汹汹的

———————————

① 李翱有《复性书》。

天下,一本于阴阳生生之道,较之朋友或更有益于阐明革命之所谓仁学。

此道宋学实已启之。周子太极图说,张子西铭,实有政治含义,非唯玄学理论。中国去封建化进程由来已久,至宋乃大兴。市井之盛,科举之明,前所未有。《金瓶梅》与四书学,一代并生之两物也。昔在孔子,知道之不行,礼崩乐坏既为不挽之狂澜,遂思所以处世俗之道者。于是仁礼之间,夫子虽心系礼仪,念兹在兹,然知其终不可复,故原礼于仁,冀或于礼文之外,存礼之所以为礼者,以为必将到来的平等时代垂立宪法。于是至宋有性理道学与市井文化的尖锐冲突。小说生于斯,理学亦兴于斯,中国开始全面的今代化进程(今代是比近代更本质的词语)。在今代化中,理学既是反对世俗文化的,也是与之权变合作的政治思想。中古士人辛苦挣来的这一重新平衡,维持了帝国的繁荣又一千年。至近代而重新面临挑战。

近代的挑战,根本上并不是由平等不平等、自由不自由带来的,而是由仁与不仁带来的。陌生人之间的契约,不是通过仁性感通,而是通过人性假定。加之宋以来仍然残余的封建等级制度,混淆了视线,以为平等亦为中国革命第一要义,所以有兄弟朋友之说兴。但现代契约关系既非兄弟,亦非朋友,故屡试而不成西化道路。同志之伦,中国何以容易接受,一时间遂成披靡之势,以仁性之平等,中国自孔子以来固有二千余年也。

同志之伦,既非兄弟朋友,亦非陌生人之关系也,故可以综合现代革命需要与中国固有传统。然同志之伦,何以遂衰,以至于今日演变为同性恋之称谓? 以同志之抽象也。现代同志,抽象之极,以至于夫妇阴阳之不讲,乃沦为同性恋之称,何足怪也。然讲夫妇必有生生,有生生必有子女,有子女必有长幼,有长幼必有兄弟。孝悌其为仁之本与? 即使对孝悌不做贵族封建等级制的解释,而是原礼入仁,也同样不能泯除年龄代际这一基本现象。任何民族任何时代的政治,无不事关这一基本现象。所谓父子兄弟之讨论,必基于年龄代际问题。年龄代际源于生生,生生之道学解说年龄,年龄解说父子兄弟,父子兄弟解说朋友,朋友解说同志,同志解说陌生人契约。

"人是会说话的动物","人是政治的动物",这两句话奠定了西方政治哲学的基础。这里,会说话不是一般意义上的会说话,而是特指逻各斯意义上的会说话;这里的政治不是一般意义上的政治,而是特指城邦意义上的政治。逻各斯排除文化历史方面的代际因素,城邦排除家庭方面的代际因素。城邦政治人是无年龄的演说人。这是一直支配到今天的西方主流政治哲学。而中国一直到今天是年龄的政治。这不一定意味着贵族继承制和等级制。它可能是基于平等之上的,只不过这个平等的含义是仁道,而不是人道。

对话:父子之道的古今之变

无竟寓:张子《西铭》说:"乾称父,坤称母,予兹藐焉,乃混然中处。故天地之塞,吾其体;天地之帅,吾其性。民吾同胞,物吾与也。大君者,吾父母宗子;其大臣,宗子之家相也。尊高年,所以长其长;慈孤弱,所以幼吾幼。圣其合德,贤其秀也。凡天下疲癃残疾、惸独鳏寡,皆吾兄弟之颠连而无告者也。"在宋以来形成的天地人大家庭图景中,乾坤是父母,君王是天子,大家都是兄弟。现在不知其可了。现代性崇拜儿孙,启蒙要打倒父权,现在仍然在这个历史阶段之中。

停云:儿孙崇拜,说得好。儿孙崇拜能够释放出强大武力,在一个软弱的历史阶段起到力挽狂澜的作用,但未能久远。

无竟寓:鲁迅有篇文章讲我们今天怎样做父亲,记得大意是说我们要向小朋友学习。

停云:从梁启超《少年中国说》就出来了。少年强则国强。浮士德式的力本论,则必尚少年。洛克将父权仅限于教育权,不过父权是否仅仅限于教育权呢？费孝通曾有"教化权力"一说，教化权力乃世代交替所派生的权力。这一权力以生育与抚育为基础，但绝不仅限于家庭。

无竟寓：洛克的模棱两可性，似乎是有相当象征意义的。在他那里，现代性面临一个十字路口。后来就越推越激进了。

停云：贵族统治其实就是父权统治。

无竟寓：贵族与父权的必然关联在于：贵族身份的确立必须承自家族和父亲。

停云：但可以有像科举这样造出的贵族啊。

无竟寓：是啊，中国不同于一般所谓贵族封建，就是立足于此。门第世袭的贵族制，是由儒墨道法合力摧毁的。孔子正名思想表面上看是维护世袭贵族制，实际上是反对它的。但反对世袭贵族并不意味着反对贵族文化，拥抱世俗文化。如何在不可避免的礼崩乐坏平等化的天下大势面前，采取贵族的情感立场来应对，但是又不复辟贵族制，这种几乎不可能的任务，恐怕是孔子的核心任务，也是中国文化的最大贡献之一了。也是造成孔子面目复杂，今古文派纷争的原因了吧。

停云：今日形势何其类似。

海裔：我重读一下费孝通谈教化权力的章节。费老曾有"教化权力"一说，教化权力乃时代交替所派生的权力。这一权力以生育与抚育为基础，但绝不仅限于家庭。谈论父权，其实谈的就是教化权力。现在的问题就在于，在我们这个时代，对于教化权力的讨论如何是可能的？教化性的权力虽则在亲子关系里表现得最明显，但并不限于亲子关系。凡是文化性的，不是政治性的强制都包含这种权力。文化和政治的区别是在这里：凡是被社会不成问题地加以接受的规范，是文化性的；当一个社会还没有共同接受一套规范，各种意见纷呈，求取临时解决办法的活动是政治。文化的基础必须是同一的，但文化对于社会的新分子是强制的，是一种教化过程。这是费老的话。费老对于文化与政治的区分尤其有启发性。

无竟寓：人既然是时间的动物，无论生命经验还是文化教养都是在年岁中成长出来并且在代际之间传递的东西,那么一切人类事务的基本现象就都是年龄和代际的事务。现代教化权力的变化似乎在于:由于现代科学技术知识生产方式的改变,知识老化和更新速度的加剧,新生代而非老一辈,才是掌握知识权力的人。老人教化意义上的权力实际上是被生产知识的新人篡夺了权力。

海裔:大体形势如此。但还是有一些规律:比如国家政治家一般还是老人来当,很少有五十岁以下的。这是因为政治统治,尽管技术化了,还是不能被完全化减为技术。老人在技术知识上的弱势是一方面。另一方面是,年轻人以"自由"为名对于传统文化规范的冲击,使得文化秩序被打破,文化本身也就成了一个政治斗争的场域。既然没有共识,也就没有什么东西可教。

无竟寓:所以我们现在首先要区分一对概念:教化权力与知识生产权力。教化权力的代表是老人,现代技术知识权力的代表是新人。知识社会学、教育社会学意义上的知识新贵的兴起和夺权,是与经济政治意义上的新贵族的出现相应的。由于现代社会太过依赖技术的快速更新,所以现代性崇拜青年、进步和未来就不足为奇。问题正在于你所说的政治并不能归约为技术,所以我们说知识新贵的统治实际上是僭越了教化的权力,盗取了政治的权力。谁叫现代社会生活和国际竞争如此倚重技术呢?这是主奴辩证法的一个例子。科学技术的知识社会学、科学技术的政治哲学问题,可能是讨论这些问题的关键。现代性就是知识生产权力对教化权力的篡夺而导致的僭政。在这个意义上再来重审海德格尔思想的政治哲学意义,就可以澄清人们对海德格尔的浪漫主义误解。

海裔:其实跟熟人社会、陌生人社会的问题也可以关联起来:在熟人社会里,那种处理人事的分寸拿捏,是非常微妙的,需要通过世代教化来实施的。而陌生人社会把人之间的关系格式化了,彼此之间的关系,似乎就不需要专门学什么东西,大家知道法律和基本的道德就可以了。我自己体会特别深,我感觉一回到家,就在我父亲的权力笼罩下。

因为在地方上,处理和那些我已经不太熟悉的乡亲的人际关系,我必须处处咨询他。但我父亲如果一到北京,他就会处在我的权力掌握下。不知道你现在和你父亲的权力是如何分配的?

无竟寓:在我的新家有很多电器,我父母很长时间不知道如何使用,他们完全依赖我教他们。这一教就教颠倒了。知识的权力颠覆了教化的权力。

海裔:如此来看,南水的陌生人社会的熟人化就很有针对性了。这是一个替老年人重建教化权力的过程。

无竟寓:问题的复杂之处在于,传统老人的教化权力往往也是通过他们拥有更多生活经验知识来实施的,而不是单纯通过道德教化本身的力量来直接实施的。知识好比是糖衣,道德是药,教化的过程犹如糖衣裹药,哄小孩吃下。现在的问题是,由于社会生活变化快,老人的知识方面不管用了,所以附带导致他们道德教化权力的直不起腰杆。由于知识更新的缘故,小朋友们神气了,往往见到几岁的小朋友从幼儿园放学回来就得意洋洋地教爷爷奶奶说,你们怎么连这个都不懂呢,高中开始就可以对父母说,你们怎么连这个都不知道呢。如此迅速的技术知识、社会信息的更新速度,在传统社会是不可想象的。在现代社会做儿童,比在西伯治下养老都神气啊。

古典文教与现代教育

尼采、柏拉图与戏剧的教育使命

有机会来上海戏剧学院与各位专家和同学交流,深感荣幸和惶恐。[①]荣幸,因为上戏是中国戏剧和电影电视人才的重要培养基地,剧作家、导演和演艺明星的摇篮;惶恐,因为我在戏剧方面完全是外行。之所以还敢来讲几句,是抱着侥幸的心理,以为一个站在戏剧行当外面的观察,对于行内的专业耳朵来说,可能还有点参考价值。

为什么从尼采和《悲剧的诞生》讲起

我准备提供给各位戏剧专家和同学的,是一个戏剧行当外面的观察。这个观察准备从"尼采与《悲剧的诞生》"讲起。但这远不是我擅长的研究领域。为什么还要讲这个题目? 这要从尼采为什么研究古希腊悲剧说起。

美学、艺术哲学、文艺学和戏剧理论方面的教科书常常会说,《悲剧

---

① 本文是 2009 年 12 月在上海戏剧学院的演讲稿。感谢上海戏剧学院和刘明厚教授的邀请。

古典文教与现代教育·115

的诞生》是尼采的第一部著作,也是美学、艺术哲学、文艺学或戏剧理论方面的重要著作。不过,尼采写这本书的时候,并不是以一个美学家、艺术哲学家、文艺学家或戏剧理论家的身份来写的。写这本书的时候,尼采是瑞士巴塞尔大学一名年轻的古典学教授。这本书他原本是当作自己的古典学教授生涯的第一部著作来写的,虽然当时的古典学界并不接受这部著作,而且正是以这部著作为导因,一个才华横溢的青年古典学天才不得不告别他"宁愿不做上帝也要珍惜的"古典学教职,而被迫去做所谓的哲学家。但是,我们今天要说,即使现代古典学界直到今天还未曾接受这部著作,但它仍然是从属于古典文教的;而另一方面,即使现代美学、艺术哲学、文艺学和戏剧理论把这本著作奉为里程碑式的成果,它也仍然不是属于美学、艺术哲学、文艺学和戏剧理论的。厘清尼采在古典学和哲学美学之间的位置,不但对于我们读懂《悲剧的诞生》这本书来说至关重要,而且直接关系到中国当前的戏剧和电影电视状况。为什么这样说,我们必须从什么是古典学,以及它与现代哲学和舞台状况的关系讲起。

古典学的变形和隐秘使命,
它与现代大学讲台和戏剧舞台的关系

古代并不需要也没有古典学。古典学以古代为研究对象,但古典学本身却是一门现代科学。它的领域和方法由现代科学规定,它的教学体系和资格认证从属于现代大学体制。现代古典学是用生锈的剪刀剪断古典文教的脐带,在现代性的肚皮上剪出的脐眼。透过这个被感染的脐眼,现代人看到的古代世界要么是现代生活方式的前身与合法性来源,要么是满足现代智性和感官的猎奇领地。

但是,从一开始,古典学建制的产生就蕴含着古典文教体系对现代历史哲学和现代大学体制的张力。因为,古典学的研究对象并不像物理学的研究对象那样是一块石头,而是把整个古代世界作为一个意义的整体,一个虽然被剪断了可见的脐带但仍然隐秘地生活在每个现代性细胞中的生命。这个意义世界的剩余生命构成着现代生活的隐秘基础。现代自由主义之所以可能,乃是建立在对这一意义世界生命遗产的挥霍之上。自由民主挥霍着先贤的遗产,并以此才得以运作。但是,它却不但不懂得珍惜和培育这一必要的运作前提,反而自诩现代自由民主的自满自足,错误地以为只要民主就能保证自由,只要自由就能保证民主。这种想法的产生和付诸实行,只是在一个文化过度繁荣、传统伦理资源过剩的时代才得以可能的;一旦当传统资源被耗尽,人类重新堕入野蛮境地,新的文化建设就要重新开始。而当文化建设重新开始的时候,古代资源就会重新受到重视,而这时,原先以现代学科形式潜伏起来的古典学就会重新焕发活力,临危受命,与于斯文,通经致用,从它的古典质料出发颠覆它的现代形式。这便是古今文质之变的大概情形。

尼采的时代,古典学正处在一个转型期:从承担古典文教抱负的古典学转型为现代科学古典学,从社会贤达的业余兴趣转变为大学教授的科学职业。尼采的竞争者维拉莫维茨完成了这个转型。这个转型在古典学界的完成,也就是哲学领域在学院外的所谓"现代"①"后现代"形态的开端。尼采离开巴塞尔,是这两件事情的共同标志。这场标志事件对后世最深刻的影响在于教育者的失踪:自此之后,现代社会便是一个迷失了教师的世界:体制内的教授宣讲的专业科学知识无意于教育,也无能于教育;体制外的哲学家宣讲的百家主义则存心教唆,鼓动青年造反。教授和哲学家到处都是,教师却变得极为稀罕。从此之后,对于今天的读者来说,理解维拉莫维茨的古典学成为一件乏味的学院专业

---

① 中文语境中的所谓"现代哲学"指叔本华、尼采肇端的哲学,西文语境中的"现代哲学"则是指培根、笛卡尔肇端的哲学。

事,理解尼采的"哲学"成为一件反学院的时髦事,而理解尼采这个名字所维系的古典学传统,也就是理解古典文教的初衷抱负及其在现代处境中的变形和隐秘使命,则成为一件无论在学院内外都变得极为困难的稀罕事。今天通过重读尼采的《悲剧诞生》来反思讲台和舞台的处境,便是要重新提起这件稀罕事。

与现代大学的变化相应,文学戏剧影视也不再承担古老的教育职能:课堂上教授们宣讲文学史和文艺学、美学理论,剧场和荧屏外"知识分子"也就是我们今天的"哲学家们"(哲学教授不是哲学家,他们属于前一种人,讲授哲学史和哲学理论)则忙着"批评"。至于剧场和荧屏,本来应该是最重要的教育场所之一,现在则完全交给意识形态的广告和艺术消费市场的手机投票。票房和收视率决定剧目是否经济,"批评"决定它是否"艺术"。如果既经济又艺术,教授就准备把它收入历史和理论。这是制作人、批评家和教授的三方游戏,他们联合驱逐了教师,驱逐了埃斯库罗斯和莎士比亚那样的人民教师。

简化堕落版的自由民主认为现代社会不需要教师,因为现代人都是有理性的成年主体,不再是儿童和奴隶,除了借以谋生的专业技能培训之外,他们不需要灵魂的教育——而只有灵魂的教育才称得上教育。所以,对于现代人来说,学校教育据说不过是谋求职业的技能培训,而文学戏剧影视艺术则不过是培训之余和工作之余的娱乐消费。受教育是为了找到工作。无论受教育还是工作,都是辛苦的。在辛苦的受教育和工作之余,需要娱乐消费,而被消费的产品据说就是人们以前称之为艺术的东西。这便是相互配套的现代讲台状况和舞台状况。

当尼采这个本来有志于做教师的古典学家被逐出大学讲坛,并被奉为现代后现代"哲学家""艺术家"和"批评家"的鼻祖,当大学里的维拉莫维茨们和大学外的"尼采们"一起联手谋杀了古典学家尼采和人民教师尼采,这种现代讲台状况和舞台状况就开始正式取得统治地位了。而《悲剧的诞生》则可以被视为针对这种现代状况的最后一次抗争。然而,很不幸,这场抗争为尼采个人命运带来的后果,以及它在哲学和艺术领域带来的后果,恰恰使它成为加速这种状况形成的契机。

诗与哲学之争:舞台和讲台对教育权利的
争夺与尼采思想的古典语境

上面结合尼采出离巴塞尔古典学教席事件,勾勒了讲台和舞台作为两个教育阵地在现代处境中的双双陷落。接下来,我们从这两个阵地本身对教育正当性权利的相互争夺,也就是所谓诗与哲学之争的脉络,来看《悲剧的诞生》置身于其中的古典文教背景。首先,我们要说明,《悲剧的诞生》要讲的不是一种酒神和日神相反相成的戏剧理论、哲学美学,而是讲的教育;其次,我们要清楚,这本书是要为悲剧舞台争夺教育的正当权利,反对以"苏格拉底"和"亚历山大里亚学者"为标志的哲学讲台的教育权利。只有从教育问题上的这个古老争执,即诗与哲学之争出发,才能把《悲剧的诞生》带回到它所从来的古典文教关怀的语境中去,从而才能对它何为而作的微言大义有一点入门的理解。[1]

在柏拉图的晚年对话《法义》(旧译《法律篇》)中,来自雅典的外邦人说起过一种看起来似乎可以用来论证《悲剧的诞生》中关于酒神和日神共同作用于希腊诗歌(包含悲剧)的这样一种"艺术理论":

> 教育事关快乐和痛苦感觉的正确约束。不过,在人生过程中,教育的效果会渐趋消磨,乃至在很多方面完全丧失。好在诸神怜悯人类生来就要遭受的苦难,赐予了宗教节庆的形式来予人安慰,让他们在劳作之余有闲暇的时光。他们赐予我们众缪斯——她们的领袖是阿波罗,还把狄奥尼索斯赐给我们。通过这些诸神与我

---

① 参见刘小枫:《尼采的微言大义》,见《书屋》2000 年第 10 期。

们共享节庆，人们就得以重新联合成一个整体。幸赖诸神的帮助，人类得以改进教育，在节庆中自我更新。现在，有一种经常听到的理论，让我们看看它是否与事实相符。这种理论认为，任何生物的幼息都无法管住自己的身体，使它安静不动，也不能管住嘴巴不发出声音。它们一直都在四处活动和发出声响。有些奔跑，跳跃，相互欢乐地嬉戏，有些狂呼乱叫，发出各种声音。动物在运动中缺乏有序或无序的感觉（我们称之为"节奏"和"和声"），但我们人类就被造得不一样，可以感受它们，并且从中得到享受。这正是上面提到的几种陪人类歌舞的诸神赐予我们的礼物。正是这一点使得他们成为我们歌舞队的领袖，激发我们运动，使我们联合起来，又唱又跳。因为它自然地令我们"愉悦"（chara），所以，他们就把它命名为"歌队"（choros）。（《法义》653c—654a）

一个现代古典学家必定会奇怪，为什么尼采没有引用如此明显的证据，以便证明他关于日神和酒神共同作用以形成悲剧的"理论构想"，[①]或者用来论证他的"权力意志"哲学。古典学家和艺术理论家的工作在于引证古代材料，以便证明某种理论构想。尼采的工作与此不同。尼采的工作恰如柏拉图和他笔下来自雅典的外邦人，他们的工作在于教育：探讨什么是好的教育，以及如何实施好的教育。

柏拉图这个哲学家的戏剧性对话写作，处在希腊社会的这样一个转型期：诗歌（包括史诗和悲剧）作为一种古老的公民教化方式，以及与之相连的诸神世界和由神话承载的习俗礼法世界正在不可挽回地衰落，而新的教育者，即智慧的人（sophist，智术师）和爱智慧的人（philo-sohper，哲学家）正在方兴未艾地百花齐放、百家争鸣。智慧和爱智慧，

---

① 维拉莫维茨对尼采的攻击就包含这方面的指责。劳伊德-琼斯指出尼采本可以引证埃斯库罗斯悲剧中提到的狄奥尼索斯信徒与阿波罗、俄耳浦斯信徒之间的冲突。参劳伊德-琼斯《尼采与古代世界研究》，见奥弗洛赫蒂等编《尼采与古典传统》，田立年译，华东师范大学出版社，2007年，第13—14页及脚注。柏拉图《法义》中的这段话在学院古典学家看来，大概也属于这一类尼采本可以引证的"材料"。

或智术师与哲学家的区别非常微妙。柏拉图的哲学戏剧就演出在这个微妙的舞台空间。诗教的衰落是一种神性粗朴文教的衰落和市俗精致文化的兴起。关于这个转变过程，阿里斯托芬的喜剧《蛙》作了第一次、尼采《悲剧的诞生》作了最后一次深刻的观察和批判。智术师教育运动的兴起是一种黼文的繁琐文化的兴起，一种并不真正聪明的小聪明的泛滥。对此，苏格拉底用他"自知无知"的辩证反讽进行了第一次、尼采用他对"苏格拉底"的反讽作了最后一次深刻的揭露和批判。

在这种神性诗歌文教的衰落和市俗繁琐文化的兴起中，哲学家柏拉图用他的戏剧性对话来提倡和实行的教育工作，是一种以质救文的教育改革方案。有苏格拉底出场的《王制》(旧译《理想国》)和没有苏格拉底出场的《法义》分别侧重从内圣和外王两方面提出了这一教改计划的具体方案。《王制》用诗(音乐、故事)和体育来教育全体儿童，却用辩证法来教育那些遴选出来堪任治国之才的优秀青年。对于受过哲学教育的治国者来说，诗艺是教育儿童和大众的必要手段，但诗艺必须是在哲学的可控范围之内的，否则就不得不"驱逐诗人"；不过，这样做的前提必须是，哲学王自身必须是最优秀的诗人。《王制》本身就是一出伟大的戏剧。

以质救文并不是以哲学反对神话、诗和礼法，而是在一个新文泛滥的时代，通过哲学来挽救旧文。《诗》云，"周虽旧邦，其命维新"。柏拉图《王制》的维新手段是哲学。《法义》则尝试了另外一个手段：立法。这一次苏格拉底没有出场，因为这一次不打算通过辩证言辞来教育，而是通过实际的立法设计来教化[①]，而苏格拉底在《申辩》里说过，他的神灵禁止他参与任何实际的政治活动(31c—32a)。[②]《法义》用缪斯歌队、阿波罗歌队和狄奥尼索斯歌队来分别教育儿童、青年和老年公民(664c—666c，注意这三个歌队的讨论都是在"乡饮酒礼"的教育语境中

---

① 《法义》第七卷明确把立法视为一种教育行动(尤参624c)。

② 参见 Leo Strauss, *The Argument and the Action of Plato's Laws*, University of Chicago Press, 1975, p.1。

进行的);但是,当外邦悲剧诗人要来演出的时候,城邦可以告诉他们,我们城邦的立法设计本身就是一出最完美的戏剧,因此,不需要你们再来教导什么(817a—d)。

在类似的处境下,尼采的选择却是诗的更新("未来的音乐"),而不是哲学和法。哲学在与智术师运动、亚历山大里亚学术繁荣、基督教经院哲学和现代大学的知识纠葛中耗尽了声誉。《浮士德》的开篇描述了柏拉图曾借以救文的质学在尼采的现代已经变成了多么繁琐的虚文。另一方面,李维、马基雅维利和卢梭说明了斯巴达的法为什么仍然会朽坏。尤其是,一种自诩为最小、最低调、最底线、最质朴的现代立法,自由民主的法,结果证明是最文化繁荣、奇葩斗艳的法,记者、主持人、公共知识分子和明星艺人等所有巧言令色者的法。所以,在《悲剧的诞生》里,尼采咒骂"苏格拉底",歌颂瓦格纳。尼采以为瓦格纳歌剧是现代人的救星,可是不久以后,连他自己也不相信这个救星了。《悲剧的诞生》之后,尼采的写作动机之一便在于对这一现代文艺救星的批判。

尼采放弃了讲台,诉诸舞台。表面上看,他似乎确实赢得了舞台,因为尼采之后,很少有艺术家不赶尼采这个时髦,即使骂他也成为对他致敬的方式。现代派、后现代派,各种先锋流派,无不是尼采的徒子徒孙。但是,如果我们懂得尼采舞台的诗人和演员与柏拉图讲台的哲人和立法者原来并无二志,那么,我们还会以为,在这个世界上到处上演的,还是尼采的戏剧吗?

拨乱反正:从西方古典出发重读
尼采与中国戏剧的教育使命

因为尼采鼓吹重估一切价值,所以,他被称为三大怀疑大师之一

（与马克思、弗洛伊德并列），通常被视为西方主流传统文化的反叛者。从上面的分析，我们知道，这种对尼采的片面理解，是尼采的命运中比精神错乱、被姐姐蓄意篡改和被纳粹利用三大不幸事件加起来还要不幸的厄运。精神错乱无非像是提前进入坟墓，被人篡改和利用终究可以辩白，然而从根子上被善意地普遍误解则是难以改正的"观念史常识"。庄子之于先王之道的关系，也有类于此。①那么多喜爱庄子的道家信徒和性情中人对庄子的真实思想构成的伤害，远甚那些批评他的儒家。尼采主义者们也正在这样滥用尼采。

斯坦利·罗森在批评这种传统—反叛、理性—非理性、柏拉图—尼采的简单模式时说道：

> 对哲学史的准确描述或许将如下述。有三种基本的"立场"或教诲：（1）柏拉图和海德格尔的，或真正柏拉图主义的立场，试图……保留诗与哲学的纷争；（2）"柏拉图主义"，自我迷惑地试图用以数学为根本的哲学——事实上本身就是诗——代替诗；（3）"尼采教诲"，自以为是地认为诗胜过了哲学。所谓的"后现代主义"，正是"尼采教诲"的翻版。②

在"科学××主义"也就是一种现代"柏拉图主义"的统治时代，这样一种"尼采教诲"的引入，自然是一件令人激动的事情。接受这种"尼采教诲"的先锋青年，先是反对"科学××主义"，然后在这个"柏拉图主义"科学偶像退居背景之后，开始对大众娱乐消费展开文化批评，并且制造一些拍卖价格极高的愤世嫉俗的先锋艺术品。无论是在反对"科学××主义"的时候，还是在批评大众文化的时候，"尼采教诲"的青年艺术家都声称反对主流价值，提倡小众文化，跟"主旋律"唱反调，无论

---

① 参见拙文《藏刀与藏天下》，见收拙著《道学导论（外篇）》，华东师范大学出版社，2010 年。康有为在《孔子改制考》和万木草堂讲课笔记中对庄子的政治哲学解读，把庄子纳入了春秋改制的微言表达。

② 罗森：《诗与哲学之争》，张辉译，华夏出版社，2004 年，第 195 页。案"尼采教诲"似应带引号。

"主旋律"是"科学××主义"的，还是市场大众的。①难道不是，在尼采的书中随处可见对劳动人民和主流价值的蔑视吗？难道不是，尼采本人就是一个孤独的哲学家和艺术家吗？新潮哲学家、先锋艺术青年"尼采"就这样占领了包括戏剧在内的中国严肃艺术领地，而古典学家尼采、人民教师尼采和"科学××主义"一起被还给了德国。

从此，"有想法的"艺术家都是不屑于跟官方和大众一起唱主旋律的，而是喜欢跟公共知识分子和艺术批评家一起谈哲学的。大学教授则一面不屑于这种艺术创作和哲学批评（因为他们有历史要研究），一面寻找着适当的时机把它们收入历史，作为学术论文的题目和编写教科书的材料。在"尼采们"忙于艺术创作和批评的时候，"柏拉图们"则忙于科学研究，他们偶尔也进行虚假的诗与哲学之争。前些年发生的"思想与学术之争"就是一例。这是一个艺术和科学同市场一起繁荣起来的年代，只不过，无论艺术科学还是市场都严重依赖接轨，因而含有太多的泡沫。丧失了基调和主旋律的艺术服从海外拍卖槌的指挥，缺乏自主话语的科学服从国际学术会议的日程表，过度外向型的市场服从外企总部的预算。似乎，具有强力意志的超人是不会喜欢这种生活的。

而这一切不过是出于对强力的怨恨。中国先锋的尼采是小资和怨妇的尼采，欧里庇德斯的尼采。而欧里庇德斯正是《悲剧的诞生》极力声讨的希腊悲剧罪人。尼采的声讨承自阿里斯托芬的传统。在阿里斯托芬的喜剧《蛙》将近尾声的地方，狄奥尼索斯在冥府里向两位过世的悲剧诗人问了一个地上城邦的现实政治问题，关于一个雅典将军的问题。作为最后一道考题，狄奥尼索斯要判断谁的回答配得上被带回阳

---

① 刘明厚批评了这种不负责任的先锋艺术，重申了"主旋律"艺术对社会伦理教育责任的担当。她在一篇会议发言中批判了意识形态化的主旋律戏剧之后说道："其实，我们对主旋律作品的理解大可不必如此狭窄。就拿戏剧来说，只要是真实、深刻地记录、反映、再现社会历史变迁，或对社会伦理道德的善恶进行评判、思考，深刻表达对人性关注的戏剧作品，都称得上是主旋律戏剧。"（刘明厚："主旋律戏剧刍议"，中国话剧诞辰 100 周年纪念活动学术研讨会论文）

间的奖励，以便拯救危在旦夕的城邦：

> 狄奥尼索斯：你们俩人谁对城邦提出更好的劝告，我就迎接
> 谁。首先，你们对阿尔西比亚德怎么看？城邦对这件事正在为难。
> 欧里庇得斯：但是城邦对他怎样看呢？
> 狄奥尼索斯：怎样看吗？又思念他，又憎恨他，又想把他召回。
> 请把你们对他的看法告诉我。
> 欧里庇得斯：我憎恨一个对祖国援助何其迟、伤害何其快、对
> 自己的私事有办法、对城邦公益束手无策的公民。
> 狄奥尼索斯：波塞冬啊，这话妙极了！（向埃斯库罗斯）你怎
> 样看？
> 埃斯库罗斯：不可把狮崽子养在城里，既然养了一头，就得迁
> 就它的脾气。①

戏剧演出的时候，雅典的民主政治已经衰败不堪。一直在暗中支
撑新政治的旧伦理资源已经被知识新人挥霍殆尽。危机中的雅典缺乏
的不单是将军，而且尤其是人民教师。酒神狄奥尼索斯下到冥府，意在
请回这样一位教师，用它的诗艺教育人民，拯救城邦。于是，他让埃斯
库罗斯和欧里庇得斯相互辩驳，以便看清谁的悲剧才是有益于重建城
邦礼乐的诗作。人性化的时髦诗人欧里庇得斯指责埃斯库罗斯的悲剧
假大空，唱高调，主旋律，缺乏感情；马拉松战斗英雄埃斯库罗斯批评欧
里庇得斯的悲剧诲淫诲盗，伤风败俗，人民因而萎靡，城邦因而败坏，面
临沦为奴隶的危险。

在这种时候，雅典民主市民的希望只有寄托在一头"狮崽子"阿尔
西比亚德身上，但同时，这也是恐惧所在。对于欧里庇得斯化也就是怨
妇化了的雅典民主市民来说，这头狮崽子既是软弱的城邦抵御外侮的

---

① 阿里斯托芬《蛙》1418—1430；《罗念生全集》第四卷，上海人民出版社，2007年，第460页。

希望所在,也是僭政的危险所在。爱好"自由"胜过一切的欧里庇德斯们面对这头狮崽子非常头痛:不依靠他就会对外失去自由,依靠他就有可能对内失去自由。在这种情况下,"喝羊奶的"欧里庇德斯们一般会选择宁可对外失去自由,做"接鬼"的娼妇,也不愿失去对内的"自由"。在欧里庇德斯们看来,这个强有力的危险人物似乎既是自由的救星,又是自由的威胁。

但埃斯库罗斯看出,事情的本质在于:只要公民的教育本身是奴隶的教育,只要城邦本身是一个猪的城邦①,那么,每一个给他带来自由的强人必然就是一个给他带来奴役的暴君。原因不在于那个强人本身如何,而在于人民如何。人民需要强力人物保障自由,但人民自己首先必须是强大的、自由的,然后才有能力享用强力人物为他们带来的自由保障。自由保障转变为专制奴役的可能性,原因不在于强力人物是否强大,而在于人民是否强大。而人民是否强大则取决于人民的教育。人

---

① 在《王制》中,"猪的城邦"是格劳孔对健康质朴城邦的蔑称(372c—e)。苏格拉底称颂健康的城邦,但肯定不会接受"猪的城邦"这个蔑称。我们一方面要辨正格劳孔蔑称为"猪的城邦"其实是苏格拉底眼中健康的城邦,另一方面也要把这个蔑称奉还给那些真正配得上这个雅号的政治形态,而千万不要接受这个蔑称并且试图为它辩护。如果我们接受它并且为它辩护,那么,我们要么就是上了格劳孔的当,要么就是错误地选择了道家、墨家或浪漫主义的"质胜文则野"的道路。质诚然是孔子和柏拉图要借以教文的中介,不过,文并不是质的敌人,而恰是质要救的对象。不是单方面的质(是为穷质),也不是单方面的文(是为繁文),而是文质彬彬,才是孔子和柏拉图的理想。孔子主文质彬彬自不待言。柏拉图以文质彬彬为最佳的思想,在《斐勒布》有明确的表述。在那里,苏格拉底对普罗塔库说,善必须由理性和快乐的适当混合中寻找,善好的生活必须混合精确的技艺和不精确的技艺,因此,进德修善之人应该向狄奥尼索斯(酒神)和赫淮斯托斯(火神)或其他有混合功能的神祈祷(60d—61e)。这一处对话同样可以视为尼采《悲剧的诞生》源出其中而未明言的柏拉图背景。《悲剧的诞生》对阿波罗因素和狄奥尼索斯因素的混合,以及更明显地随即表现在《历史学对于生活的利弊》中"历史性"和"非历史性"、"记忆"和"遗忘"的适度结合,都体现了尼采的文质彬彬思想。在《法义》中还可以看到"忠"统加入到"文"统和"质"统的讨论:通过历述波斯、克里特和斯巴达、阿提卡历史,政制或诗风的不同,雅典来客总结出绝对的服从(忠)和绝对的自由都不带来好的政治,只有二者的适当结合才是最好的(693d—701e)。如果把"忠"归属于"质"(《曾子问》《明堂位》《表记》皆主夏质统),而阿提卡式的自由相关于滥无节制的文化繁荣的话,那么,这里的讨论可视为柏拉图文质彬彬理想的具体表达。这里甚至可以看出相当于文质三统的那种二分三分相结合的结构。波斯和希腊大致可视为质文的二分,而波斯、斯巴达、雅典的三分则大体相同于夏尚忠、殷尚质、周尚文的三统。一个深受雅典文教陶冶并且自身就是这一文教的伟大诗人和教师的哲学家,有见于这一文教的礼崩乐坏而试图通过学习克里特和斯巴达的"质"来救雅典之"文"(《王制》《法义》),而且还要特别补以波斯的"忠"(尤见《法义》):这岂不正是一种通过损益文质而通三统的努力吗?

民的真正教育者并不是一味政治正确地反抗暴力僭政的剧作家,也不是一味政治正确地誓死捍卫自由的批评家,而是一个自己像狮子一样强大,也能驯养狮崽子的战士。迁就狮崽子脾气的,可能恰恰是在驯服它以为自由服务;而政治上无比正确地驱逐狮崽子的,却可能正在以自由的名义毁坏自由。狄奥尼索斯最后决定要让他复活的埃斯库罗斯,正是阿里斯托芬和雅典城邦要找回的战斗英雄和驯兽师、尼采《悲剧的诞生》无限缅怀和寄望的未来诗人、以及中国当今戏剧急需的人民教师。

身心兼摄的教法:《四书》与中医的相互发明

出于自由主义和唯物主义的双重影响,现代人关心身体更甚于关心灵魂。从养生入手讲修身,从调摄身心入手引入中庸之道和齐家治国平天下,可能是适合现代人性情的方便法门。有鉴于此,我尝试把四书里的《大学》、《中庸》和《黄帝内经》的开头两篇《上古天真论》和《四气调神大论》合在一起讲,称之为"身心四篇"。

以"身心四篇"为主要阅读文本,我在各种企事业单位做过系列讲座,收效还不错。在同济大学的通识教育课程中,也曾尝试把《四书》与《黄帝内经》放在一起讲,反响也很好。学生普遍表示,这样学到的修身方法是具体的、可操作的,容易学以致用。传统文化对于他们来说,不再是抽象的、说教的、玄远的,而是亲切的、可以触摸、可以感受,可以从自身做起的。通过这种同时关注身心的教学,我们就可以给学生指明一条《中庸》所谓由近及远、自卑登高的道路。

文质彬彬与性情之和

《四书》教法与中医的关联,可以从很多方面来展开探索。总的纲领,可以从"文质彬彬"和"阴平阳秘"的关系出发,确立大方向,然后从性情之正与气味之和的关系出发,找到切实可行的路子。方向和路子找对了,余下就是一些比较具体的方面,涉及古典礼法文教与中医诊断治疗的一些关系了。这些具体方面可以无穷无尽地展开,是一个开放的系统,需要在实际教学过程中不断总结经验,丰富教法。

"文质彬彬"出自《论语·雍也》,"阴平阳秘"出自《黄帝内经·生气通天论》。教人做文质彬彬的君子是儒学教育的主要目标之一。阴平阳秘则是中医养生的原则,也是中医治疗希望达到的目标。在文质之间追求平衡是儒家教养的基本内容,在阴阳之间寻找中和则是中医养生和治病的根本方法。

关心身体健康的现代人比较容易接受阴平阳秘的观念,而如果我们把阴平阳秘的道理和文质彬彬的道理一以贯之地讲出来,那么,听众也就容易接受文质彬彬的观点了,而后者在片面强调所谓个性的现代社会是很难为人接受的。我们很容易观察到这种现象:一个因为关心个人身体健康问题而信奉中医阴阳平衡主张的人,很可能是一个在思想上反对儒家性情教化的、在为人处事上容易走极端、戾气十足的人。

在现代学科分划的误导之下,中医的阴平阳秘思想可以被接受为一种价值中立的医学主张,而儒学的文质彬彬则难免被批判为压抑个性的封建糟粕(在现代日常汉语中,"文质彬彬"这个词主要是从"文"的一面得到理解的)。所以,如果我们把这两者的道理贯通到一起讲,就可以在中医的价值中立面具的掩护下,比较容易地实现儒家教化目的。这就像为了哄孩子吃药,想办法用糖衣包上苦心。而且,归根到底,真正的儒家修身方法,又何尝不应该从个人最切近的身体照料开始讲起?《中庸》引《诗》所谓"伐柯伐柯,其则不远",应该包含这个意思罢?①

讲《四书》很关键的一条是要讲性情之正。同样,讲中医很重要的

---

① 我在2010年底曾给同济大学中医大师传承班做一个讲座"阴平阳秘与文质彬彬:古今中西之变与中医的未来",对此有更详细的分析展开。参见本书古典文教与现代技艺部分。

一条是要讲气味之和。这两者之间的关系是非常紧密的,差不多就是一件事情的不同表现。因此,每当涉及一些中医理论的基本问题,诸如什么是健康? 什么是病? 什么是药? 什么是方子? 为什么方药可以治病等等,我都会诉诸《大学》的正心修身和《中庸》的致中和。这样的教法可以起到意想不到的儒学与中医相互发明的效果:既可以解除人们对《四书》的偏见,又可以加深听众对中医思想的理解。

性情之正与气味之和的关系大概可以这样来讲:天命万物,各有气秉,难免性情之偏。在人有好仁好义之别、喜怒哀乐之过与不节,在物有寒热温凉之异、五味厚薄之偏,在病有阴阳表里虚实寒热之辩、脏腑五行偏胜之失。所谓方药,无非调和四气五味,因身体之偏性而为之节,寒者热之,热者寒之,虚者实之,实者虚之,复归中和而已。同样,所谓正心修身,亦无非调节七情六欲,俾使无过无不及,养未发之中,履已发之节,复性情之中正而已。

"修道之谓教"与"法四时五行以治"

阴阳五行之中和并非执一不变的状态。有变化,所以生万物;有变化,亦所以杀万物。有变化,所以有病;有变化,所以能治病。天命之性也并不是一成不变的中正仁和。有变化,所以需要礼义教化;有变化,所以礼义教化可以辅天道,成人伦,复性情之正。天道自然与礼义文教的关系,无论在西方古代和现代文化中,还是在诸子学形态的中国思想那里,都没有得到很好的解决。在这一点上,中医和儒家的讲法有高度的一致性,都是天人合一的典范,可以相互发明。

《论语·阳货》:"子曰:'予欲无言。'子贡曰:'子如不言,则小子何述焉?'子曰:'天何言哉? 四时行焉,百物生焉,天何言哉?'"天命无言。天道与文教的勾连不是通过宗教式的神谕,但这也并不意味着天人隔绝。《中庸》开篇说："天命之谓性,率性之谓道,修道之谓教。"天之所命并非有声的神谕,而是人得之于天的德性。所以,修德即保命,尽性即知天,率性即行道。于是,教之所教就可以做到既非神道宗教,亦非与天道无关的纯粹世俗知识,而是修此尽性知天之道即为人文之教。

人们常说毉(醫)字从巫,可通天地神明。所以,有些人喜欢讲中医还是原始巫医形态的东西,尚未进展到科学形态。这种观点是典型的殖民地学术,是把西方历史上的东西不加分析地胡乱套到中国文化头上。实际上,中医所谓通天地神明的方法完全不同于西方古代的领受神谕或基督教启示。中医所理解的天道正如孔子所感喟的那样是无言的,是以无言的四时之行、百物之生来示人以象的。《易》所谓"悬象著明莫大乎日月"(《系辞传》)。中医藏象理论的根源正在于此。中医所谓通天地神明根本就不是什么"神秘主义"的东西,但也不是祛除神性的科学观察。

"悬象著明莫大乎日月"说的是从日月悬象悟出阴阳的道理。阴阳二气的消长变化又可分为四气,也就是春夏秋冬四时,或少阳、太阳、少阴、太阴四种状态。阴阳二气的交感又可以根据其升降聚散的不同态势分出五行:气升为木,气降为金,气散为火,气聚为水,升降聚散平衡为土。所以,中医通天地神明之德的具体方法就是《素问·脏气法时论》说的"合人形以法四时五行而治",这跟孔子的无言之教和《中庸》的修道之谓教完全是一个道理。儒家教人,医家治人,都是出发于对天道的取法效仿,终成于参赞天地、助养万物,而这对于儒家来说便是正风俗、成教化,对于医家来说便是治四气,和五行。再具体展开,在儒家便是孔子说的"君君、臣臣、父父、子子"(《论语·颜渊》)和《中庸》所谓"天下之达道五,所以行之者三"和"凡为天下国家有九经"等具体的节目。相应地,在中医里面,健康养生的要点就是《素问·四气调神大论》讲的四时起居早晚之节、生长收藏因时之宜,五脏病变死生的要点则是《脏气法时论》讲的五脏之气在四时变化中的五行生克关系。总之,敬天之命、率道而行既是儒家教化的本源,也是医家治病的极则。

"阳生阴长、阳杀阴藏"与礼乐刑政

现代人对儒家常常有一种过分"人道主义"的误解,以为儒家只讲仁爱,反对用刑和用兵。另外一种常见的误解却又反过来,批评孔子诛少正卯的行动和祀戎并重、礼乐刑政并称等主张,都是封建专制思想的表现。这两种误解在现代读者中间非常普遍,也非常顽固,难以拔除,对《四书》教育造成了巨大的障碍。这些偏见难以拔除的根本原因在于:造成这些误解的根源实际上是一些根深蒂固的现代意识形态在作祟,诸如"自由"、"人道"、"解放"等等,实际上一直在背后起到支撑作用,妨碍人们如其所是地面对经典,如其所是地理解经典。在这些意识形态的支配之下,一个现代读者在阅读儒家经典的时候往往是情绪主导的,所以,要想让他明白春仁与秋义的相辅相成关系、礼乐刑政不可或缺的道理,是很难的,因为他的理性完全被情绪蒙蔽了。在这种情况下,借助"价值中立"的中医知识,可以非常有效地引导读者理解仁爱和刑杀都是天地生物的必要环节,礼乐和用兵都是治国安邦的重要方法。有鉴于此,每当讲到《四书》中涉及礼乐刑政思想的时候,我都会联系到《黄帝内经》中关于"阳生阴长、阳杀阴藏"(《阴阳应象大论》)的思想;反过来也一样,每当带学生读到《黄帝内经》中涉及秋杀冬藏的文本,我都会顺便谈到儒家思想也是非常重视用刑和用兵以辅助礼乐教化的。实践证明,在这样一种讲法的引导下,即使是最富有现代意识形态偏见的学生,即使不能从感情上接受礼乐刑政的思想,至少在道理上是能理解的。因为这种讲法非常直观,也非常"价值中立":礼乐刑政正如春夏秋冬一样自然而然。

三才五行与三纲五常

三纲五常在现代面临的困境与礼乐刑政是类似的。同样,如何借助一种"价值中立"的讲法来把三纲五常的道理先讲清楚(然后再涉及所谓价值问题),成为三纲五常教学问题上的关键。

近代以来,在西方权利观念、平等观念、自由观念、解放观念等意识形态话语的影响下,三纲五常思想成为儒家的一个罪证,极大地妨碍了现代人正确认识儒家传统,为《四书》经典的教学带来强烈的负面情绪。所以,即使是现代新儒家也往往退守一步,附会现代西方的政治正确,主张只讲五常,抛弃三纲。但实际上,三纲五常是一个相辅相成的完整系统,放弃其中一个,另一个就很难维系。

譬如说,如果只讲五常的话,这个五常就有一个循环的问题。因为大体说来,五常的精神比较提倡关系的对当性:如果君不君,臣就可以不臣;如果父不父,子就可以不子;如果夫不夫,妻就可以不妻等等。这当然是非常有革命性的思想,非常重要,可据以反驳很多人误以为儒家是专制帮凶的指责。只不过,如果只看到儒家的这一方面的话,就太低估儒家了。儒家的安邦治国之道比这个要深思熟虑得多。儒家的伦理和政治思想比这种看法要深沉许多。它毫无疑问包含了这种革命性的想法,但同时,也为这种革命观念提供了基础和前提保障,这个基础和前提正是一般被误以为专制帮凶的"三纲"思想。这是因为,五常的对当结构之所以不带来恶性循环的问题,乃至这个循环之所以能健康地玩下去,它的革命性不至于彻底毁坏秩序而是有益于秩序构建,实际上有赖于三纲的知止。这个道理因为牵涉价值观的问题,很难被现代人理性地接受。百年来拍摄的无数电影、电视剧渲染了太多血泪控诉,那些封建礼教吃人的残酷画面调动起现代人不可遏制的激情。如果不借助一种"价值中立"的说明,很难唤起读者的理性,客观认识三纲五常的制度意义。

这个棘手的问题通过中医来讲就能找到一个儒家教化的方便入口。中医上讲五行,五行是相生相克的,它是一套循环的运动关系。循环带来生机,但纯粹的循环又会丧失秩序,带来循环运动的毁坏,最终毁灭生机。所以,光讲五行是不够的,必须同时讲天地人三才,就好像伦理学上光讲五常是不够的,必须同时讲三纲。三才的结构类似于三纲。正如三纲的臣、子、妻必须以君、父、夫为纲,三才的人必须效法天地,以天地为纲。只有这样,五行的循环关系才有一个止归。因此,三才和五行在中医体系里是缺一不可的。《大学》引诗"绵蛮黄鸟,止于丘隅。"孔子感叹说:"于止,知其所止,可以人而不如鸟乎?"现代人片面强调自由、平等、革命、解放(左右两种意识形态本质上是一致的),一味放纵,漫无所归,真是为人而不如鸟啊。

当然,无论是为三纲辩护(顽固派原教旨儒家),还是批判三纲(自由主义、马克思主义和现代新儒家),现代人还容易犯另一个极端的错误,就是把三纲理解为所谓"绝对的服从"。这完全是对三纲的误解。这个道理仅从伦理学上很难讲清楚,但是,如果联系中医的阴阳互根思想的话,就很好讲了。

实际上,无论是在儒学伦理上,还是在中医思想里,三的要害其实在二。无论是君为臣纲、父为子纲还是夫为妻纲,实际上讲的都是二,二是什么呢?阴和阳。三纲实际上说的是:君是阳、臣是阴,父是阳、子是阴,夫是阳、妻是阴。三纲的道理其实是一个道理,即董仲舒说的"阳主阴从"。"阳主阴从"并不是阳对阴的"绝对"统治关系,也不是阴对阳的"绝对"服从关系。因为,如果"绝对"的话,阴阳就没了,乾坤就毁了,哪还谈得上什么关系呢?"绝对"的讲法完全是对中国思想的西式误解,不符合中国古典的阴阳关系。

阴阳关系诚然以阳为阴纲,阳主阴从,但万不可从"绝对"、"片面"立论。一讲"绝对"、"片面",就没有了阴阳。阴阳除了有个尊卑主从的关系外,还有个成对互根的关系。《素问·生气通天论》对此有精辟的论述:"阴者,藏精而起亟也;阳者,卫外而为固也。阴不胜其阳,则脉流薄疾,并乃狂。阳不胜其阴,则五脏气争,九窍不通。是以圣人陈阴阳,筋脉和同,骨髓坚固,气血皆从。如是则内外调和,邪不能害,耳目聪明,气立如故。……凡阴阳之要,阳密乃固,两者不和,若春无秋,若冬无夏,因而和之,是谓圣度。故阳强不能密,阴气乃绝,阴平阳秘,精神乃治。阴阳离决，精气乃绝。"

　　这种阴阳互根的思想不是西式的绝对片面思想所能把握的。西方思想，即使西方古典思想，都无法把握阴阳思想里面比较精微的东西。这种精微的关系既超越了循环的五行，同时又在阳主阴从的关系上维系了阴阳互根的关系。阳主阴从这是一个方面，这与西方古典思想常有的绝对宰制关系可能比较接近，但是中国阴阳思想中更重要的一点是，天尊地卑、阳主阴从的思想可能还要与阴阳互根、乾坤并建的思想结合到一起讲。正如儒家礼法中的父子主轴必须与《诗经》开篇的关雎之道一起讲，才能穷尽儒家家庭伦理的全部意涵。当然，现代人的弊病又往往堕落到只讲关雎，以为夫妇才是家庭的轴心，又以爱情为夫妇的轴心，这就又回到了孔子喟叹过的"人而不如鸟"了。

"君臣佐使"与安邦治国之道

　　安邦治国之道是儒家的主要传统之一。然而，在现代西方左右两派意识形态夹击之下，现代新儒家要么只讲心性修养，放弃政治关怀，要么完全向现代意识形态投降，壹是皆以自由主义或马克思主义意识形态为准，斤斤于寻找儒家传统中符合所谓自由、民主、平等、解放观念的东西，完全丧失了圣学的主体性。

　　传统儒家政治哲学中最令现代人痛恨的是君臣关系。在这个问题上，现代人有两种普遍流传的错误认识。第一个误解是把古代君臣理解为主奴关系，这是典型的"东方学"想象，是把西方人心目中的所谓"东方暴君(波斯、阿拉伯等)"的帽子，乃至希腊罗马奴隶制的关系，错误地移植到中国古代的君臣关系之上。第二个误解是以为现代政治和社会结构是没有君臣关系的，这是典型的现代西方崇拜的幻象，康有为早已辨析过(康有为说现代社会的上下级关系也是君臣关系，因为在先秦和汉代语境中,君臣关系是在各级通用的,并非专指君主制中的皇帝与臣民关系)。

《白虎通》曰"君者群也"。君的意思根本不同于西方所谓君主制的君主。君可以是世袭的,也可以是革命而起的(汤武),也可以是禅让的(尧舜),在现代也可以是选举的,这并不是本质。君可以称王,可以称皇帝,可以称天子,在现代也可以称"总统"之类,这并不是本质。君的本质是能群,把人群凝聚在一起,形成一个有秩序的有机体。实际上,无论古代现代、中国外国,任何社会、经济和政治结构都必定是有组织的,就像一个人的身体必定是有头的(《易·乾·象传》:首出庶物,万国咸宁)。一个能群的首领,即使号称总统,实质上就是君,因为他配得上"君"的美称(《论语·八佾》:"夷狄之有君,不如诸夏之亡也");反过来,一个不能群的首领,即使号称君主,实际上也不是君,因为他配不上"君"的美称,只不过是独夫而已(《孟子·梁惠王下》:"闻诛一夫纣矣,未闻弑君也")。

出于现代意识形态教条的顽固误导,这个问题也不光是做文字考证和讲道理就能让现代人接受的。而如果这个问题不讲清楚,《四书》中随处可见的君臣二字就会变成触目惊心的拦路石,妨碍现代读者进入《四书》的世界。即使勉强能读下去,也必然大大减损《四书》的意义,误以为《四书》的"精华"只是儒家的个人正心诚意功夫,最多只不过是修身齐家的论述,至于治国平天下的方法势必被视为"封建糟粕",必须被抛弃。这正是所谓现代新儒家的误区。自由主义和马克思主义左右两派无论与新儒家有多大分歧,在这个问题上却惊人的一致。所以,要说清楚这个问题的难度非常大。倒不是难在论证上,而是难在这个问题几乎凝聚了所有学派几代人的激情、欲望和利益,以及几乎所有的口水和火药。所以,这是一个完全丧失了理性探讨可能性的问题领域。为了激发理性的探讨,我们必须借助一种"价值中立"的思想,从一个"价值无关的"侧面带现代读者看看君臣关系的古典结构究竟是怎么回事。中医就提供了这样的绝佳侧面。举两个例子来说明:

一、"君者群也"：君药是使得一个方子成为一个有机整体而不是乌合之众的药。譬如《伤寒论》第一方桂枝汤：桂枝为君，解肌发表，散外感风寒，这是本方的制方目的之所在，其他所有药味都必须围绕这一目的而配伍，配合君药达到目的。芍药为臣，益阴敛营。桂、芍相合，一治卫强，一治营弱，合则调和营卫，是相须为用。生姜辛温，既助桂枝解肌，又能暖胃止呕。大枣甘平，既能益气补中，又能滋脾生津。姜、枣相合，还可以升腾脾胃生发之气而调和营卫，所以并为佐药。炙甘草之用有二：一为佐药，益气和中，合桂枝以解肌，合芍药以益阴；一为使药，调和诸药。

二、"君者群也"："心主神明"就是使得身体成为一个有机整体的核心。《素问·灵兰秘典论》："心者，君主之官也，神明出焉。肺者，相傅之官，治节出焉。肝者，将军之官，谋虑出焉。胆者，中正之官，决断出焉。膻中者，臣使之官，喜乐出焉。脾胃者，仓廪之官，五味出焉。大肠者，传道之官，变化出焉。小肠者，受盛之官，化物出焉。肾者，作强之官，伎巧出焉。三焦者，决渎之官，水道出焉。膀胱者，州都之官，津液藏焉，气化则能出矣。"

通识教育与学术工业

何谓大学：致同济大学百年校庆

2007年,同济大学将迎来百年校庆。这是一个历史的时刻：它是过去历史的结果；它是未来历史的开端；它在眼下尤其是我们这些躬逢盛典的同济人承前启后的节点。我们只有承担起这个承前启后、继往开来的历史使命,我们才真正进入同济大学的历史,融入大学的生命,与大学同在。

大学是有生命的。同济大学的生命即将迎来她的百年华诞。在世界大学历史上,百年是年青的生命。但对于现代中国的大学来说,这纵然年青的生命却经历了千年的辉煌与沧桑。对于任何一所现代中国大学来说,百年校庆要记取的绝不仅仅是百年的历史,而且必定是千年的辉煌与沧桑；百年校庆要展望的也绝不仅仅是百年的前景,而且必定是千年的未来。这是因为：年青的现代中国大学,她的年青非比单纯意义上的年幼；现代中国大学的年青,这是一个健硕古老的文明—文化体自我更新意义上的年青。这是年青,而非年轻。

大学的生命即是文化日新的生命。在文明—文化体的创辟、传承和自我更新方面,大学承担着本质使命。年复一年走进大学复又走出大学的,是人类生命代谢中最鲜活搏动的血液。他们是这样一些年轻人:他们刚刚成年,从家庭的庇护空间走出;但他们尚未进入社会生活的公共领域。大学于是承担着为人类的公共生活培养公民的任务。而文化,就其源初意义而言原本就是这种意义上的培养教化。而在培养教化中,作为培养对象的青年人又反过来以生命的投入复活了文化,更新了文化。大学于是成为人类生活的心脏,它以其不息的搏动实现着人与文的交换,新与旧的更生。百年校庆就是这样一个更生的节点,正因此它才成为一个节日,一个重新诞生意义上的历史时刻。

正是在这种对大学人文和百年校庆的深层理解之上,我们在此思考何谓大学,以及履行校园文化建设这项事业。也只有通过这件日新生命的文化建设事业,我们的大学人文和百年校庆才得以时代的精神标记自身。

每个时代有它的精神,精神体现于一个时代的风貌,风貌命名于一时一地的道路、建筑和人群的歌诗、格言。同济大学现今的校训、校歌,以及道路、建筑的命名,是一个时代精神风貌的体现。但现在这个精神正在蓬勃地更新自己,而其风貌也呈现出日新月异的景象。躬逢盛世,当此节庆,我辈必当顺天而动,与时俱进,因时代变迁之大势,制校史文化之新声。

同济大学百年的历史是近代中国百年历史的缩影。中国这个伟大的文明—文化体在近代百年之中经历了痛苦的蜕变。在赢得了民族的独立和国力的振兴之后,今天的人们已不再从急功近利的目的出发来看待文化建设问题,即不再以一种缺乏教养的态度来怨恨古典文化阻碍了发展。相反,整个社会正在呈现一派文化复兴的吉祥瑞兆。当然,目前发生的这个复兴不是任何狭隘民族文化的复兴,而是所有人类优秀文化的一次空前规模的创生性融会。这场融会发生在我们凑巧生活于其中的这个时代和国家,这是有生者的幸运。

百年前的同济诞生在这场创生性融会的艰难开端。起初作为德国医生开设的医学堂,同济成为西学救国的本质隐喻。生在上海:这又是不可替代的近代中国喻意城市。抗日战争期间,同济一如许多中国高校和人民,经历了辗转跋涉的西迁。犹如长征,这一深入农村和内地的迂回,让泊来的文化接受了土地的洗礼。而当这所学校重新回到新中国的上海,她才得以第一次在面朝大海的土地上立定脚跟,以主动的姿态回拥大海。于是在百年之后的今天,我们才得以回过头来书写历史,把当初的德文医学堂定位在一场主动的文化融会事业而非被动的文化殖民事业的起点。

在同济百年的前半个世纪中,每个十年庆典都伴随着这个国家的忧乐起伏。1917年同济建校十年。在这一年发生了事关同济生死存亡的"三·一七"事件:由于德国在一战中战败,上海法租界捕房巡警于1917年3月17日荷枪实弹,包围同济,强令解散学校,限令全校师生必须于当日下午7时前离校。那是一个雨天,细雨中多少无援呼告。这是同济校史上最严重的危机之一。这场危机的实质是这个民族和这个国家的自由危机。建在这个国家土地上的一所学校,竟然要由两个外国来决定她的存亡。但也正是这场危机带来同济人的第一次自我拷问:我们是谁? 也正是这场危机促使华人校董全面接管同济,翻开了同济校史的新章。新同济从法租界迁址吴淞,从梁启超借调中国公学校舍。中国公学,在此似乎是一个不无意义的名字? 百年同济必须铭记这些日子和名字。

1927年,也就是这所大学的第二个十年,同济人迎来了史上最值得庆祝的时刻之一:在时任国民政府大学院院长的蔡元培先生大力支持下,同济于这一年正式命名为"国立同济大学"。至此,十年前的危机,连同1917至1927年间的种种艰难困苦(曾三度因财政困难而致校长辞职),方才真正得以渡过。

然而,又正好是十年之后,这所大学再次与这片土地上的人民共赴国难。1937年开始的逃亡将不只是市内的迁址,而是万水千山的跋涉。这是脱胎换骨的一次磨炼。在这次磨炼中,也只有经过这次磨炼,同济方才与这个民族一起在自己的土地上重新赢得了自由屹立。百年同济,让我们在这个庆典之日记住这些中国土地上的名字,她们曾先后留下同济人坚强不屈的足迹:金华、赣州、吉安、八步、昆明、李庄、宜宾。

1947年,正值第四个十年,这所大学在经历了十年辗转迁徙之后终于可以回到故土。满怀着凯旋的喜悦,一艘名叫"同乐号"的轮船顺江而东。然而就在这一年的3月17日(又是一个三·一七),这艘满载各类校资的重庆同济轮船公司的轮船触礁沉没。这也许是同济这艘大船在获得她的新生之前的最后一次磨难?自此之后,同济人重整风帆,同舟共济,迎来了今天的百年校庆。如今,在这艘大船之上,一所综合大学所应具备的各大主要院、系、专业济济一堂,同创伟业,带来了史上最繁荣兴盛的发展气象。

是的,同舟共济。这个妇孺皆知、耳熟能详的中文成语如今成为同济大学的校徽所象征的精神。它解释着同济这个名字的中文意义。这个意义既是这个名字在汉语中的重生(据说同济最初得名于 Deutsch 的谐音),又是她赢得此一重生所经由的历史之写照,以及这一历史所依托的精神。

在中文典籍中,同济之名源出于《孙子(兵法)·九地》:"夫吴人与越人相恶也。当其同舟而济,遇风,其相救也如左右手。"不无巧合的是,孙子此处谈及的地理,正是如今这所大学所在的地方:吴越之间。孙子告诫说,在包孕吴越的震泽(太湖)风浪之中,两国应当同舟共济。孙子有此眼光,因为孙子不属于吴越。孙子奔吴,所来自齐,但他也不属于齐。孙子属于"中国"。原本意义上的"中国"并非现代民族国家意义上的中国。原本意义上的"中国"乃是天下。以天下观之,孙子所论之吴越虽小,其义则大;以天下观之,今人所谈之世界各国,有列国而无世界,其地虽大,其义则小。

近代历史的苦难把"中国"的概念改造成一个民族国家,但也正是对这一苦难的扬弃造就了这个民族国家的世界性:超越民族的普遍性。中国是西方民族列国殖民所及的最后一个文明大国。对这个文明大国的殖民及其失败必将反过来改变西方现代民族国家的法理基础。因此,新中国之诞生,非比于近代欧洲民族国家之诞生;新中国之诞生,乃是新世界之诞生。如今没有哪一个国家有如中国这般既扎根于源远流长的自主文化传统,又如此赋有面向世界的敞开胸襟。没有哪个国家的大学有如中国现在的大学这般热烈学习外国语言、文化和科学知识,同时这些学生又绝不是来自素无文化的蕞尔小国。一个文明大国,如今她的青年学子绝无自闭之虞,勤奋学习世界优秀文化,对西方的了解远胜于一般西方青年对于中国的了解,其前途未可限量。种种迹象表明:"中国"正在赢得她的民族独立之后逐渐恢复其超越民族眼界的普世文明意义。吴越之间的同舟共济正在走向世界大洋的同舟共济。东方震泽之船正在经由长江,驶向大海。

现代中国大学将在此世界性同舟共济的航行中起到关键作用,因为现代中国的世界属性将体现于现代中国大学的大学属性。大学,这个新生不久的现代中文词语,如今既不是 university 的翻译,也不是中国古代太学建制的延续和重复。"大学之道,在明明德,在新民,在止于至善"(《礼记·大学》)。大学,这既然是一条大道,那么它的生命便在于它的日新之德:在新民,在止于至善,在健动不息的乾乾大化之中。大学以能化而成其大,文化以大学而成其化。大学,这个新生的现代中文词语正在成为一个孟子所谓"大而化之之谓圣"的词语。在既非单方面的 university 亦非片面的太学传统所能统摄的未来"大学"文化中,大学必将大而化之,化成天下大道。

"大道之行也,天下为公,……是谓大同"(《礼记·礼运》)。礼运大同的世界理想简洁而完美地启示了中国之世界性与大学之大学性的共属一体性。从此共属一体性而来,我们也许可以说:同济大学之同,即同济大学之大;同济大学之大,以同济大学之同。何谓大学? 这或许是同济大学这所独一无二的现代中国大学,在她的百年诞辰之际,以她的名字所道出的回答?

传统文化通识教育建言

最近,教育部《国家中长期教育改革和发展规划纲要》面向社会公开征求意见,人民网也发起了"我对教育的期盼"征文。作为一个从事人文教育工作的普通高校教师,我感到由衷的高兴,觉得有责任和义务就传统文化通识教育方面的必要性和问题对策略为建言。

中国不只是一个国家,而且是一个拥有数千年传统的伟大文明。经历了百年的低迷,这个伟大文明正在走向复兴。在经济崛起的基础上,重新确立中华文明的主体地位,是中华民族复兴的主要目标之一。而传统文化的通识教育,则是确立中华文明主体地位的基础。

通识教育是公民道德教育的基本方式。现代社会虽然必须以培养专业技术人才为主,但这个人才能否成为对社会、对国家有用的人才,不但取决于他是否学会了有用的才能,而且取决于他在受教过程中,是不是学会了成为一个人。中国传统文化中的儒学自古就是成人之学。只有成人,才能成才。儒学自古就是通识之学。只有通识,专业才有用。通识不是通才,而是通人,是教育学生成为通达人情礼义的通达之人。一个人只有成为通达之人,才能正确运用他的专业技术技能,为社会为国家为人类贡献聪明才智。

当前通识教育的危机,集中表现为一种青黄不接的真空处境:一方面是旧的德育工作的疲软,学生普遍不感兴趣;一方面是在办学产业化趋势的推动下,片面强调专业技术教育、就业技能培训,普遍忽视通识教育。即使"素质教育"的提法,也是更加偏重多才多艺的一面,而比较忽视立人立己、成人成德的涵养,最终还是没有抓住教书育人的根本。教育必须以仁德教化为本,社会才有可能"以人为本",因为"仁"是人之所以为人的德性根本,也是建设和谐社会、小康社会的伦理根本。

在上述青黄不接的处境中,通识教育面临着空前巨大的危机。通识教育的危机,不只是教育的危机,也是未来社会结构、国家安全的危机。因为通识教育的状况，直接关系到未来整整一代乃至数代公民的生活信念、思维习惯、社会价值观的状况。人类的正当生活方式能否健康地维系、发展下去，一个社会的精神品质、文化风貌、社会风尚能否健康地传承、延续下去，很大程度上取决于这个国家这个社会的学校准备教出什么样的人：它教出的人能否成人？是教出通达人情礼义的成人，还是褊狭固陋的小人？是教出仁通博爱的社会公民，还是麻木不仁的一己私人？

在今日中国"左""右"为难、青黄不接的危机处境中，只有传统文化的复兴才能赢得最大范围的认同，形成最大程度的共识，从而起到挽救社会人心、重建道德伦理、重振文明自信与民族团结的积极作用，为中华民族的伟大复兴事业贡献人心教化方面的重要力量。而传统文化通识教育便是中华文明伟大复兴事业的基础工程。这个基础如果不广泛，不深入，所谓崛起和复兴就难免热闹一时，行之不远了。

在传统文化通识教育方面，古人积累了丰富的历史经验。在借鉴古人经验的基础上变通古今，损益中外，根据现代中国的具体情况进行创造性转化，实现儒学传统、民主共和传统和社会主义传统的"通三统"，是今日传统文化通识教育的任务。

损益通变、与时偕行，向来是中国文化尤其儒道法三家的悠久传统。革命进步、改革维新，更是民主共和传统和社会主义传统的共同经验。从历史上看，孔子削删六经、私授六艺，是损益先王经典、推行平民通识教育的典范；而宋以来《四书》的选编、集注和逐渐成为全民通识教育读本，更是直接可供今日殷鉴的历史经验。《四书》在宋以后的重新解释和普及教化，是中华文明应对危机、通过吸收外来文化而重新激发传统文化的一个革命性成果，也是近世平民平等社会损益古代贵族封建文化的一个革命性成果。今天，在赶出外国殖民统治之后，在反复革命、建立人民共和国之后，在中华民族重新走向伟大复兴的历史关头，如何通过创造性地吸收人类优秀文化成果，再一次激发中华传统文化的生命力，成为中华文化通识教育的崭新历史使命。

中华文化从来不是现成教条的文，而是能化的文。文而能化，才是文化。孔子说:"行有余力,则以学文。"孟子说:"大而化之之谓圣。"历史上,宋代理学家曾经通过以《四书》为核心的儒学通识教育、普及教育,使原来几成绝学的《五经》元典得到了重新认识,创造性地扩展了"儒家"的范围,通过消化吸收外来文化而成功实现了中华传统经典的文命维新,通过诉诸人人可以为尧舜的通识教育而实现了贵族文化的平民化,为中华文明带来了新一轮的千年辉煌,成功地完成了通古今之变、贯上下之否、疏中外之塞的历史使命。今天,中华民族在经历了一百多年迷茫探索之后,已经积累了非常丰富的西方古今文化精华。通过百年的革命维新,民主共和与社会主义的思想观念也深入人心。但是,如何立足当下,以我为主,消化吸收,实现人类文化精华的创造性综合转化,关键还不在于积累了多少有待消化的养料,而在于我们能化的自主能力究竟有多强。于是,如何为传统经典重开生面,实现传统文化的创造性转化,重建中华文化主体,融会世界文化精华,就成为今日传统文化通识教育的历史使命。

近年来,国家提倡建设和谐社会。和谐社会不可能建立在单纯利益原则之上,中华民族的伟大复兴不可能只依靠经济发展。为了提升国家软实力,实现长期可持续性发展,国家已经充分注意到传统文化建设的重要性。在民间,自发的传统文化热、读经热,也已经顺应时势的需要,开始了方兴未艾的蓬勃发展。无论"左""右",人们普遍认识到了传统文化通识教育的重要性。但是,当前发展势头甚猛的传统文化热也存在一定问题,需要国家教育部门和民间有识之士参与引导。

目前,教育的主要问题表现为学院研究和通俗教化两层工作否隔不通:一方面,学院派的传统文化研究丧失文化认同情感,走向片面的"客观化"、"专业化";另一方面,大众通俗传统文化教育则普遍表现出商业化、低俗化倾向:讲解的者层次偏低,错误百出,随意曲解,迎合大众口味,起不到提升大众文化教养的教育功能。于是,这一问题具体表现为:正规教育体制落后于传统文化通识教育的社会需求,从而使得当前传统文化通识教育主要通过大众传媒、畅销书等渠道进行,难以避免商业化、娱乐化、低俗化的问题。

鉴于上述问题,大学应该发挥知识优势和教育职能,打通专业研究和通识教育之间的隔阂,打通现代生活与传统文化之间的隔阂,融会外来文化与古典文化精华,承担起传统文化通识教育的任务,并对大众传统文化热进行正确引导。最近十几年,民间旨在传承优秀传统文化的私塾和书院应运而生,但是没有得到教育政策的支持和鼓励,处境维艰,不利于调动那些非体制、非商业的民间教化力量,发扬中国源远流长的私学书院传统,促进传统文化通识教育在民间的深入健康发展。

针对上述问题,谨提出如下几点具体建议,以供批评参考:一、在公立的大中小学广泛开展传统文化通识教育。二、组织有通识教育关怀的学术专家编写传统文化通识教材,以专业功底做通识教化之事,争取深入浅出,知识性、思想性、感悟性、可读性并重。三、要有中介位置的自觉:一方面朝向更加源始的元典,一方面朝向社会现实;一方面要导向更加原本的古典教养,一方面要紧密联系现代生活实情。因此,在选编和解说的时候,一方面要从比较浅近的诗歌、《四书》和道、墨、法诸子书的选编联系到更加古老精深的《五经》和史籍,一方面要结合实际生活经验进行循循善诱的切近解说;一方面要展现中华文化主体的精要,一方面要彻本彻源、知根知底地吸收、化用西方古典文化和现代思想。四、在办学形式上,逐步开放私学,鼓励和规范传统文化民间团体和私学书院的建设,逐步形成公私教育良性结合、互相促进的格局,既发挥自上而下的教育引导作用,也发扬自下而上的民间教化功能,从群众中来,到群众中去,广泛而深入地激发传统文化通识教育的持久活力。

对话:古典文教与自由、平等

默然留学泰西,与无竟寓网络相遇,谈及古典文教与自由、平等的现代通识教育。

默然：我注意到道里书院论坛注册会员等级有平等之士、自由之士、勇义之士、智慧之士、仁通之士，这让我想到五本书，分别对应这五个等级的"士"：《新约》、《理想国》、《孟子》、《庄子》、《论语》。

无竟寓：你的联想很有意思。开始做论坛的时候，我是这么想的：平等，自由，勇义，智慧，仁通，形成一个渐次提高的层级。系统设定：随着发帖量的增加，"自由之士"最终会上升到"仁通之士"。这不对应实情，只是一个隐喻。还有，无论自由之士、仁通之士，只要是士，就永远秉有道化日新的德能。当然，这五种品质或德性并提是否合适，各种立场的人可能都会感觉不自在：各种立场都照顾到了，但不偏向某种立场。而且，平等和自由是否可以算作一种德性？还是一种权利？平等更基本，还是自由更基本？这些问题首先就会引起古今之争、左右之争，必然乱成一锅粥，莫衷一是。至于你联想到的五本书，那就会引起更大的争议了。不过，我有时想：这个时代尤其需要大气象、大手笔来通古今之变、化中西之道。彻底放弃殖民地的狭隘、抵抗、怨恨心态，学会心平气和、深思熟虑、廓然大公地关心人类的未来。这样一来，这五本比较通俗的书，似乎确实可以分别有益于平等、自由、勇义、智慧、仁通等五种德性的养成（权且都视为德性的话）。它们虽然不像《诗》、《书》、《荷马》那样属于最原初的经典渊薮，但是，如果用来作为新时代人文通识教育的五种文本，或许是比较中庸切实的。但是，可以预料，只要你一提出来，即使我们最好的朋友，恐怕立刻就会否决第一本书。至于其他四本，它们的代表性，它们各自连带的名目繁多的"立场"、"主义"、"思想阵营"，恐怕也都会引起混乱不堪的纷争。所以，只要一想起通古今之变、化中西之道的可能性，没有一次不落入几不可为的沮丧。

默然：其实，主要的争议是前两者平等自由与后三者古典德性之间的张力。读什么书可以先不谈。我们可以先来探讨一下为什么提这五德，尤其是开头两种，究竟为什么提？怎么提？放在什么位置提？

无竟寓：好啊，你是怎么想的？

默然:先说说自由吧。我觉得我们不能把自由让给别人,必须要据为己有,关键是要给它正名和定位。

无竟寓:是的,为了自由的缘故,必须批评自由主义。批评自由主义,恰恰是为了自由,而不是反对自由。把自由拱手让给自由主义去糟蹋,就好比把自己的妹妹拱手送给禽兽去蹂躏。近日散步的时候常常思忖:自由,也许正是这个词,只有这个词,是西方文化的第一要义。首当其冲的自由之书是柏拉图的《理想国》。此后,无论西方古代、现代,无论希腊、基督教,无论自由主义、社会主义,一概以自由为第一要义。近代以来,儒学面对西学,真正要面对的是什么,是自由;中国文化的复兴,真正要复兴的是什么,是自由。今日西来的自由作为儒学自我更新的崭新任务,犹如一千年前从印度西来的心性作为儒学自我更新的任务。宋明先人完成了他们的任务,我们也必须完成我们的任务。如果说他们的任务主要是内圣的,较少涉及外王的话,那么今日任务的艰巨就在于:面向自由的重新生成将是一个内圣外王的整体事业。

默然:《理想国》作为自由之书的基本经典是毫无疑问的。最麻烦的是平等之书。《新约》可能要慎重考虑,因为它本身排他性太强。

无竟寓:确实。不过,《新约》影响最大啊,是顽固的坚石,无法回避。西方现代性中的平等观念,决定性地来自《新约》。

默然:如果这样,必须要对它做彻底重新的解释。

无竟寓:这是严重的考验。

默然:甚至是冒险。

无竟寓:不过,也没那么艰难。中国从战国秦汉以来漫长的反封建历史和晋唐以来漫长的佛教中国化过程,早已给中国文化奠定了坚实的平等观念的基础。这也是中国现代革命所以能发动和成功的历史渊源之一。绝不是只有西方文化的引入,中国才开始接触平等观念。只不过,平等对于西方古典文化和德性政治来说形成了决定性的打击和颠覆,带来了向下拉平的庸俗现代性;而中国文化最了不起的地方则在于,历代儒家对平等进行了文化的改造("文化"即"以文化之"),同时对封建贵族文化进行了平民化的质性改造，建立了文质彬彬的教育制度、选举制度和文官制度(选举包含多种察举、铨选和科举方法)，使得贵族文化可以深入平民，平民可以通过教育和选举成为大人君子。大人君子本义为贵族，后来泛指道德修养高雅的所有人，在这个词义变化中浓缩了中国文化对平等进行文化改造和对文化进行平等改造的成果。夫子所谓"文质彬彬，然后君子"(《论语·雍也》)，自始至终指导着汉代公羊家对道法兵农等诸子百家的文以化之，以及宋明理学对佛教的文以化之，同时，儒学自身也经历了重要的变化，在不丧失高贵德性的前提下，一再经历"黜周之文、复殷之质"的自我更新过程，根据每个时代的变化而"与时偕行"，不断回到"文质彬彬、然后君子"的理想。今天，当我们面临基督教和西方现代性平等观念的时候，夫子的这句教导仍然是而且必将永远是我们的努力方向。我们不是为了平等而平等，而是为了高贵自由而平等。正如《春秋》不是为了复质而复质，而是为了救文而复质。在这个意义上，"黜周之文、复殷之质"与"郁郁乎文哉，吾从周"不但不是矛盾的，而且恰恰是相辅相成的两面。今天面临西方平等观念的现代性挑战，中国早就积累了丰富的历史经验，可以避免西方所谓"古今之争"、"主奴道德之争"、"神圣与世俗之争"等一系列否隔不通的现代性弊病。

默然：但现在最麻烦的是，现代人把平等视为莫大的理想，似乎平等本身就是多么伟大的德性似的。

无竟寓：这个问题，托克维尔在《论美国民主》中做过透彻的分析论述。根据托克维尔，我们不妨强调平等只是条件，只是初阶，远远不够，就像黑格尔处理感觉经验主义，没错，哲学必须从它出发，但是，同时黑格尔强调说这个是抽象的，因而是初阶的，它的发展和落实远在后头。

默然：黑格尔的这个逻辑，贯彻到《哲学史讲演录》中，却导致对中国哲学的贬低。哲学是从中国开始的，但是，这恰恰表明中国哲学是初级的。

无竟寓：黑格尔恰恰说反了。这个问题，我以前有过一些分析①，这里就不多说了。当务之急的问题是：我们现在是在面对崭新的全球文化立法，为新世界立法，不可能不吸收基督教。

默然：诚然。不过这个事不能急。要先立起我们的法，然后再纳《新约》进来。否则很危险。比如说，我建议你先把"道学"立起来，然后以此为法来重讲《新约》、《理想国》等。等搞出来之后，在下降到《新约》，到那时候才有能力重新解说《新约》。

无竟寓：这不是黑格尔思路的倒转吗？

默然：是，虽然把《新约》放在初阶，但我们自己要先立起自己的法，这是两个顺序。

无竟寓：对，两个顺序。其实，完全的全球化只是迟早的事。谁能最大限度地整合，谁就能真正为全球化的生民立命。黑格尔当年所作的整合，其实很不容易，远不是我们现在看起来那样理所当然。西方自身就经历过巨大的差异整合。中国也是，将来世界也是。未来人类的任务很艰巨。

默然：大的整合，必须要有浩大的仁通兴发能力才能完成。

无竟寓：可能还要借助网络等新技术手段。我这些年一直在摸索网络教育，办网络书院，以便超越时空和物质条件的限制。几年前，苦于上海房价太高，无处安家，我决定隐居昆山乡间，种菜画画，手机都不用，对新技术本来是排斥的。只是因为住得偏远，就想到办网络书院试试。没想到更自由了，一不小心就搞成了全球化的书院，参加网络读经的学生散布世界各地。越是到没有余地的地方，越是得到更大的空间。

默然：隐居田园，却开设全球化书院。你在现实和虚拟两个方面都拓展了生活空间。

无竟寓：网络空间其实不虚，它给人类的空间体验带来了真实的深

---

① 参见拙著《海德格尔与黑格尔时间思想比较研究》第三章第五节（同济大学出版社，2004 年）；以及拙文"在欲望的欲望与困难的自由之间"，见收于拙著《思想的起兴》，同济大学出版社，2007 年；以及本书"时间、革命与宪法"一节。

刻改变。我们还远没有竭尽它的可能性,要发挥想象力。网络书院,是前人没有做过的事情。

默然:目前最大的问题是老师本身的教养有待提高。

无竟寓:对,首先要做的工作是培训教师,而且首先是培训我们自己。自我教育的不二途径是读古人的经典。而且,这个时代的任务更艰巨,因为我们必须综合各大文明,面向全人类各大文明的经典。如果中国人能成功消化西来经典,中国就成为当之无愧的世界民族。尤其是平等,自由,百年来就是这两个东西在那里梗着。必须解决这个世纪难题,简单批评拒斥无异痴人说梦,自取灭亡。

默然:再说说平等,其实可以考虑马克思的文本、共产主义的话语。我们虽然是要面向全人类寻求经典,但同时又要能"一以贯之",因为中国现代化的具体现实就是从借用马克思资源过来的。所以,马克思文本在现实历史连续性这个意义上会比《新约》更可行。

无竟寓:确实,这有助于结合中国现实的历史语境。但是,这需要更大勇气,冒更大风险,需要排除更大误解。因为这个连带着太多历史恩怨、新仇旧恨。而且,人文通识教育还是应该选取古代文本为宜。不过,你说的现实性和可行性还是很重要的。

默然:马克思文本也更有历史性。因为共产主义、马克思已经成为现代中国自身传统的一部分了。

无竟寓:好吧,那我们想想哪一篇适宜用作通识教育读本。

默然:就用《共产党宣言》嘛,那可是与《新约》精神一脉相承的。

无竟寓:可是人们已经在骂新儒家狗改不了吃屎,就知道阿谀权贵,似乎读马克思就是左派,左派就是攀附权力。而读古代经典就不会导致这种误解。

默然:有些人要骂,你读什么他都骂。何伤乎?君子直道而行,不笑不足以为道。

无竟寓:倒也是,那就不管他了。不过,这个《宣言》要是与《美国独立宣言》一起讲,就更能无偏无坦地既突出我们的平等思想,又避免陷入现代意识形态斗争的口水泥潭。平等是质胜文的东西,甚至是反智倾向的,不需要太多文本,一左一右两个《宣言》足矣。重点是在满足现代平等诉求的基础上,立刻对现代人进行文化教养。

默然:《宣言》的基本精神,其实也是《新约》的:把人从家庭、阶级、国家等等解放出来,把人作为平等、自由的人联合起来,"自由人的联合体"。既有平等义,也有自由义。

无竟寓:不过,它的特别之处在于,它诉诸阶级论。

默然:但它最终是要消灭阶级。

无竟寓:是啊,《宣言》对资本本性的剖析,特别适用于当今世界,有长久的现实意义。

默然:特别对未来全球化的剖析。当时能有这样的历史感,真是不得了。

无竟寓:可惜现在的学生已经很少有人读了。马克思对我们 70 后这一代的影响,虽然比不上对前面几代人的影响,但还是有的。虽然八十年代以来全社会纷纷"下海",但少数爱思考的青年还是读书的。记得那时候,各种黄色读物、武打小说非常流行,传统经典还远未普及,所以,马克思成了少数趣味严肃的青年唯一的选择。

默然:确实,马克思影响了我至少有十年,尤其是《手稿》和《宣言》。我 1988 年开始接触《手稿》,然后一直到 1998 年研究生毕业,甚至持续到 2001 年读博士之前。

无竟寓:我最初接触马克思,是在大概 1987 年,初中二年级的"社会发展简史"课上,马克思启发我突然意识到,偷东西不是恶的根源,而不过是另一种更深的恶的结果,这令我非常震惊。最初的写作尝试也与马克思有关,是在高二暑假,给一位朋友写了一封三千字的长信,讨论马克思的按需分配以"物质极大满足"为前提的思想,我觉得这种思想很成问题。最初读到《手稿》是到大一了,1992 年,那时我以为自己离开马克思已经很远了,但是又由萨特重新带入。那一年又读了几本重要著作:《神圣家族》、《德意志意识形态》、《政治经济学批判》、《黑格尔法哲学批判》等等。写过五六篇与马克思对话的习作,多以批判为主,后来都弄丢了。一个思想的初学者在玉米地里费力地要与哲学家对话,他就这样成长。①

默然:从马克思讲起确实好,更有历史意义。

无竟寓:问题针对意识也明确。作为第一本初阶入门,然后导入古典,渐次高深。这样的话,就是有现实针对性地读古典,否则,高深只是象牙塔的高深。

默然:是啊,先建立起现实感和历史感,然后再读古典,就不会变成读死书了。

君子教育与平等之义

丁耘作《共和国的君主教育》②,讨论心性儒学的政治性。无竟寓案:"君主教育"的提法颇囿于西方政治哲学的视角。"君的教育"提法更贴合圣学教化传统的实际情况。何劭公《公羊解诂》云:"不言公,言君之始年者,王者诸侯皆称君,所以通其义于王者。"周孔正名思想中,没有野蛮愚昧的名号固定制度(极端者如印度种姓),而是以德配天、名实相符的主张。这样一来,所谓正名,就有一个"通"的意思在天人之间、名实之间、上下之际贯通,而不是把名号和人固定对应起来,搞出身,划阶级,制造否隔不通。正名,于是就差不多有格名、至名、来名的意思。所谓自天子以至于庶人,壹是皆以修身为本,心性儒学发扬的这个满街圣人原理,正是突出强调了周礼正名思想中固有的贯通一面。

---

① 二十世纪九十年代初,吉林大学新校区还被一片玉米地包围。我的大学四年思想历险就是在玉米地里进行的。

② 参见丁耘:《儒家与启蒙》,生活·读书·新知三联书店,2011年,第53页,标题更作"略论当前儒学的政治论述"。

当然,正名思想中更容易看到的一面是尊卑名号有分的一面,这一面是贯通义得以运作的地基,是以德配天的乾动所以运行的坤定基础。心性学是特别发展了"通"的一面,把中国带出了宋以前几百年的门第社会。

正名思想中的这个"通"义,特别表现在"君"这个字上面。"君"一方面含有君主的意思——但"君主"这个词实际上只是翻译西语而来的现代中文词语,是对 prince、master、lord 的翻译。在西方语境中,prince(君主)与 subject(臣民)之间,master、lord(主人)与 slave(奴隶)之间,统治者与被统治者之间,以至于天人之间,都缺乏一个通泰之道。另一方面,"君"又可用来泛指大人、君子。大人、君子既源出于居官或有土者之称,也成为有德者通称。皇、帝、王、公、侯等称号则没有"君"字这么强的贯通意义。君是质家的德号,皇、帝、王、侯是文家的建号。绘事后素。贲终以白(易贲上九"白贲无咎")。文以质本,质以文显。德号可以规范建号,建号不可僭盗德号。《白虎通义·号篇》两次用到"君"字,一次用来解释"皇",一次用来解释"君子",体现了"君"字的通义:

> 皇者何谓也? 亦号也。皇,君也,美也,大也,天之总美大称也,时质故总之也。号之为皇者煌煌,人莫违也,烦一夫扰一士以劳天下不为皇也。不扰匹夫匹妇故为皇。故黄金弃于山,珠玉捐于渊,岩居穴处,衣皮毛,饮泉液,吮露英,虚无寥廓,与天地通灵也。

> 或称君子,何道德之称也? 君之为言群也。子者,丈夫之通称也。故孝经曰,君子之教以孝也,所以敬天下之为人父者也。何以言知其通称也? 以天子至于民故。诗云,凯弟君子,民之父母。论语云,君子哉若人。

所以,君的教育这个提法,是一个可以为君主教育奠基的通识教育的提法。大学之教，自天子以至于庶人一以贯之，便是包含君主教育在内的君子教育。中国传统特有的君子教育，一方面包含而不限于西方古典政治哲学讲的君主教育，一方面也有别于西方现代含义的主体启蒙教育，实为圣学教化思想一以贯之的道脉，宜深察名号，潜玩德义，发扬光大，切不可自削脚跟以适他人鞋履。

在儒家礼法中，可以说是：教化面前人人平等。譬如何劭公《公羊解诂》注"隐长而卑"云："礼，年二十见正而冠。士冠礼曰：适子冠于阼，以著代也。醮于客位，加有成也。三加弥尊，谕其志也。冠而字之，敬其名也。公侯之有冠礼，夏之末造也。天子之元子犹士也，天下无生而贵者。"这意味着：冠礼的意义中含有德行教化面前的平等义。《礼记·王制》篇也含有这个意思。子曰"我欲仁，斯仁至矣"（《论语·述而》）。这个"平等"不是"权利"的平等，而是受教修德的平等。这种"平等"与其说是一种"权利"，不如说是一种"义务"。这种"平等"并不导致向下拉平，整体平庸，反而有助于动态地提高每一个人（所谓"日新"），在事实上必然不平等的人间建立一个上下调整的良性通道。这个通道的运行机制在历代选举和吏治制度中都有体现，其理论总结则见于《易经》的泰、否、损、益等卦象之中。

相反，西方政治缺乏通泰之道，既表现为西方古典形态的上下捍格不通，也表现为现代形态的敉平平等。捍格不通，如《理想国》中的金银铜铁假说，如基督教的绝对神性、不可理解的信仰；现代形态的敉平平等，如相对主义、多元主义、大众文化、末人社会、低俗民主。上下捍格不通是坏的不平等，末人形态的敉平平等是坏的平等。关键不在于平等还是不平等，关键在于好坏。好的不平等和好的平等都能动态地提高个人，灵活调节上下关系，都有通泰之象，坏的不平等和坏的平等都会导致淤塞不通的弊病，有否隔之象。好的平等是"乾道变化、各正性命"（《易象传》）意义上的平等。西方现代性疯狂追求的敉平平等，只不过是高贵谎言（金银铜铁说）的破灭激起的极端虚无主义激情而已，不是什么好东西。可怜这种意义上的平等已经成了现代中国人最兴奋的梦想。如何在这个半殖民地的废墟之上,重建礼运大同的政治理想和政治想象力,是今日中国的政治文化使命。

论 治 学 书

某生,半年中网上相遇两三次,交谈不多,每每言犹未尽,你即匆匆下线。你现埋头读书,我很高兴。不过停下来交流一下,或未为无益也。以下所言,仅供参考:善者从之,不善者弃之可矣。

前日参加研究生开题报告和毕业答辩,我所提问者无非文献二字,以诸生文献准备之差,足堪忧矣。其间某生拿来你的材料要我签字。你材料中力陈二手文献之要,我给予高度评价。因两相比较,你在文献准备方面的工作远过诸生,可谓优秀论文之预备也,我实爱之。这方面我未能予你指导,你亦无须我指导,我心实有愧疚。虽然,犹有未尽也。你若仅满足于做一篇优秀毕业论文,你实有过之者,止此可矣,不必往下看信,若志不止乎此,则不妨一观。

眼见学术界,貌似一整体,实有区分:有庸众之学院,有大人之大学。庸众之学院唯以制造“专业成果”为务,所谓二手文献,除少数力作外,多为学术工业之产品。现今世界,学术工业发达产区首推美国,次为欧日。消费进口二手文献,可不慎与? 今日中国,革命洪荒之后,学术工业亦在蓬勃发展。你读二手文献之热情,实为此蓬勃运动影响之结果,你却浑然不知,犹以为从事伟大思想之事业,不亦谬乎。昔者海德格尔斥学生玻格勒:关于海德格尔,你写两本研究著作足矣,不必再写。海氏本人则遍讲群书,上至前苏格拉底、柏拉图、亚里士多德,中及奥古斯丁、司各托、罗马书,下逮近代笛卡尔、莱布尼兹、康德、费希特、赫尔德、谢林、洪堡、黑格尔、荷尔德林、狄尔泰、尼采、马克思,无所不读,文献可谓大备矣,而何曾见其斤斤于数千本亚里士多德二手文献中毕其一生以制造"专业成果"？其余大哲，无不同然。至于个别稍识文献而嘎嘎独造者，如胡塞尔、维特根斯坦辈，殆为天才，不足为训。至于专研二手文献而成之者，未之有也。

夫大人之学，究天人之际，通古今之变；尚友古人，以启来者。读则读伟大之书，写则写垂世之文。读不解则求诸义疏，通则暂离，续读伟大之书；写不顺则求诸工具书，通则暂离，续写垂世之文。文献，必以伟大之书为经常，以研究资料为辅助。人生也有限而文献无涯，舍伟大之书而专务二手，可谓知本乎？

大人之学，学而思，思而学，文质彬彬，然后君子。世俗所谓思想学术之争，任其一方不足谓大人之学。大人之学孜孜于文献学问，惟此文献学问决非学术工业之"专业成果"；大人之学乾乾于思想创发，惟此思想创发决非不学无术之"创新课题"。大人之学道兼文质：博学而深思，文章而行笃，反诸本而达乎表，体刚健而用文明。文献之功，于斯尽矣。

以上论治学书发布于道里书院论坛，网友多有讨论，其间难免误解，遂补充说明如下：说读书以研究文献为辅，不是说不读。二手自然是为一手服务的。这里只是强调说不要本末倒置而已，非谓不读。

教育自是因材施教。如果鼓励人人原创自是灾难。所以，论学书第二段预备了一个关卡：读者自可抉择，往下看还是不必往下看。

大人之大学自然永远只能寄身于庸众之学院，并赖之讨生活。对于学院体制，该感谢处须感谢，当批评处须批评，君子直道而行，无所隐耳。康德所谓理性的公开运用和私人运用：大学学者的特别身份在于，他不只是一个职业人，而且是无功利的思想者。在前一个意义上他拿工资，在后一个意义上君子不器。

所以，我的《论治学书》只是想请每个同学都想一想：我准备在大学里干什么？

又，关于"学术工业"，补充说明如下：

一、我们每天都吃工业品、用工业品。读工业品、写工业品也就没有什么奇怪。工业品非谓无营养，无内容。工业品往往极为丰富有用,而且廉价易得,极大丰富了人民群众的物质文化生活,提高了国家的硬实力(物质工业品)和软实力(精神文化工业品,包括这里说的二手文献)。

二、我并没有把大量研究论文污蔑为"学术垃圾"。"学术工业品"这一严格的客观描述,绝不同于"学术垃圾"一类的蔑称。只有不合格的工业次品才是垃圾。事实上,由于学术制造业的行业规范约束和大学体制的把关,学术垃圾的制造数量极少,差不多像"极少数力作"那么少(前日参加答辩会,我便是去作质检员把这个关,那是我的职业,我靠它吃饭。我也要吃饭不是?)所以,消费学术工业品,一般来说是可以放心享用的。至于制造它,虽不像大人之学那么难,但也绝不是像制造垃圾那么容易。你们都要把这个造好,用好原料(二手文献),合乎规范,能进入学术市场(发表),否则我不会同意你毕业。只想毕业找职业的,看到这里就可以了;职业之外尚有追求的同学不妨继续往下看:

三、在全面工业化的时代,特别地要求思想的事业不能完全工业化,这虽然很困难,但却是必要的:它对于维建包括现代大学体制和学术工业在内的全部现代生活的健康发展来说,是非常重要的条件。因为,无论任何时代,只有当思想保持为无功利的,无用的,独一的,不可批量订造的,其他所有东西才可能是有用的,可计算的,可替换的,可批量定做的。因为思想就像一个时代的空气。

四、关心空气的学问叫做大人之学。它稀薄、无情、人迹罕至。它空洞、无用、数量稀少。古往今来,只有也只需要少数人,他们叫大人,以手工打磨的方式慢慢悠悠地做一些活计。做出来的东西就叫大人之学:有机的,非工业的产品。

五、我们虽然不一定做得了这活儿,但学学玩玩儿也是好的,至少,首先应该知道有这么回事儿,不要以为搞学术就只是学术工业的搞法,学者就只是写论文、搞课题的,忘记了学者的本分和使命。我那封《论治学书》就是要告诉大家有这么回事儿。作为教师,通知你们有这么回事儿是我的责任:这回是思想事业的而非职业的责任。

六、关于上面说的这回事情,我说给你听了,你听说了,听不听由你;听了,去不去由你;去了,能不能到,不由你。①因为,这事儿不像学术制造业那么有准儿,不是文献原料充足,合乎学术工业规范,学院工厂再一把关,就可以造得好的。这是冒险的事业,有时候还成为职业的障碍。所以,信的开头一段就说"以下所言,仅供参考:善者从之,不善者弃之可也。"

七、以上所言,仅供参考:善者从之,不善者弃之可也。

友人见以上论治学书于道里网络,来信痛陈今日学院之失在于徒务辞章考据治学。无竟寓答曰:兄所言时学徒为辞章考据之失,极是。虽然,今日之病之甚,有非止于此者:另一个极端的义理疏狂之病,又是与词章考据之失并行的。夫子曰"文质彬彬,然后君子",又曰"叩其两端而竭焉"。奈何今日学风,文质交相胜,两端皆不知孙其所过而补其不足,致令天下学问,大学愈大而失据,小学愈小而丧志,悲夫。

培养灵魂与阅读文献

某生,没想到你作为一个本科生就已经对英美现象学界的二手材料如此熟悉,而且能够如此深入和广泛地阅读英文材料了。我感觉到你实际上已经提前脱离了大学的学习状态,进入了研究阶段。这样的话,当你考上研究生的时候,就能够很快开展研究工作了。看到你的这种状态,我非常高兴,非常欣慰。

---

① 由你不由你,说的只是孟子说过的尔力非尔力的道理:"金声也者,始条理也;玉振之也者,终条理也;始条理者,智之事也;终条理者,圣之事也。智,譬则巧也;圣,譬则力也。犹射於百步之外也;其至,尔力也;其中,非尔力也。""不由你"是说天成之,非尔力也,不是由分说逼迫人的意思,"由你"是说耳顺的道理,不是随你去,听任之,推托责任。教育责任问题,《易·蒙》曰:"童蒙求我,非我求童蒙。"又曰:"再三渎,渎则不告。"

不过呢,我跟你说说我的一点个人经验。我在写硕士和博士论文期间也曾大量搜集和熟悉过一些二手现象学文献——现在仍然在继续啊,未尝懈怠——但是我发现实际思想和写作的时候,这些都退居背景了。你说得好,哲学就是形而上学。那么当我思想和写作的时候,我不得不是一个形而上学家,我无法降低自己做一个单纯的研究者,虽然我看过了很多研究文献。你比较一下胡塞尔和 D. 凯恩斯(Dorion Cairns),或者乃至伽达默尔,胡塞尔比后两者强的地方在于,虽然他读过很多书,比如布伦塔诺和冯特,他也研究他们——或继承或批判的研究——但是他不会、也没有办法、出于思想论证的严格性严酷性而没有空闲地方插入对他们的引经据典的介绍和复述性的研究。即使对于笛卡尔和康德也是这样。他不是不研究学术,他不是不研究哲学史,但绝不是以一种非哲学的方式。当胡塞尔工作的时候,他不折不扣是一个哲学家、形而上学家,而绝不只是一个"文人"或"学者"。这样的人是真正值得青年哲学爱好者发自内心去追慕的人,因为他们,只有他们,是哲学家。他们再次复活了哲学的尊严。其他的一概不是。在其他人那里,恰恰不是材料退居背景,而是真正的思想本身退居背景:研究者诚然是"懂"哲学的,诚然是有形而上学素养作为背景的,否则他就无法进行研究和介绍。但是,重复一遍,如果恰恰不是材料退居背景,而是真正的思想本身退居背景,那么这是哲学的耻辱。对于思想家来说,他绝不是不"研究学术"——不研究学术他怎么可能"思想"呢? ——但是,学术史知识对于他来说肯定是退居背景的东西,在他的工作现场作为前景突出出来的乃是他的思想的艰苦卓绝的努力。这种思想的艰苦卓绝往往给他们的著述带来晦涩难懂的假象、逻辑混乱的假象。但这假象只是大众看到的! 在另一位同样艰苦卓绝地思想的哲学家看来,他的著作,只有他的著作是严密的,甚至是极富文采的! 我曾经在北大的厕所大声朗读黑格尔,同学惊异地问:难道这也是可以朗诵的么? 德勒兹也曾惊叹过斯宾诺莎伦理学的文采! 然而,另一方面,让我们比较一下,在任何一位以复述他人思想为主的研究者那里,你曾经看到过这种艰苦卓绝吗？这种表面的晦涩和真正的流畅？在他们那里，难道不是只有表面的流利、顺畅、清晰和内在的贫乏、惰性和对事情本身的可耻放弃？无论如何，打死我也无法理解，一个人怎么可能在"研究"他人思想的时候，能够忍受得住那来自事情本身的咄咄逼视的锐利目光而心安理得地重复前辈伟大思想家出于思想本身的严酷要求而绝不允许你简单重复的思想？

其实，你现在倍觉羡慕的对他人著作的准确翻译和思路清晰的复述，在你受到一定的学术训练以后会发现，那并不是特别难学到的东西。就像我们学外语，很羡慕外国小朋友说话的清晰，但是，当你学好之后，你会发现那真的不是最难的。最难的是运用那种语言来思想。而英美现象学家的不足之处正在于，他们不及分析哲学家的地方在于，他们其实一直停留在学外语的阶段，尚未进入思想。你说得好，哲学史是形而上学史。这一点，英美现象学研究者要是懂得该多好。这一点上，分析哲学家比他们强多了。他们是真正的哲学家，而英美现象学研究者还基本上算不上现象学家和哲学家，而是一些现象学研究者。他们与形而上学史无关。他们只与作为一种知识的社会传播的"哲学"学科相关。——当然这些可能带有我个人的偏见，因为我在大学的时候曾经钻研过分析哲学和科学哲学，自学过数理逻辑和大学物理。我的见解如果伤害了你心目中的英美现象学学者偶像的话，还请见谅。当然，在翻译方面，比如说 Dorion Cairns 的胡塞尔翻译，功劳是很大的。但是，话说回来，对于翻译，我们也应该在高于知识的社会传播这一层面上，在一个民族的文化新生意义上来提出要求。从 Dorion Cairns 的胡塞尔翻译上，很遗憾，我还没有看到诸如路德翻译《圣经》一般的对于文化新生的奠基作用。倒是维特根斯坦的翻译起到了高达这一层面的作用。维特根斯坦德文著作的英文翻译进入了英美哲学心灵，进入了形而上学史，但胡塞尔的英译没有。

希望这封信不会打消你阅读二手研究文献的积极性。我曾经碰到过英法德语都非常流利的学生，但他主要用来"阅读"，我也曾像这样与他谈过。我绝不是要说，也从没有说过：阅读二手研究文献不重要。我只是想告诉你：读书，这首先意味着灵魂的转变和心志的培养。

大学与小学，手艺、辩证与博雅教育

杨不风质疑无竟寓读书主经典大书之法，以为学院学术训练有助于心灵教化。无竟寓遂与论曰：你谈到"阅读二手文章，从事琐碎劳作之事，以为心灵教化之具"，我又想了想，觉得里面也有个手工劳作与工业制造的区别。传统"小学"和现代考据科学的区别，未可一概而论，未必皆有益于心灵之陶冶教化也。顾亭林先生是有清一代小学的奠基人。我们来看看他所谓小学是什么，是不是后世的文献考据科学。在堪称清代小学宣言的《与友人论学书》里，他的所有论述都是在"一身以至于天下国家"的大学之道上进行的（《大学》修齐治平）。他不是不要大学，他只是批评当时流俗的心学末流是伪大学。只有相对于大学而言，才有小学之名。小学是通往大学的门径。但如果大学亡了，小学也就芒无所归，就转变成了现代考据科学，成了学术工业的一部分产业。因此，顾书所谓小学，谨遵孔孟原义，兼顾博学与笃行两端，既"博学于文"、"好古敏求"，亦"行己有耻"、出处得体。至于专务学术杂志上的二手研究论文而教养心灵，则未之闻也。我与某生论治学书曰"博学而深思，文章明而行笃实"，亦斯之谓也。二三子其思之。

你发帖说："首推之不是大人之学，而是公民教育或者说博雅教育，它不是仅为少数人准备，而是面向所有有平等受教育权的学生。"

我的忧虑，除了稀薄罕至的大人之学要人继承之外，也包括楼上说的公民教育和博雅教育。不风提出这一点很重要，把问题又深化了一步。

在这个问题上，我的忧虑正在于：在学术工业体制中，大学以专业科班训练的方式丧失了它本应承担的公民教育功能。"公民教育或者说博雅教育":不风的这个表述很好,表明不风超出了狭隘启蒙主义的视角,知道公民教育绝不仅仅是一个抽象的主体意识、自由意志、权利意识的认识和确立问题,而且更具体地是一个文化教养问题,乃至风俗培育问题、伦理建设问题。因此,公民教育必须通过博雅教育(liberal arts,也就是"自由艺术")才能进行。而什么是博雅教育、liberal arts、自由艺术? 是不是学术工业化的专业科班训练呢? 世界上当然没有纯粹的事物,学术工业的专业科班训练诚然也是可以带有 liberal arts 成分的,因为当学术工业处理材料的时候,例如把《论语》或《尼各马可伦理学》作为科学研究处理材料的时候,处理者也多少会受到经典内容的影响,从而受到一点博雅教育,但这不是工业化处理的主要目的,而是附带效果。我们批评现代大学体制,就是要改变这种本末倒置的不合理状况,从学术工业回归博雅教育,恢复大学应该通过博雅教育而来进行公民教育的本来功能。

同济大学百年校庆的时候,我曾写文章谈过文化日新与大学培养公民的任务之间的关系。[①]文中说到的"文化"用的是它的拉丁文意义:cultura,本为耕作,引申为陶冶教化。德文的 Bildung 继承了这个深致。在德国的启蒙时代,伟大的启蒙主义者们还都是知道这个词的。今天则蜕变成了 Ausbildung(培训)的时代。Aus-bildung 意不在陶冶教化,而只在乎 aus:教出来,出产,以便投入"人力资源市场"。至于 liberal arts 的 arts,在希腊文里叫做 techne,技艺,相关于 poiesis,就是手工的意思。后世所谓诗歌 poem 实出于斯。在阿伦特那里,为了维建公共领域的政治生活,甚至 poiesis(所谓 work of hands)都是不够的,必待完全无功利即彻底自由的 praxis(action)才可以,遑论包括工业劳动在内的 labour 了。工业成为自由的障碍,这是现代政治要面对的基本问题,左右派在这个问题上要团结起来,共同商讨解决的办法,否则对谁都不

---

① 参见本书"古典文教与现代教育"部分"何谓大学:致同济大学百年校庆"一节。

好。我们在这里讲大学之道,绝不是发思古之幽情,倡少数人之雅趣,而是为了千千万万生民的自由与福祉。

又,所谓古典七艺是 liberal arts 的具体节目,包括文法,修辞,演绎,算术,几何,天文与音乐,在柏拉图的《理想国》中都有其渊源。但是,今天,这每一艺都蜕变为现代科学的门类而丧失了它们原有的教养功能,实在是公民教育的大患。寻其转变根由,涉及人类历史的大事因缘,未可遽论。不过可以肯定的是,至少与两个事情相关:一是《理想国》所谓辩证教育的不当运用所致,一是 techne 的分化所致。前者意谓:在文艺和体育教育尚未完成、年龄尚幼的时候就进行了辩证教育,结果就导致"咬人小狗"(《理想国》第七卷 539b)型的不成熟的启蒙主义和批判哲学。启蒙的本义根据康德乃是成熟,结果却造成了不成熟的"咬人小狗",为什么? 因为博雅教育变成了学术工业,辩证教育(指抽象理性教育,这里辩证不是黑格尔意义上的)就失去了敦厚崇礼的呵护养育,变成了败坏公民教育的东西。后者意谓:techne 分化为技术与艺术两个方面。问题的根本并不像浪漫主义所以为的那样在于技术对艺术的压制,而在于这个分化本身。分化的结果既是技术的工业化,也是艺术的工业化。现代所有艺术门类和人文学科(humanities 属 arts 的范畴)的产业化便是这一过程的结果。更令人担忧的是,分化后的技术和艺术还通过一种虚假的相互抗争批判关系而来维建它们的同谋,从而实现它们对于自由七艺、博雅教育的全面僭替,也使得它们的本质更加难以被揭露,因为当你反感现代技术的时候,就会有艺术出来给你虚假的安慰,犹如现代学术工业体制中的社会科学,典型如人类学、社会学和人文主义心理学,自命为抗衡技术理性的力量,岂非南辕北辙。① 子曰:"吾欲仁,斯仁至矣。"作为自我教育的自由教育,在这个意识形态专制和泛工业化技术控制双重锢闭的时代,除了阅读古老的大书,尚友古

---

① 关于这个问题,我在十多年前读研究生期间写的一篇短文《道德》里曾有分析(见收拙著《思想的起兴》,同济大学出版社,2007 年),大家可以参考。

人、追慕前贤之外，还能有别的什么办法呢？

手工与教化的关系，在柏拉图理想国那里是通过缪斯(音乐、文艺)进行的，而在诸缪斯中，诗艺(poiesis，也就是手工)又是基本的。在罗马传统中，农作的手工更是教化的基本方面。关于手工与诗艺的关系，拙文《阅读沉河》曾有分析，大家可以参看。[①]

短 札 七 则

一、刘小枫《施特劳斯与中国：古典心性的相逢》深中时弊，感人肺腑。今日中国大学教育何去何从，正在一个关节眼上。此一大事因缘，不但关涉中国文化命运，也涉及全人类命运。全面复兴古典文教，希望寄托在今日中国。人类文明兴衰，在此一举。学者不可不知时。今日时机，天命我辈，不敢不有所作为。我辈学者，但凡同志，不问出身门户，不论学术背景，宜戮力同心，共赴时艰。

二、吴笑非作《学则》，论曰："心学善治庶人，理学善治士，古文善治卿大夫，今文善治王侯。此自孝经言也。"无竟寓曰：儒门各派，乃至诸子百家，皆为先王大道之一偏。其正其变，或古或今，其文其质，或经或权而已。庄子犹知"古人之大体，先王道术之全"，岐伯犹曰："智者察同，愚者察异"，可以圣人之徒而鄙陋不如方士乎？笑非之意，要在因人之异而别其涂，及其教之所由，学之所至，则莫非一以贯之者也。《中庸》云"凡为天下国家有九经，所以行之者一也"。又曰"或生而知之，或学而知之，或困而知之，及其知之，一也；或安而行之，或利而行之，或勉强而行之，及其成功，一也"。其意近是。

三、古典文教要对治的现代弊病，首先是各种亢奋的现代意识形态

---

① 参见本书"古典文教与现代技艺"部分"随手远近的你我：阅读沉河"一节。

激情。道里书院网友在参与各种问题讨论的时候,大多未能免于这种激情。如何通过书院论坛的相互砥砺,磨平这类激情,是我们能否完成古典教养的切身检验。数百年来,这种激情在现代世界到处泛滥,表现为各种政治的和日常生活的形态,包括左的意识形态和右的意识形态,无一幸免。施特劳斯发现其源头是从基督教出来的。所以,他的努力之一在于反思宗教激情之于西方的影响,找回古典世界的清明理性。这种理性可以矫正启蒙理性和革命理性的片面狂热,也有助于对治技术理性的片面冷峻。它是温和审慎而坚定地追求德性和善好生活的担当。

四、天人合一与绝地天通的文教意义:先有颛顼命重黎绝地天通,然后有聪明文思之尧命羲和,更有胤征羲和之颠覆厥德。所谓仲尼祖述尧舜,宪章文武,书断唐虞之谓也,文教立极之谓也。所谓天人合一,毋宁恰以绝地天通为前提。绝地天通,天人合一,一而二,二而一者也。远以言天,一也,"丘之祷久矣"(《论语·述而》);迩以言人,绝地天通以存人事,"未知生焉知死"也(《先进》),有所不语也[1],"存而不论"也。[2]《易》曰,"文明以止,人文也"(《贲象传》),又曰"王假有庙"(《萃》),"神道设教"(《观象传》),文教之义尽矣。

五、古典班教法:本来《易经》并不是适合初学的经典,但在今天,易经还是很方便的入口。这学期开了门《易经》课,学生很有兴趣。果然用"术"的路子好吸引人进门,这一点在上学期讲《黄帝内经》就体会到了。[3]本来年轻学生不宜学《易》,不过,我的讲法是以《象传》为主,教学生法象修德、以明政事而已,兼以汉易卦气说,培养天道敬畏、人事明达,实与诗、书、礼、乐、春秋教法无异。《孝经》课:夫子志在《春秋》,行在《孝经》。由孝行入门,行有余力,则以学文,继之以诗书礼乐,最后读《春秋》以明志,这个安排非常好,突出了夫子晚年志行(乃至改制)对诗

---

[1] 《论语·述而》:"子不语怪、力、乱、神。"

[2] 《庄子·齐物论》:"六合之外,圣人存而不论。"

[3] 参见本书《兼摄身心的教法:〈四书〉与中医的相互发明》一章。

书雅言的统摄地位。由此出发，古典班之经学可昭然区别于俗儒矣。考虑到学生年龄小，不妨多联系《尚书》、《春秋》三传、《史记》、《汉书》等经史典籍上的历史人物，用讲故事的方式发明经义，具体展示自天子诸侯以至士庶人的孝行是如何与《孝经》经文相合的。另外，可与《三礼》乃至《大戴记》相发明的地方也会有不少，必要的时候还可以参观器物或习行礼仪。书法课：书法可下学身心修养，上达斯文之命，所以自古为六艺之一。现在作为古典班低年级的必修课程，也是非常好的安排。具体教法还要在实践中摸索，初步想到的一点是，必须并重书史书论的经典阅读和临池实践这两个方面，革除当前书法艺术教学中的专业化、技术化、实用化流弊。另外，还想到要注意观察每个学生的书法基础、性情禀赋，根据每个人的不同情况教以不同的碑帖书风，指导每人各专一体，因材施教。教学计划中还可以安排参观博物馆。教学结束之时，如果能办小型作业展览，就更好了。

六、常有朋友问我，为什么西方哲学博士毕业，要改行做国学？我说，自从我学士论文写熊十力以来就没有改过行。所以，如果是十几年前我大学毕业的时候你认识我，可能会问我相反的问题：为什么一个坚定的儒家要去考西学的研究生？事情缘起是大学时候的一次似梦非梦的读书经历。我的本科四年是在吉林大学的新校区度过的。当时只有一个图书馆、一栋教学楼、两栋宿舍楼，比高中还小，周围是无边无际的青纱帐玉米丛。我像虫子啃玉米一样蚕食图书馆里的书，度过了四年最充实的读书时光。有一个下午在图书馆的古籍阅览室，我仿佛看到孔夫子在云中驾车而来，甚至有隆隆的声音。我顿时泪流满面，心中充满了感动。他告诉我说，以后不要乱看书，要看就看文言古书和外文经典。我很惊讶，夫子也教人看外文吗？他说你们今天也是要看的，半通不通的西方文化害人不浅。后来我就基本上只读文言的古书和外文的西书。本科毕业的时候，做了一个痛苦的决定，花了我很长时间思量。思量的结果就是去北大读外国哲学。北大的七年，包括在德国的一年，学外语占了一半的时间。古典的，现代的，各国的，都学。学来干什么？

看最新文献？追赶国际学术前沿？也看，但不是主要的。一直到现在，我深深地牢记那个下午的教导和感动，和含着泪水的痛下决心：那就是读书就读真正的书，读古人的大书，读经典原文和历代注疏。

七、某生有疑于"富而教之"，以为"当今社会富起来之后，却带来了经济的富足与道德的匮乏，此时再行教化，岂非为时已晚？"答曰：古人所谓富，按照今人的标准大概只能相当于下等生活水平，衣食不愁而已。今人所谓富在古人那里大概要算奢侈了。柏拉图的《法律篇》和马基雅维利讲共和国的公民教育都谈到过：只有相对贫瘠的城邦才能教好人民，奢侈的城邦必然败坏。亚里士多德在《尼各马可伦理学》里说，太穷和太富都妨碍德性养成，只有中等收入才能保证灵魂的教养和幸福。孔子所谓富而教之，不是等到奢侈再教之，而是等到衣食不愁再教之。如果缺衣少食，民不聊生，谈何教养？

仁通友爱与读书治学

对偶、友爱与仁通

无竟寓：世俗以为弄点骈文就很雅了，其实大谬。上次我们谈到中文的对称性，其实只说了一半，文的一半。文胜则对仗大行，每句骈俪则蔽质矣。古文之质，往往来自对称性的破解，奇（平声）言数语，其义自逸。书画所谓逸品，逸出品级之外，不可方物者，亦同于此。好的对称性构成互文互漾，带来无穷的丰富性；坏的对称性带来的恰恰是物与物的相互对举限定，而不是相互生发互漾，用西学的术语，就叫做死板定格的对象性。后者往往是中文过渡文化、文而不化的结果，是中文发达之后的末流，是文胜质的弊端。这种坏的对偶结构文体往往是偶像崇拜时代的文体、繁文缛节时代的文体。所以，如果从西方文化中心论出发，就会觉得中文是一种偶像崇拜的文法结构，是一种陈腐可憎的东西，几乎是一种桎梏自由的枷锁。"五四"一代的精英知识分子大多这么看，今天喝洋墨水的精英很多也这么觉得。但这只是中文对称性的对象性一面，不是全部。通过质野的一面，中文的对称性还有生发互漾的逸出一面。相反，从一阴一阳之谓道的思想出发，我们倒可以发现绝对唯一神论的形态和希腊理念论的终极善形态,都恰恰因为缺乏阴阳的互漾相生的"对称性"(这可以叫做非对称的对称性,绝不同于西方人只了解的几何的对称性),而无往不蜕变为偶像崇拜。这是因为,毕竟有人。只要有人,天人之际则必有分矣。只要有人,哲学就只能是philo-sophia,而不可能是 sophia 本身。只要哲学是人的爱,就是两个东西之间的关系,因为爱本质上不是一个人的事情。

听松坊:确实,古希腊人讲爱智慧,其实是要成为神。

无竟寓:而我们是要成圣人。圣人者,通天地人之大人也。

听松坊:这之间的差别是很大的。一心只想成为神,势必造成天人否隔不通,结果既成不了神,也败坏了人。

无竟寓:圣人通之,而非一之。一之者妄,通之者圣。爱情,友谊,爱人之间,朋友之间,这是偶像崇拜的对称性,还是非对称的对称性?显然是非对称的对称性,不是几何学意义上的对称性。爱是逸出的,友谊是逸出的,是向着一逸出的,这个逸出就是生命的原初生发之力,但它不是所谓个体生命的所谓力比多,不是现代心理学虚构的身体中的那个独一的实体的向外欲求之力,而是原初地产生于天人之际,朋友之间,夫妇之间,父子之间,人与人之间。所以,中国古人就把这个原初的生发之力命名为仁。所谓仁者爱人,二人为仁;仁,而后有人,而不是先有人,然后构建什么主体间性。所以,不仁者无以为人,仁者方为成人之极。论语"若圣与仁",仁圣并称,皆通之之义也。

听松坊:"通之",所以,仁通是一个过程,正如《庄子》所谓"道行之而成"。

无竟寓:是啊,仁通是一个过程。所以,朋友就是去成为朋友,而不是把朋友作为现成的关系。不是确立所谓朋友关系,然后来交往。可能,是不是朋友,每一刻都是需要等待回答的问题,犹如《中庸》所谓"道不可须臾离也,可离非道也"。进行中的,或许永远只是交往,而不是已经确定的现成的友谊。或许,友谊正如朋友关系中每个人的生命本身那样,是个盖棺论定、死而后已的东西。友谊不是两个现成对象之间的现成关系,而是两个有生命有灵魂有德性的人之间的关系。正如《尼各马可伦理学》考察的那样,友谊中的情形,岂不是正如存在(estin)本身的种种情形一样吗?岂不也正如德性一样,是个时时行之而后渐渐成之的东西吗?

听松坊:只是人的日子是有限的,人与人的缘分也有限的。

无竟寓:所以,《尼各马可伦理学》第九卷里说,朋友毋须多,多如同没有,二三子足矣。关键是要长期共同砥砺,相互见证成长。交友之道,是生命的基本事情,哲学的基本事情。正因为生命有限,所以 philia(友爱)和 philo-sophia(哲学)尤显珍贵。一个人死了,他的思想、言行和师友交往的故事,却有可能不朽。

为己之学与师友共学

子横有感于现代人为学之难在于文献浩繁,又叹人生苦短,学无止境。无竟寓曰:难易跟时代的关系不大。知识量的变化不是关键。从来不缺的就是知识量,缺乏的总是判断力和决断力。以为古人可学的东西少,是典型现代性的臆想。人类自从文化以来,就被文满为患的情况包围。流传下来的文献,远远少于曾经出现过的文献。被遗忘的知识,远远多过被记住的。历史既是记忆的结果,也是遗忘的产物。尼采说,现代历史学对现代人的毒害就在于遗忘了古人遗忘历史的本能。一定要说学习问题上的时代差异的话,那就是"古之学者为己,今之学者为人"(《论语·宪问》)。

为己之学,虽繁犹简,约而不穷。子曰:"君子多乎哉?不多也。"(《论语·子罕》)又自述"其为人也,发愤忘食,乐以忘忧,不知老之将至云尔"(《论语·述而》)。对于今人来说,其发愤易学,忘忧难学。须仁者心通,方能不忧。《礼记》曰:"知止而后有定,定而后能静,静而后能安,安而后能虑,虑而后能得。"(《礼记·大学》)又曰:"积而能散,安安而能迁。"(《曲礼》)就佛老而言,其无为易学,无不为难学;清心寡欲易学,勇猛精进难学。难易相反,而其学之为己不为人也则一。为己之学总是其乐无穷、有益身心健康的,为人之学才容易疲于奔命,身心憔悴。

子横于是又有感于判断力之成熟须年深日久,而学习任务太急迫之间的矛盾。无竟寓遂与言曰:因为判断力的成熟是年深日久的事,所以,需要与那些先走了几步的学者一起共学。这样的学者,有时被称为老师,有时候被称为朋友,合在一起,可以称为师友。无论如何,因为学习需要相互养成,所以,《学记》从头到尾谈的都是师友之事。《易·兑》"丽泽兑,君子以朋友讲习",《大学》引《诗》"如切如磋,如琢如磨",说的都是师友之间相互养成之事。读书与经验之间的佯谬悖论,只存在于个人内部的循环。一旦把学习理解为教养,把学习之事置于师友之间,历史性地展开为代际之间的传承、人与文之间的交融化裁①,这个佯谬就迎刃而解了。这就是为什么《论语》一开篇就把学习和交友相提并论:"学而时习之,不亦说乎;有朋(或作友朋)自远方来,不亦乐乎?"这里说的朋友其实是学生和同学的意思。孔子经常把他的学生称为朋友,这在先秦语法中是常见的情形。在现代汉语的日常用语中,老师还习惯把学生称为"某某同学",从中还可以隐约看到这一古老传统的意思。所谓"为己之学",必须含有这个师友同学的意思。

以此之故,《学记》实际上讲的是教记。教既是教,也是学。会教才会学,会学才会教。有见识(判断力)才会学习,会学习才有见识。会找老师才会学习,会学习才会找老师。会招学生才会教,会教才会招学生。《学记》说的是为学之道,也是讲的为师之道。教与学共属一体的那个事体,现代语言已经丧失了对它的经验和命名。孔子所谓学,往往

---

① 这个意思,尤可见于"子畏于匡,曰:文王既没,文不在兹乎"的感慨。参拙文《文面的似与不似》中的文本分析,见收于拙著《在兹:错位中的天命发生》,上海书店出版社,2007年。

讲的是那个事体。那个事体的丧失经验和命名，与"人"、"文"之间的基本差异有关：文化事业是历史性地一体的，然而，每个人是不可分的。教学可以共属一体，师生无法共属一体。出于师生之间的分立，教学事体的离散不可避免。学习和教养的发生，也许就是一种双重的克服和进入：克服人的独立性，进入文的一体性；同时克服文的一贯性，进入人的独立性。这种双重的克服和转化，大概也就是"文化"一词中的"化"字所讲的意思。人文人文，有文有人。文胜质则史，质胜文则野。不学古人无文，蔽于古文不知人。以古文养活人，以活人弘古文。拙文《学习与知道：论语学而首章疏解》、《年龄的临界》等都有讨论，大家可以批评参考。[1]

读书与写作：养兵与拜将

听松坊：一直在看盖仑和斯多亚时期的材料，博士论文搁笔多时了，心里着急啊。

无竟寓：是要抓紧写了，要说读书准备的话，任何时候都是不够的。有一定积累的时候，就要敢于开始。不过话说回来，写作其实蛮亏的，如果不是因为最近要写《尼各马可伦理学》讲稿，我的很多经史阅读计划，早就完成了。而我现在花一个月写的东西，不过是寒假期间早已想好的一些 idea 的实现而已。时间消耗得厉害。古人说，终日以思，不如须臾之所学。勤于思考和写作的，往往博学方面逊人一筹，很多时候是时间耗费的缘故啊。

听松坊：所以有些人只读不写，觉得那样成就感更大。

无竟寓：可不是吗，每当读书的时候我就有这种感觉。只不过每读一段时间的书之后，就会有种使命感迫使我不得不放下书本，打开电脑

---

[1] 这两篇文章见收于拙著《道学导论（外篇）》，华东师范大学出版社，2010 年。

写作。

听松坊:写出来的东西才能留下来。

无竟寓:所以我们要读写兼顾、读写相长,才是最好的。读一段时间,写一段时间,有得有失,得失互补。

听松坊:是的,这世上什么事都是有得有失的,这是常情。

无竟寓:读写的一个区别,犹如外语单词有被动词汇量和主动词汇量的区别。读得再多,其实只是被动学识。

听松坊:你说得没错,我刚才也想到这个意思。

无竟寓:只有想过、研究过和尝试写过的东西,才是张口即来的、学以致用的主动学识。所以,最好的情况是:首先有比较广博的被动学识,在此基础之上,要有一些烂熟于心、张口即来、随手可用、变化无方的主动学识。这类主动学识可以不多,但是要真正吃透,作为治学纲领,可以随意运用,经常念叨,听者还不嫌烦,因为每次讲的可以不一样,能出新。这样结合起来,大概就接近文质彬彬的要求了罢?

听松坊:没错。

无竟寓:被动学识是备用的武库,主动学识是贴身称手的实战兵器,只有两者兼备才能所向披靡。写作就是操练贴身兵器的一面,要耍得烂熟才行。然后,实战起来又有充足武备,用之不竭,才能无往不胜。

听松坊:备用武库属阴,称手用具属阳。读书写作也是个阴阳结合。

无竟寓:对。又好比被动学识是兵,主动学识是将。兵属阴,将属阳。

听松坊:必须有将的调遣,兵才能用起来。阳主阴从。

无竟寓:对,如果光有博学的被动学识,读书无数,就好比拥有雄兵百万,但是没有一个将领来调遣,恐怕都不敌千人精兵。

听松坊:这样的例子很常见。

无竟寓:而像惠能、维特根斯坦那样的人显然就是那种千人精兵游击队,结果竟然能入百万军中直取上将首级,令人刮目相看。不过,游击队毕竟不足与谋大国,奇兵只能作为偶尔的辅助手段。尤其像那种游击天才,是可遇不可求的。我们这些普通人,做学问还是先老老实实读书打好基础才是正途。

听松坊: 只可惜有些小朋友总以为自己是天才,以为不读书就能嘎嘎独造,结果不但没写出一篇像样的文章,反而浪费了读书的大好时光。

无竟寓: 不过,话说回来,游击队的偶然打击,可以令那些拥有百万雄师但无一将风发的傻大国警醒。这种傻大国就是学界常见的两足书架。

听松坊: 嗯,这个另一个极端的类型,有时是由前一个极端受到挫折后转变而来,有的则是出于天性。

无竟寓: 俗话说,千军易得,一将难求。不过,有时又往往是得来全不费功夫。关键是要做有心人,自然有姜子牙在河边等你。

听松坊: 是,要用心,时不时在心里想着这事。夫子所谓"造次必于是,颠沛必于是"(《论语·里仁》)。

无竟寓: 越是特别难的东西,有时反而变得越容易,这也许是天道的神机不测呢。而读书养兵虽然是个笨活儿,但其实要难得多,需要长期扎实积累。

听松坊: 不过,这毕竟是可以通过努力求得的。所以啊,像我这样的初学者,还是先养兵的好。至于拜将,一是心要诚,二是要看运气了。

无竟寓: 不过,道路的运气是为已经启程的人准备的。读然后写,就能找到自己的道路。

修辞、作曲与洞察人性

无竟寓: 刚才在《尼各马可伦理学讲稿》①中写了一句:"所谓论道,不是畅谈理论,而是纶序阴阳。"中间那个"不是畅谈理论"自觉比较搞

---

① 此讲稿以《仁通与爱智:尼各马可伦理学道学疏解导论》为名,见收于拙著《道学导论(外篇)》,华东师范大学出版社,2010 年。

笑,就是那种不动声色的幽默感。

听松坊:嗯,既贴切又好笑。

无竟寓:又加了一句说明,就更清楚了:"所谓论道,不是畅谈理论,而是纶序阴阳。论通纶,犹如《论语》念作纶语;道则是一阴一阳之谓道。"其实,这个意思在前后文中反复说过,在其他很多文章里也反复讲过,但写作就是这么无聊,必须反复说一个意思。

听松坊:要反复说,意思才清楚。当然,有些意思就算反复说也很难说清楚。一要看什么意思,二要看对谁说。

无竟寓:有时候啊,感觉阅读心理蛮奇怪的:有时候似乎越啰嗦,人越觉透辟,越爱看,不过大多数时候呢,重复啰嗦却只会招人厌烦,真是捉摸不透。

听松坊:就像音乐里的主题,要一直重复才是主题。不过,每次重复要有所变化才行,或变调,或改变声部和配器,或夸张变形,都可以。单调重复自然不耐听。

无竟寓:可见写作和阅读绝不只是个论证的问题,也是一个劝说和被劝说的事情,所以也是修辞的事情、音乐的事情、动听不动听的事情啊。从修辞学来看,动听的重复就是必要的说服术之一,而不是废话了。

听松坊:确实是修辞的事。重复可以让人有记忆。记忆这件事不仅与获得知识有关,作为一种再现,也是引起情感的条件。

无竟寓:音乐也真是的,费尽心思重复一个主题,听众就很陶醉,想想也够傻的。

听松坊:人嘛,就是这样的,不然就是神了。

无竟寓:可不是吗,写作就是洞察人性的练习和人类性情的陶冶啊。犹如治玉,不可一蹴而就,需要反复切磋琢磨。玉石的晶莹透润不正是古人同时用来形容性情和文章的词吗,从中也可以印证这两件事是相通的。

听松坊:《易·坤》所谓"黄中通理"、"含章可贞"。好的性情和文章都是美而不华、质朴含文的。

古典文教与哲学沉思

伦理、修辞与哲学教育：
以《尼各马可伦理学》为例

亚里士多德的《尼各马可伦理学》(后面简称《伦理学》)自然是讲伦理的,但它怎样讲伦理? 这就有一个修辞学的问题。还有更深的问题: 怎样讲伦理学的方式,也就是不同的修辞方式,对于它所讲的伦理学内容本身有否影响? 是不是某种伦理学就必定适合某种修辞学? 另外, 伦理学自然少不了要探讨个人的性情修为,以及人与人的关系。而在性情修为中,自然少不了言辞的修为(如第四卷讲到的社交中的一种美德"机智诙谐");在人伦关系中,也少不了人与人的交谈伦理。所以,在伦理学的内容本身中,似乎也必定包含着修辞学的成分。下面我们就结合《伦理学》的文本,对这些问题进行分析考察。

《伦理学》的文体样式与其伦理学内容的关系

首先,《伦理学》的文体样式与它的伦理学内容之间的关系,值得先做探讨。在这个问题上,人们常把亚里士多德与柏拉图进行比较,乃至与苏格拉底进行比较。苏格拉底只说不写；柏拉图写，但写的是对话，也就是说，他所写的就是人物对话所说的，而且往往据说是一个叫"苏格拉底"的人物与他的对话伙伴之间相互交谈的对话；然后，到亚里士多德的写作方式，似乎就是更加脱离口头说话的写作，也就是开始写作散文化的论理文字，也就是所谓论文。因此，据说亚里士多德是现代论文和学术行业的鼻祖。

然而，果真是这样吗？仔细阅读《尼各马可伦理学》，我们会发现这部经典的文体与现代论文样式之间，只是有着似是而非、貌合神离的相似性。亚里士多德诚然是后世学术论文体裁的鼻祖，不过，在更贴近他自身处境的意义上，他首先更是柏拉图的学生，以及尤其是苏格拉底的再传弟子。苏格拉底与青年们在城邦和居所的每个角落中的对话，经由柏拉图的对话写作，同样隐微地回荡在亚里士多德的论说文体之中。为什么这么说？根据何在？我们可以从两个方面分别进行分析解读。首先，我们不妨透过《伦理学》的论说文体表象，分析它本质上的对话特征。然后，我们不妨梳理一下在《伦理学》中有哪些地方提到了苏格拉底，看看在这些地方是如何与苏格拉底展开对话的。[1]下面我们就通过《伦理学》的文本梳理，分别从这两个方面来展开分析。

首先，《尼各马可伦理学》是一部对话吗？在某种意义上确实可以说它是一部对话，是一部在每一个细节问题上都让各种学派和日常意见都出来发出声音的对话。无需细致的观察就可以发现，非独《伦理学》，而是任何一部亚里士多德的论文著作，以及其中探讨的任何一个细节问题，亚里士多德都从未直接给出自己的结论，而是不厌其烦地让各种各样先前固有的哲学家观点或日常意见出来说话，逐一与它们对话辩驳，直到最后得出结论，或者很多时候并不得出任何结论。而这正

---

① 伯格曾逐一梳理了《尼各马可伦理学》中对"苏格拉底"、"柏拉图"和"哲学"三个词的征引。通过这一梳理，她发现《尼各马可伦理学》实际上是亚里士多德与苏格拉底的一场思想对话。我们这里的分析奠基于伯格的解读之上，并试图在此基础上有所引申。参氏著《义疏》（前揭）附录一"《尼各马可伦理学》中的苏格拉底、柏拉图、哲学"。

是柏拉图所写的苏格拉底对话中常有的情形。这有很多例子可以讲。譬如什么是真正的勇敢、什么是幸福、快乐是不是善、不自制是否可能等各种问题，都是在各种说法和意见之间展开的辨析。在第七卷的一个地方，亚里士多德对他的这种方法给予了非常清楚的说明：

> 就像在其他地方一样，我们必须摆出 *phainomena*[现象]，让自己首先感到彻底的困惑。这样一来，在最好的情况下，我们可以指明关于这些经验的所有普通意见（*ta endoxa*）；如果不能的话，就尽可能多地指证最具有统领性质的意见；因为，如果困难得到解决，而普通意见还得到保留，那么，它就得到了充分的指明。①

《伦理学》的受众对象与伦理修辞的困境

但上面还只是一个粗略的观察，并不能说明《伦理学》就是一部柏拉图式的苏格拉底对话。因为，从文体体裁的要求来讲，一篇论文即使逐一检讨了各种意见，也必定是围绕一个既定主题，而且，论文的论说方式决定了，它不可能岔开主题太远。这是因为，论文必定是一个不直接出场的作者的写作，而不是两个或多个人物之间的你一言、我一语。虽然对话体也必然有一个不出场的作者在背后安排人物的出场入场、话题的递进或转换，但在话题的变化、延展，乃至必要的时候打断话题、插叙、离题等方面，对话体毕竟自由得多。那么，我们是否还能在更深一层的意义上说《伦理学》是一部对话？这需要我们贴近《伦理学》的文本本身，仔细阅读寻找。

---

① Aristotle, *The Nicomachean Ethics*, Oxford University Press, 2009, 1145b2—7. 伯格在其《义疏》（前揭）中对《尼各马可伦理学》的这一论述方法有很多深入分析。

譬如,一开篇涉及《伦理学》听众对象的时候,我们就能发现《伦理学》很可能是一部对话的蛛丝马迹。仔细读文本的话,我们会发现一个奇怪的现象:在《伦理学》的讲授刚刚开始的时候(《伦理学》是讲课记录),亚里士多德对他的听众说,什么人适合来听伦理学呢?年轻人不适合,因为年轻人缺乏生活阅历,还没有形成良好的伦理道德修养,不适合进行政治学、伦理学等人事问题的探讨。但是,另一方面,如果一个人已经形成了良好的伦理道德修养的话,他似乎不需要再来听《伦理学》了。譬如有个故事是说丘吉尔:有人送他一本《尼各马可伦理学》,丘吉尔看后说,这本书教导的东西,我自己在实际生活中早就摸索领悟到了。①

我们知道在亚里士多德的《修辞学》中,听众和场合的不同,对于修辞的分类来说,是至关重要的。那么,现在在《伦理学》的开篇,究竟谁是适合进入《伦理学》学习和探讨的听众却陷入矛盾之中。这个矛盾提示我们,《伦理学》很可能是像柏拉图对话那样,是一场哲学教育的对话。在柏拉图对话那里,我们已经学到,哲学教育就是通过一种特别的对话方式进行的教育,也就是《理想国》里说的辩证教育。辩证就是对话,哲学方式的对话。那么,作为哲学教育的对话或者说辩证教育有什么特点呢?在柏拉图对话那里,我们注意到,对话的一方是一个哲学家苏格拉底,他是教育者,但这个教育者主要不是回答问题,教授知识,而是相反,他主要是提问。对话的另一方是一些已经具备某些成型想法和意见或自以为拥有某些知识、智慧、技能或德性的人。

现在我们可以看到,柏拉图对话的这种格局很像《伦理学》开篇面临合适听众是谁的问题。如果教育者苏格拉底要教给对话伙伴的东西不过是一些知识技能德性的话,那么,他的对话伙伴已经拥有了,不需要再听了;而如果他的对话伙伴完全不具备任何意见、知识或德性的话,苏格拉底的提问也就没有针对的对象了。所以,苏格拉底式的对话

---

① 伯格对此有详细分析,参见氏著《义疏》(前揭)第一章第一节"从善本身到属人之善"。

是一种辩证的哲学的教育,也就是追逐智慧、寻求智慧的教育,而不是像智者讲课那样的灌输意见和教条。这种对话式的哲学教育就体现在苏格拉底对那些自以为有知或有德性智慧的人的反讽和诘问之中。在这种反讽和诘问中,与他对话的人开始学会思考和辩驳,而且,同样很重要的事,这样的思考和辩驳并不会动摇他们已经学会的淳风良俗、伦理教养,而只不过是要在知其然的基础上进一步知其所以然。所以,哲学教育是一个过程,是以言辞本身作为一种行动的过程。这一点无论在柏拉图对话还是在亚里士多德的《伦理学》论文式探讨中,都是一样的。由此可见,《伦理学》虽然披着论说文体的外衣,本质上仍然是柏拉图对话式的以言辞行动的方式来进行的哲学教育。《伦理学》开篇关于受众对象的矛盾,本质上不过是任何作为哲学教育的言辞行动都不得不面临的困境。

《伦理学》的哲学教育修辞与苏格拉底的"第二次启航"

哲学言辞作为教育行动的过程,这一点在《斐多》中,柏拉图是让苏格拉底以"第二次启航"的寓言说出来的。所谓"第二次启航"是苏格拉底的夫子自道:他在临死前回顾自己一生的治学经历时说道,他开始求学的时候热衷自然哲人的宇宙沉思,但后来发现一无所获。他说这样探求真理就像用肉眼直接观察太阳一样,会让眼睛瞎掉。所以,他开始转向各种言辞论说意见,"到 *logoi*(各种说法)里面去寻求庇护",在各种意见的辨析中探求真理,就好像透过墨镜看太阳,或通过水中倒影研究太阳。他管自己的这个转向叫做治学路上的"第二次启航"。[①]

①　参见柏拉图《斐多》99d—100a。可以说苏格拉底的"第二次启航"实际上构成了伯纳德特解读柏拉图对话的出发点,也构成了他的学生伯格解读《尼各马可伦理学》的钥匙。这一思路贯穿了伯格的全部《义疏》(前揭),尤参见其书第二章第三节"伦理德性与中庸尺度"。

第二次启航其实意味着真正哲学的亦即辩证对话式的哲学方法和哲学生活方式的诞生。而且,由于人们在伦理政治人事方面的意见和说法尤其互相歧异,所以,这样一种辩证对话的哲学特别是政治哲学的形态,是政治哲学的生活方式。政治哲学仍然是像自然哲学那样是探求真理的,追求智慧的,但它不是直接面向宇宙的真理,而是关心人事,只不过它对人事的关心是哲学的,是为了获取整全智慧的,是为了探求真理的,而不是为了实际的政治利益。

因此,在第二次启航的哲学生活中,我们就能看到伦理和修辞的独特关系:一方面,第二次启航或政治哲学或作为哲学教育的辩证对话开始引入修辞学,使修辞学成为哲学的核心组成部分,而在此之前,修辞学对于自然哲学来说是没什么意义的,只对诗人和智者有意义;但另一方面,当修辞学被引入哲学之后,修辞学本身的意义也发生了重要的改变:在这之前,修辞学不过是一种实用的工具,诗人们用来使自己的话更动听,政治家用来使自己的话更有说服力,智者用来使自己的话更有蛊惑力。但自从把修辞学引入辩证对话的哲学生活之后,修辞学就成了哲学教育的重要组成部分,有了超越功利的哲学意义。

第二次启航或者说哲学和修辞的结合对于哲学和修辞二者来说都是意义重大的事件,因为它同时改变了两者的性质,避免了两者各自的弊端:对于哲学,它可以防止哲学质胜文则野,对于修辞学,它可以防止修辞学文胜质则史。①

搞明白了柏拉图《理想国》的教育次第和《斐多》的"第二次启航"是怎么回事之后,我们再回到亚里士多德《伦理学》的语境。《伦理学》为什么一开始就说政治科学不适合青年人探讨? 那是因为,如果过早进行伦理政治人事探讨、接触太多各种各样的道德标准、伦理习惯的话,有可能让青年人觉得惶惑不定,无所适从,妨碍他形成比较稳定的良好修养。这个道理在柏拉图《理想国》里是非常重要的话题。就是哲学不

---

① 《论语・雍也》:"子曰:质胜文则野,文胜质则史。文质彬彬,然后君子。"

宜太早学习,否则害人不浅。①

不过,《伦理学》似乎不应单纯是一部对伦理现象进行哲学分析的作品。《伦理学》的读者有理由质问:《伦理学》难道不是学习伦理修养的实用课程吗? 如果我的伦理修养还没成熟,难道不是正好可以通过伦理学课程的学习来完善吗? 这个问题就涉及西方伦理学的传统了。从亚里士多德开始,西方伦理学是哲学的一个部门,是对伦理问题进行探究。那么,人们又要问了,在这个探究过程中,难道就没有伦理道德养成的教育教化吗? 难道只是纯粹中性的、技术性的关于伦理问题的分析探讨吗? 这个又不是了。现代西方伦理学的一些派别,譬如英美分析哲学传统中的伦理学会主张伦理学就只是对伦理道德问题的中性分析探讨,本身并不承担伦理教育的任务。虽然他们也自以为是从亚里士多德下来的,但实际上远远偏离了亚里士多德的本义。

亚里士多德《伦理学》的特殊之处在于:它是一系列关于伦理道德问题的哲学探究工作,同时它也是一整套伦理道德上的哲学教育工作。哲学教育是一种特殊的教育,它既不是灌输知识、意见、教条,也不是纯中性的技术分析、哲学反思批判,而是通过对话进行的辩证教育。在与各种意见进行对话辩驳的过程中,参与探究的读者逐渐被带上了追求智慧的道路。哲学的希腊文是由两个词合成的,philia 和 sophia。Philosophia(哲学)就是追求智慧。它既不是智者宣称可以灌输的 sophia,也不是《理想国》里所谓"咬人小狗"②的那种不带有教育功能的纯粹分析批判的所谓哲学。第二次启航对于哲学的本质意义在于:修辞学对于智慧的追求来说是必不可少的。在这个意义上,无论对话体还是论文体,都必须是修辞学技艺的展现,才能保证这个对话或者论文是追求智慧的,而不是某种现成的理论教条的陈述和证明。

---

① 当前方兴未艾的博雅教育、古典教育、素质教育等提法,其理论基础正是奠基于柏拉图《理想国》的文教思想之上。

② 参见柏拉图《理想国》第七卷 539B。

《伦理学》对苏格拉底的称引作为辩证对话的方式

对上面讲的要点小结一下，我们或许可以说，无论柏拉图的对话，还是亚里士多德的论文，都是一种"第二次启航"方式的哲学教育行动。无论在形式上是否对话，它在本质上都是辩证教育，也就是说，都是本质意义上的对话。这种对话的本质是通过言辞来进行的教育的行动，因而它肯定同时是伦理学的和修辞学的。所以，也许可以说苏格拉底的"第二次启航"这个比喻，充分表达了我们的主题"伦理、修辞与哲学教育"这个题目所要说的意思。

作为一种第二次启航式的哲学教育课程，亚里士多德的《伦理学》并不是为那些尚未形成良好伦理教养的年轻人听的，因为它的任务并不是把一些具体的伦理知识教给听众，同时，他也不是为那些只满足于形成良好伦理道德修养的人准备的，因为那些人本身也不需要进行伦理学的探究。它是为那些在人事伦理上已经"know how"同时又想"know why"的人准备的。同时，这样一种"know why"的伦理学探究不但不会因为接触到各种相互矛盾的说法意见而动摇学习者的伦理德性习惯，而且能增强他们在伦理道德方面的贞定性。

然而，这样一种看似相互矛盾的艰巨任务，《伦理学》是如何完成的呢？这就涉及我们准备考察的第二点，即《伦理学》文本中所体现出来的亚里士多德与苏格拉底的对话。这是一种隐藏得很深的对话，隐藏在论文体裁背后的对话。如何从论文体裁中读出这个对话？这就需要找到一个门径，通过文本索隐梳理的方法，把这个对话清理出来。根据伯格在《亚里士多德与苏格拉底的对话》一书中的研究，清理出亚里士多德隐含在论文体裁背后与苏格拉底的对话的最好门径，是梳理一下在《伦理学》中有哪些地方提到苏格拉底？以及他是怎么提的？他的提法，无论赞同还是反对，与柏拉图对话中的苏格拉底观点是否一致？如此等等。

伯格总结出，亚里士多德的《修辞学》直接提到苏格拉底的地方共有七处。我们来看看这七处都对苏格拉底说了什么：

第一处（第三卷第八章1116b3—5）：对于特殊事物的经验也被认为是勇敢；因此苏格拉底相信勇敢就是epistēmē[知识]。

第二处（第四卷第七章1127b22—26）：反讽之人说话很低调，在性格上显得更有魅力，因为他们这样说话似乎不是为了得到什么，而是为了避免张扬，他们总是否认自己拥有的备受敬重的东西，如苏格拉底常做的那样。

第三处（第六卷第十三章1144b17—21）：所以有些人就说所有德性都是phronēsis[明智]的形式，而苏格拉底在某条路上的探索是对的，在另外方面是错的；在相信所有德性都是phronēsis的形式这一点上他是错的，但在如果没有phronēsis便没有德性这一点上，他说得很漂亮（beautifully）。

第四处（第六卷第十三章1144b28—30）：苏格拉底因而相信德性都是logoi[逻各斯、理性]，因为它们都是epistēmai[知识]，而我们相信它们是与logos一起[发挥作用]的。

第五处（第七卷第二章1145b23—24）：正如苏格拉底所相信的那样，如果一个人内在地拥有epistēmē而又像奴隶一般被某种外物统治和驱使，这是很荒唐的。

第六处（第七卷第二章1145b25—27）：苏格拉底一直完全反对这种logos[说法、观点]，仿佛根本没有像akrasia[不自制]这样的东西；因为没有人会去做与他认定为最好的东西相反的事情，除非是出于无知。

第七处（第七卷第三章1147b13—17）：由于后一个前提并不是普遍的或像普遍知识那样的被认为是科学的知识，所以，苏格拉底所寻求的东西就似乎是对的；因为当感情形成[主导]的时候，呈现出来的知识就不是所寻求的在统领意义上的[科学]知识，也不是出于感情而被拖拽来的[知识]，而只是感觉。①

限于主题和篇幅，对这七处引文我们不可能逐条细读，只满足于大概做些分析。这七处引文集中在第三卷到第七卷，都是在涉及具体德性问题的语境中出现的。这些引文对苏格拉底有批评，也有有限的赞同，但以批评为主。这些引文主要围绕一个问题，就是德性与知识的关系问题，或者说是伦理与逻各斯的关系问题。在一定程度上，这个问题与我们这里涉及的伦理与修辞的关系问题也是关系密切的。

亚里士多德先是在第三卷论及勇敢这种具体的伦理德性的时候，批评苏格拉底把德性等同于知识(epistēmē)。在这个语境中，亚里士多德提到了上面我们谈到的"第二次启航"问题。他批评苏格拉底把德性等同于知识是逃到 logos 里面去寻求庇护，忽视伦理德性的习性养成，仿佛一个病人只满足于医嘱和医学理论，而并不切实按照医生的嘱咐去做，那样的话，无论医理说得多么漂亮也不能获得健康。不过，我们应该注意到，亚里士多德的指控来源并不确切。因为在柏拉图对话《拉卡斯》中，说勇敢这种德性是一种知识的观点并不是苏格拉底说的，而是苏格拉底的对话伙伴尼西亚斯提出来的。这个观点并不是苏格拉底的定论(他可能没有什么教条式的定论)，而只不过是在讨论的过程中，由苏格拉底通过反讽提问的方法诱导对话伙伴提出来的，而且，任何一种说法的提出，对于柏拉图对话的哲学教育目的来说，只不过是实行辩证教育的中间步骤，它的作用只不过是引起苏格拉底的进一步诘问。那么，亚里士多德难道不知道这个观点在《拉卡斯》中并不是苏格拉底本人提出的吗？作为柏拉图的学生，这种可能性不是没有。那么，如果他知道这一点的话，为什么他仍然要把这种意见安在苏格拉底头上？我想这仍然是柏拉图通过意见辩驳而来进行哲学辩证教育方法的延

①　参见伯格《尼各马可伦理学义疏》(前揭)第 341 页"附录一"。

续。因为在亚里士多德看来,无论苏格拉底本人如何,无论柏拉图对话中的苏格拉底形象如何,苏格拉底这个名字确实已经成为某种教条性的主义论说的代名词。这种主义或许可以称为智性主义(intellectualism)。难道不是直到今天分析哲学还自以为是苏格拉底精神和方法的正宗传人吗?所以,亚里士多德首先要破除那种以苏格拉底为名号的纯粹智性主义意见,强调伦理德性必须在具体实践中通过习性修养来逐渐养成。

　　但是,接下来我们就会看到,到第六卷讲到理智德性的时候,亚里士多德又在一定程度上同意了苏格拉底关于一切伦理德性都有赖phronēsis的观点。Phronēsis是一种理智德性,在某种意义上也是一种知识,只不过是实践方面的知识,与纯粹理论知识有别。但它毕竟是一种知识,而不是像诸如勇敢、节制等德性一样属于那种通过习性养成而来的性情习惯,所以,《伦理学》的第六卷把phronēsis归作理智德性的一种,与epistēmē、sophia等知识形式并列。那么,当亚里士多德在一定程度上承认了苏格拉底重视理智的观点之后,我们就能领悟到,实际上亚里士多德绝不单纯是一个只关注具体修养技术和治理技术的政治科学家或伦理学家,而根本上是一个政治哲学家。政治哲学与政治家伦理家一样重视在实践、风俗和法律中的性情修养、伦理养成,但是,面临风俗法律、伦理道德等nomos(礼法)的多种多样,甚至相互矛盾的现象,政治哲学还必须思考nomos背后的physis(自然),以便在人事伦理上达到一种通达的贞固,免得一切行为如果只是出于习惯的话,难以抗拒理性反思的侵害。这一点在第七卷谈到akrasia(不自制、缺乏自制)问题的时候就更明显了。在那里,亚里士多德提请我们注意到,单纯依赖风俗习惯、习性养成的伦理德性,是不足以在任何时候都持守善道的。而只有那种在正确的logos理性指导之下的良好伦理习惯才是贞固而开通的。这一点正是柏拉图《理想国》的主要思想之一。

《伦理学》与现代哲学的古典文教渊源

　　最后,我们不妨小结一下上面分析到的两点,即第三卷对苏格拉底智性观点的批评和第六卷对那种类似观点的赞同。把这两点合在一起看,我们才能看到亚里士多德与苏格拉底对话的全貌。第六卷对苏格拉底智性观点的一定程度上的赞同,正好反证了我们在读第三卷批评苏格拉底时的推测,即亚里士多德表面上对苏格拉底的批判主要是针对那种苏格拉底主义的,而在重视理智的实践意义这一点上,亚里士多德实际上仍然是苏格拉底和柏拉图一系的传人。而且,通过与苏格拉底主义式的意见进行批判辩驳,亚里士多德实际上继承了苏格拉底和柏拉图的辩证对话传统,虽然他采取的文章体裁改成了论文的形式。通过批评流行的苏格拉底主义意见而继承发扬真正的苏格拉底精神,这正是柏拉图通过写作哲学对话来进行哲学教育的实践行动方式。在这一点上,亚里士多德论文是柏拉图对话的另一种形式,而绝不是现代论文的鼻祖。现代论文和现代哲学显然也可以视为一种流行的亚里士多德主义形态,而为了真正读懂亚里士多德,我们要做的第一件工作似乎也应该学习亚里士多德本人的方法,首先对亚里士多德主义进行批评清理。

　　这就引导到我们最后想说的一点,也算是一个总结和引申,即总的来说如何疏解亚里士多德的论说文体,实际上可以成为西方经学通古今之变的一个关键。亚里士多德式论说文体所承载的"科学体系"及其论证方式,构成了经由经院神学以至今日学院科学体制的源头之一,但是,如果我们切合文本细读《尼各马可伦理学》的话,可以发现这个近世科学的源头有其自身的源头,这个源头便是在柏拉图的哲学戏剧写作中风云际会的希腊诗文传统与苏格拉底的以对话为教化方式的哲学传统。而西方哲学的这个文教传统背景,正是我们为什么要在《尼各马可伦理学》这部哲学伦理学著作中考察修辞学问题的依据。也许可以说,只有读懂了修辞学和诗学,才有可能真正读懂伦理学和政治学,而只有逻各斯和人事的结合才是真正的哲学。

札 记 十 一 则

说与写:苏格拉底、柏拉图
和亚里士多德的政治生活与哲学生活

或问苏格拉底之死与柏拉图政治生活及哲学生活的关系。答曰:
《申辩》中的苏格拉底自述说,他的 daemon 告诫他不要从事政治,所以,
他在参与了一些政治活动并险遭不测之后就淡出了政治,专心哲学探
究和谈话了。他的受审并非直接因为类似于早年经历过的政治风险那
样的政治原因,而是因为——如果可以这样说的话——宗教的和教育
问题上的原因,或者说就是因为哲学原因,或者更准确地来说,是因为
这种哲学的生活方式带来的政治后果,而不是因为他的某种直接的政
治生活本身的缘故,导致他的受审。

而柏拉图倒是让他的哲学生活和政治生活相伴而行了一辈子。哲
学对话的写作据说可分三期,政治上的尝试也是从中年到晚年三赴叙
拉古。柏拉图的政治热情似乎比苏格拉底更大。与其说柏拉图从苏格
拉底之死中学到的教训是不要参与政治,还不如说是要改变哲学生活
的方式:他不再毫无顾忌地到处找活人聊天,而是坐在屋里写死人的对

话。与活人的交谈也有,不过从他开始就局限于学院内部的讲课了。苏格拉底曾经用来说的,柏拉图开始用来写——二者之间的一致程度有多大,当然是大成问题的——而柏拉图开始说的方式,已经完全不是苏格拉底式的反讽了。柏拉图对哲学生活方式的重大变革在于,哲学生活被分成了说和写两个方面,而且写的恰恰是以前苏格拉底所说的,或至少是假托人物口说的。到亚里士多德又重新取得了某种意义上的说写统一,而这时的统一毋宁是说归向写的统一,或写对于说的统一,只不过这个写所写的东西,不再是苏格拉底与人谈话时所说的方式,而很可能是柏拉图讲课时所说的方式了。

柏拉图对话与文质彬彬

柏拉图对话《斐德罗》和《斐勒布》里面关于 Theuth(叫修斯)神话的不同讲述,很可能是理解希腊文质关系的一个要点。《斐德罗》只谈到 Theuth 创造文字,没说如何创造以及创造什么形式的文字。《斐勒布》则告诉我们是通过音素离析的方法创造字母文字,记录语音。如此理解的语—文关系可能规定了希腊文质关系的基本理解。

比较《周易》和《说文解字》许慎序关于先王如何造字和造什么字的记述,中西文质之辨的不同可能会有一个比较清晰的图景。这个不同带来的影响,譬如说在孔子和柏拉图那里,同样是有书写有口传,但是为什么书写、为什么口传的理解却是不同的。

在柏拉图那里,口传和书写是严肃和游戏的对立、真理和意见的对立,这意味着对于他来说,文质是不相容的,质是排斥文的,为了复质必须黜文,这种态度比较接近极端的今文家立场。但孔子面对文,却不是极端的今文家态度。这个复质的素王之所以是王者,正在于他不只是素王(即质王),而且是文王("文王既没,文不在兹乎?"又《春秋》首立文王义)。先代流传下来的浩繁文史典籍(而不只是 mythos 口语诗)对于他来说就不仅是充满了芜杂内容的繁文(《尚书孔序》"芟夷"),而且也是严肃的甚至是最严肃的质料,借以复质的文料。文质相因相复、相反相救,并不是你死我活的对立关系。口传可以是大义的,也可以是巧佞的;书写可以是微言的,也可以是无节的。

因此,对于孔子来说,为了在文胜的处境中达到复质的任务,必须从两个方面同时开展工作:一边对书写文献进行寓含微言的重新书写(笔削、改写、编纂),一边对各种不同的弟子进行不同的口传教诲,其中尤其是教给一些年轻的弟子们如何解释文献经典之微言的大义。于是,从前一种工作就诞生出后世有古文倾向的儒家,从后一种工作诞生出今文倾向的儒家,而孔子本人则永远超出于任何一派儒家之上。

但柏拉图岂不也是如此超出任何一派柏拉图主义之上? 根据《斐德罗》,柏拉图未成文学派痛斥那些看重柏拉图对话的人是被柏拉图的文字给耍了。对于那些根据柏拉图对话来构建理念论体系的学院学者来说,未成文学派有很强的点醒之功。不过,如果柏拉图本人乐于玩这种书写游戏的话,那么,这种游戏就似乎有某种超出游戏的严肃意义。在这个意义上,柏拉图与孔子在文质之辨上的区别似乎又缩小了:可以说他们都采取了以文救质的方法,走向了文质彬彬的道路。[①]所以,柏拉图未成文学派的主张虽然突破了学院理念论的樊篱,但是,它似乎走向了另一个极端。也许可以说,他们虽然没有被一般意义上的柏拉图成文对话所迷惑,但是他们似乎是被《斐德罗》这一篇成文对话(以及第七封信等成文文献)给耍了。因为,也许正是这一篇戏剧性对话所谈及的Theuth 神话提醒我们这些后世的读者,如果完全无视这些文字游戏的微言大义,又能到哪里去现场聆听已逝哲人的言谈呢? 所谓教育和传承,不就是由斯文而见斯人吗? 由阅读而闻圣言吗? 子畏于匡,子曰:"文王既没,文不在兹乎? 天之将丧斯文也,后死者不得与于斯文也;天

---

① 此点可参见本书《尼采、柏拉图与戏剧的教育使命》最后一个脚注。

之未丧斯文也,匡人其如予何?"(《论语·子罕》)

王制与 politeia

《经典与解释》以"王制"译柏拉图对话 *politeia*,道里诸君颇有不解。无竟寓曰:揣摩 politeia 译为"王制"之意,可能主要是针对现代民主政治的考虑。这一考虑的基本根据大概在于:二者都是一种基于德性的等级、教育和提高系统。在这个基本点上,politeia 和王制都有别于现代性基于平等权利假设的欲望等级系统。因此,以王制译 politeia,可以教育现代中国喝洋墨水的多数知识人知道,被他们弃之如敝屐的中国传统思想恰恰是与他们崇拜的现代西方思想的古代源头相互吸引的。因此,这是一种富有现实意义的翻译,或者说哲学翻译作为政治行动。

不过,从政治空间的尺度上来考察,politeia 确实只相当于经礼堂所谓"国制"、"邦制",尚未达到王制的天下高度。Politeia 在言辞中的城邦设计,主要是考虑一个城邦内部各部分的结构。城邦被比喻为一艘船,说明城邦之外完全被理解为自然的野蛮力量:大海。来自邻邦的人是陌生人。城邦与异邦处于高度敌对状态。城邦之间的关系,尤其是战争,缺乏共同的天下制度和礼法框架的制约调节。城邦的部分被比喻为灵魂的部分、身体的部分,也从微观方面说明了:politeia 已经隐含地表明,它虽然根本区别于后来的人道主义,但它已经是某种意义上的人学,而不是像《王制》那样一开始就是仁学。宏观方面讲,《王制》损益继承了《禹贡》、《周礼》以来的畿服制度,吸收转化了法家的成果,落实了《春秋》的大一统思想,很早就完善了普世大地政治的问题。这一伟大政治格局的形成,构成中华帝国的基础(帝国这个词并不合适),一直影响到今天。民到于今受其赐。而这个在西方是要等罗马立基督教为国教才暂时解决的,而且这个解决很快被证明是失败的。这一失败的后果一直影响到现代欧洲。民到于今受其害。

从时间方面来考察,二者诚然都是为万世立法;不过,如何面向时间问题以为万世法的方法却不一样。Politeia 是逻各斯的言辞设计,它处理时间问题的方法是"截断时间之流"①,是通过"是"的逻辑来达到日正明照的不动;相比之下,王制可以说是"易"道的日月经行、与时偕行②:时间性并不是有待克服的缺陷,反倒时间性本身恰恰是王制遵循天命来运行的依据,和根据历史变化来损益的消息。③

柏拉图、尼采与哲学诗歌之争

某生以尼采、狄奥尼索斯立场批评柏拉图"蓝图政治"。无竟寓曰:切勿简化荷马—柏拉图之争或所谓诗与哲学之争。尼采是在现代语境中提醒这个争执紧张关系的重要思想家,不过,他的模式似乎是不足的。对尼采的理解,尚须把他本人置身于诗与哲学之争的语境中,以判定他在这个争执中的位置,而不是把他视为脱离干系的判断标准。

实际上,柏拉图并非设计"理性蓝图政治"的哲学家。柏拉图对神话、诗和礼法习俗的重视并不亚于卢梭和尼采一类人物。只不过,神话、诗和礼法习俗这类所谓"非理性"的东西在尼采那里成为哲学原则,或反启蒙的启蒙原则。所以,不是柏拉图而是尼采,才是更哲学的。因此,尼采成为后现代的哲学家,而非神话诗人和神话政治的继承人。尤其需要反思的,是那些借尼采的外衣登台的现代神话政治、反启蒙的启蒙和反现代的现代,给现代人带来了最大的现代性灾难。

柏拉图的出现,与其说是启蒙哲学与蓝图政治的滥觞,还不如说是

---

① 参见洪涛:《逻各斯与空间》,上海人民出版社,1998 年。
② 参见丁耘《是与易》,见氏著《儒家与启蒙》,生活·读书·新知三联书店,2011 年。
③ 参见拙文《道路与广场》,见收拙著《在兹:错位中的天命发生》,上海书店出版社,2007 年。

在一个业已喧嚣尘上的礼崩乐坏的和百家争鸣的理智蓝图世界,出现了一位用哲学剧本的形式,也就是诗与哲学之争的形式来复归荷马传统的人。这个人不唱颂荷马,甚至扬言驱逐诗人,因为他要面对一个神话世界已坍塌但诗艺繁荣的时代。这个人不教授智慧,甚至百般嘲讽智者,因为他要面对一个奥德修斯(聪明人)已返家但家园荒芜的时代。孟子曰:"王者之迹熄而《诗》亡,《诗》亡然后《春秋》作。晋之《乘》,楚之《梼杌》,鲁之《春秋》,一也。其事则齐桓晋文,其文则史。孔子曰:'其义则丘窃取之矣。'"(《孟子·离娄下》)

时间性、自足性与沉思的幸福

某生读《尼各马可伦理学》,以为"作为一种自满自足的活动,整个下午的冥思并不高于一小时的冥思"。无竟寓案:半小时和一下午的问题,触及关键,就是时间性之于自足性的关系,从而涉及自足与幸福的关系。就《尼各马可伦理学》而言,拙文《尼各马可伦理学的道学疏解》[1]谈到过亚里士多德对此问题的某种矛盾之处。

《尼各马可伦理学》(1097b10—15)一处文本谈到自足时,包含了家庭、朋友等许多外在因素,而当它可能显得无穷无尽的时候,他就延迟"到后面再说"。这个"后面"或许是指第八、九两卷关于朋友的考察。而当全书到达结尾,貌似获得了近似于神的静观沉思生活的最大圆满自足的时候,关于全部这种生活的外在保障(即城邦与治国之道)却不得不全部延迟到下一次考察:《政治学》。一部追求自足的书,不得不是半部书,一再延迟的书;犹如追求自足的人的幸福,不得不是半个神的幸福,一再延迟的幸福。时间性或不得不一再延迟的那种东西,可能是

---

① 参见拙著《道学导论(外篇)》,华东师范大学出版社,2010年。

这种情形不得不然的关键。由此,我们必须反思,亚里士多德所谓自满自足的哲学沉思活动是不是容易达到的? 乃至,是不是那么容易理解的? 自足的、超越时间性的沉思,与总是不自足的、不断延迟的、时间性的现实生活之间,是否可以划分一条截然区分的界限?

《尼各马可伦理学》(1100a10—15)一处文本引用梭伦名言"看到最后"(或"盖棺定论")。梭伦的话意在提醒一个志得意满的僭主:权力和财富只是暂时的,幸福与否还要往后看。所谓"盖棺定论":幸福的主语是人,一个完整的人;而吊诡的是,只有迟至一个人死亡的时候,他才是一个完整的人,或者说才"是出"他的全部不得不一再延迟的可能性(或者因为子女的缘故,这个过程还将一再延迟)。"死"与"是"紧密相关。因为死的延迟,"是"的判断不得不延迟;"是"的判断不得不延迟,思的自足性就不得不延迟;思的自足性不得不延迟,幸福的圆满就不得不延迟。永生作为幸福的终极保证,可能本身就是时间性作为延迟。在这个意义上,时间与永恒取得了一致,但却是具体的一致,而不是形式上的对立,或者 nunc stans(持续现在)和机械延续意义上的一致。

"幸福"的古今之变与中西之别

道里诸君讨论亚里士多德《尼各马可伦理学》中的幸福概念。经礼堂作《也论幸福》,"希望大家用西文探讨西文,以中文回归中文",以为幸者"偶然所得",福者"尽诚所得",不宜混同。无竟寓曰:古希腊的eudaimonia不但翻译为中文成问题,其实英文翻译也是勉为其难的。一般译作 happiness,但几乎每家译本都会遗憾地附注(或另撰文说明)这实在是个不得已的翻译,并不准确。主要问题在于 happiness 在现代英文中易与 pleasure 混淆,而 eudaimonia 与 hēdonē(一般译作 pleasure,中译一般作快乐)的区分在古典作家那里恰恰是理解 eudaimonia 的入口。eudaimonia 由前缀 eu 和 daimonia 组成。eu 是好的意思，daimo-nia 有鬼神之义。《尼各马可伦理学》引用过梭伦名言"盖棺论福"，可与经礼堂的一些意思相通。

经礼堂论"幸"，大致相当于希腊古典作家的 tuchē，拉丁文作 fortu-na，英文一般作 fortune、luck 或 chance，中译一般作"幸运"、"机运"。如同经礼堂分别处理幸和福，希腊罗马古典作家亦未混同二者，很重视 tuchē 和 eudaimonia 的严格区别。

然而，在中文学界谈论西学，如果直接谈论外文，或者在中文译名后面附注外文，这样诚然更加准确，避免含混，但是，这种"准确的做法"只对读书人有用，甚至只对熟悉外文的西学专业学者有用，对其他学者，尤其对绝大多数普通听众来说，这种"严格的精确的做法"是没有用的。这是"用西文探讨西文"的困难。

另一方面，更大的困难是"以中文回归中文"。经礼堂所论"幸""福"的混用，实际并不是发生在我们所要翻译的古典西文里面，而恰恰是发生在中文里面，更准确地说，是发生在现代汉语里面。并不是因为亚里士多德混同了"幸"和"福"，所以我们翻译的时候也错误地把"幸"和"福"连在一起；而是因为现代汉语的"幸福"本身就是一个词，然后，我们翻译亚里士多德的时候知其不可而用之。混用"幸"与"福"的词"幸福"并不是一个外文词，而是一个中文词，现代中文词。因此，问题的关键可能并不在中西之别，而在于古今之变。

在"幸福"问题上，我们可以观察到：无论西方还是中国，都发生了这样一个幸福观的古今变化：那就是以偶得的幸运取代虔诚的福祉，以情欲的快乐取代德性的愉悦。语言是思想变化的征象。所以，无论在西文里面，还是在中文里面，我们都发现了如此类似的一个古今变化：古代西文的 tuchē、hēdonē 和 eudaimonia，一贬一褒，是有严格区别的，而现代西文的 luck、fortune、pleasure 与 happiness 都已经成为意思相近的褒义词；同样，在古代中文经典中有严格褒贬含义之不同的"幸"和"福"（正如经礼堂所辨），乃至"快"与"乐"，到现代汉语中都已形成了不加分别的"幸福"、"快乐"。这种变化不是某个民族语言的个别现象，而是中外同然的古今之变，是人类文明的普遍退化所致。在这个问题上，中西古典面临共同的现代性问题和共同的复古任务。为了挽救人类，中西古典学者必须团结起来。

类似"幸福"、"快乐"这样问题重重的现代中文词汇还有很多。一个主要的技术性问题是双声化带来的。单字越来越少用。挽救文化的一个重要举措是提倡多读古文、多用古文。不过，正如原汁原味的西文无法普及一样，古文也是无法普及的。有现实意义的，还是现代汉语的工作。古典学者应该多读古文，多写现代文；批判辨析改造现代文，俾使现代文一再回到古文的精神，保持古今文化的良性互动，持续激发古代文化的活力，为现代文化输血，养活现代人，挽救现代人，防止现代文明走向封闭、堕落和死亡。

譬如就"幸福"这个现代中文词语来讲，还是可以辨析和挽救的。实际上，双声化组词的现代中文词语还是分主次的。如"幸福"这个词中，"福"是重点，"幸"是莫名其妙地拿来陪衬的。要表达"幸"这个意思的时候，现代人就不说"幸福"，而说"幸运"了。当然，在"幸运"中，"幸"又是重点，"运"则是陪绑。要强调"运"这个意思的时候，现代人又不说"幸运"而说"机运"了，如此等等。现代汉语是一种首鼠两端的滑头语言，像现代人一样不老实。改造和建设现代汉语任重道远。

《尼各马可伦理学》中的 aretē ēthos 和 orthos logos

带诸生读《尼各马可伦理学》，或问"aretē ēthos"翻译问题。无竟寓答曰：《尼各马可伦理学》中的 aretē ēthos，一般英译 ethical virtue 或 moral virtue，中译一般作伦理德性或道德德行，都不太好。Rowe 译作 excellence of character，比较可取。中译或可作性情之德。分析：aretē

作 virtue,难免用拉丁文格义希腊文。virtue 的拉丁辞源本义男子气概,aretē 希腊文本义"优秀"、"卓越"、"有……之德",故 excellence 胜于 virtue。ēthos 本义性情习惯。在哲学之外的希腊文本翻译中,ēthos 译作 character 是常用情形。拉丁文用 mores(英文 moral)译它之后,方有更多"道德"含义。又近代伦理(Ethics)、道德(morality)分途,"道德德性"这个译名犹不可取,因为它在最大程度上把意思误导到形式化道德的方向,而原本在亚里士多德那里讲 aretē ēthos,是特别强调具体伦理生活经验的。(参见 Broadie 疏 1103a4—5)

关于 orthos logos:廖译中文"以正确的方式,按照逻各斯的要求",原文就两个字:orthos logos,通常英译作 right rule 或 right reason。B & R译疏本很特别,作 correct prescription,大概特别取"处方"之义。译疏分析说:rule 不合适,因为它是普遍有效的,而这里的 logos 虽然是理性,但它是具体理性,犹如一人一方,不是万金油。right reason 不可取,因为它容易导致误解,以为这里说的是 right reasoning,正确的推理(参见 Broadie 疏 1103b31—2)。中文这里不作翻译,以音译出之。这点补充说明或有助益。

伯纳德特论柏拉图全集结构及伯纳德特命题深意

伯纳德特《柏拉图的真作与伪作:评库珀版柏拉图全集》①可谓柏拉图对话的象数学,与 Thrasyllan corpus 本的"四九三十六"相比,伯纳德特对柏拉图对话篇目的梳理算是一个(4+3)+(4+3)+4+(4−1)的结构。最后这个减一,即智慧或哲学的缺失,谜底可能恰恰就是柏拉图全部对话本身,亦即全部对话字面底下未曾明言的东西。这也是文章

---

① 此文中译本参见《启示与理性》第四辑《政治与哲学的共契》,上海人民出版社,2009 年。

为什么最后以《斐多若》结尾的原因。不过,伯纳德特说《斐多若》是唯一谈到书写问题的对话,却似乎话里有话。事实上,《斐勒布》也谈到创造字母和书写的 Theuth 神话。那么,伯纳德特的三七减一结构为什么完全不提《斐勒布》?或许是因为《斐勒布》的主题恰恰是智慧,以及智慧与快乐的关系,而这正是哲学之为智慧之爱的核心秘密,后来由亚里士多德在《尼各马可伦理学》中道出。

伯纳德特的(4＋3)＋(4＋3)＋4＋(4－1)结构不妨图示如下:

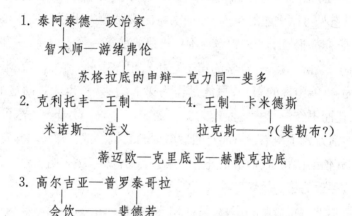

另外,伯纳德特这篇文章的题目"柏拉图的真作与伪作"其实也是很有深意的。从"现代古文家"的考据学意义上的真作伪作辨析出发,作者谈到的篇目既涉及真作,也涉及伪作。但作者这样做并非意在消泯真作伪作的问题,而只是转换了问题的意义。对于使用 Theuth 技艺的古典作家来说,在某种意义上,伯纳德特这篇文章可能是希望我们明白,他的所有真作即伪作,所有伪作即真作。这并非只是政治哲学或修辞学。所谓理念与摹本,亦复如是。

想起伯纳德特的另一篇文章,《The First Crisis in First Philosophy》①,

---

① 樊黎中译文见:http://daoli.getbbs.com/Post/Topic.aspx?TID=203949。

题目也是特别耐人寻味的：crisis 在这里字面意思是危机；深层意思，也是希腊文的本来意思，是裂隙和看见。不会到这一层意思，我们将无法理解，为什么起首提了一句"亚里士多德《形而上学》真正开始于第二卷"之后，就不再回到形而上学这个第一哲学，而是通篇都去谈赫西俄德的上古神话了。《形而上学》第二卷是第一哲学的第一个危机即裂隙出现的地方，因而也才能是第一哲学真正可能开始的地方；缪斯是第二神谱即奥林匹斯神谱中才出现的神，因而也是赫西俄德对于第一神谱即泰坦神谱的叙述可能开始的地方。对于所有这些在第二轮才出现的可以看见可以讲述的东西，伯纳德特的文章致力于说明的真正困难在于，它们都根植于那未曾看见不可讲述的前第一形态之中：一开始就是Chaos，裂隙。《第一哲学的第一危机》，根源于此。它甚至在形式上表现为：可能出现的第一，只能是作为第二的第一，也就是回忆的、追溯的、述而不作的第一。而作为第一的第一，只是 mythos。这可能是哲学生活方式不得不一直面对的最深刻的危机。把这样一篇文章作为一本书（伯纳德特著《情节论证》）的第一篇，作者意在表明，诗与哲学之争构成了他的第一关怀。

伯纳德特命题的用心，又譬如 *Sacred Transgressions*，已有中文译为《神圣的罪业》[①]，其实不妨译作"罪过"，因为这里强调的是逾越之过。当然，"业"是佛教名词，在这里可用以显出安提格涅兄妹对父罪的业力报应。不过，这是很好的巧合，却并非作者命题本意。

伯纳德特与海德格尔释 technē 与 deinos

复之来信问：最近在道里书院论坛看到张志扬老师的《大地、冥府：

---

① 参见伯纳德特：《神圣的罪业》，朱振宇、张新樟译，华夏出版社，2005 年。

对显白技术之罪性的追问》，里面谈到海德格尔和伯纳德特对《安提戈涅》的注疏。其中，海德格尔的论述中谈到一个词：technē；同时，伯纳德特也用了一个词：deinotēs。这两个词都被翻译成"技艺"（《形而上学导论》和《神圣的罪业》里就是这么翻的，也没有特别注释）。technē 被海德格尔用来解说 deinon 之二重性其中一端。deinon 据海氏说是"可怕的"、"强有力的"，而伯纳德特直接解作 deinotēs，技艺。这两个"技艺"本身指的是什么？有什么区别？希腊人在哪里用 technē，哪里用 deinotēs？

无竟寓答曰：deinotēs 是 deinos 的名词形式，伯纳德特在《神圣的罪业》中谈论安提格涅第一合唱歌中的 deinos 一词的时候，直接提及 deinotēs，是在说一个词，不能说是"把 deinos 翻译为 deinotēs"。deinos 这个词，Liddell & Scott 辞典训义有三：可怕，强有力，聪明机巧。作机巧时，颇有贬义，小聪明，over-clever。如亚里士多德《尼各马可伦理学》第六卷谈明智与聪明的比较，聪明就是用的 deinotēs。technē 不妨翻译为技艺，deinotēs 不妨翻译为技巧。technē 在《尼各马可伦理学》第六卷正好也谈到，是灵魂获取真理的五种方式之一。明智phronēsis 亦是其中之一。deinotēs 则不能位列真理方法之一，不过是一种小聪明而已。安提格涅第一合唱歌用这个词来指人类的机巧，大概是带有忧患和警醒意味的歌颂人类的聪明能干，无所不能。海德格尔从中烛幽发微，探讨了强力、技术与西方形而上学命运的关联，伯纳德特则从中引发出人类律法与自然法则之间的关系，皆属题中应有之义，学者贯而通之可矣。

潘多拉与哲学

复之作文论潘多拉。无竟寓曰：读一种解读经典的读法，不是记住它的某些结论,而是学习它的方法,尝试自己来这样读经典,这是非常正确的学习道路。这种简洁而多转弯,并因多转弯而复杂,且以其复杂而愈显主题简单的写法,非常好。将来如能日积月累,蔚然成章,善莫大焉。

复之以为哲学离不开爱欲,"但 philia 或 erōs 不可能是没有杂质的。剔除这种杂质,净化 philia 的过程就是柏拉图在《会饮》中示范的辩证法。它不是通向哲学的道路,而就是哲学本身,是 philo-sophia。"无竟寓曰:这也就是苏格拉底所谓逃到言辞中去的第二次启航(《斐多》99d—100a),也正因此哲学才不得不是辩证法,也从而不得不与智者的机巧、剧场的幻象终生为伴。直视太阳致盲眼睛的危险刚过,阴云蔽天不见天日的威胁随即降临。一阴一阳之谓道,如何得见?哲学这件几不可能的事,岂不是迄今一直表现为两种貌似的形态之中:要么据说是"真理的洞见",要么据说是无休无止的对话、辩论、批判,真理自会由"第三只手"送来。洞见质胜文,辩论文胜质。子曰:"文胜质则史,质胜文则野;文质彬彬,然后君子。"(《论语·雍也》)

对话:中国与希腊的天地神明

宇文怀远:我这边(指美国)一个教师讲禅宗,讲了两次课,我最后说了一句,其实很简单,就是吃饭时只有吃饭,但他完全不领会这一点。

无竟寓:可想而知。我在德国也有过类似的经历。

宇文怀远:他们搞得很复杂,却抓不住肯綮。可能逻各斯传统与道的传统确实有差距。

无竟寓:非独中西之别,还有古今之变。逻各斯在现代西方也已经是一个脱落下来的东西,远不是希腊人的逻各斯了。

宇文怀远:对,就是觉得他们讲得很多,不再有切身之感。

无竟寓：而自以为切身的又变成了所谓艺术家、宗教人士和文化批判的媒体学人。学术已经严重脱离生活。

宇文怀远：是的。走不到每个个人的身心上去，这是逻各斯传统的问题，犹太传统也有这样的问题。最后社会政治文化方面的架子搭起来了，而架中的人却成了问题。

无竟寓：但在古希腊其实完全不是这样。在柏拉图和亚里士多德那里，没有任何政体是完全可靠的，没有制度神话，而人的完善则是全部目的。

宇文怀远：对，古典时代的主体贵族：主体是那些不用为生存发愁的人；西方的基督教，既不是犹太人的，也不是希腊人的，但却是西方人的。觉得他们的层次就是比佛教还低，但他们对政治的补充作用以及组织形式却赋予了他们灵魂本身，尽管信仰上并不高明。

无竟寓：其实今天西方发达国家缺衣少穿的人也是少数，甚至在欧洲福利国家完全没有，但贵族还是零。而在希腊，希罗多德和悲剧诗人笔下的僭主、柏拉图对话中的很多贵族，甚至亚里士多德《尼各马可伦理学》中的最高伦理德性典范"megalopsychos"（灵魂宏大之人）虽然是大贵族，其实也不能像哲学家那样自足。一句话，在希腊贤哲眼中，所谓贵族并不只是社会经济意义上的，也不只是政治特权意义上的。Aristos(贵族)的字面意思不过是最好的人。

宇文怀远：是啊。但我有时觉得困惑，希腊这么高的理想，竟然被吸纳在基督教文明的架构中。在今天，生存问题解决了的情况下，其实到了培养"精神贵族"的时候了？

无竟寓：不可能。柏拉图和马基雅维利强调，恰恰是在条件艰苦的环境才有可能培养德性。

宇文怀远：是啊。我处在美国的圣经宗教带，这个地方的人们对圣经的迷信让人觉得好笑。但大多数人又很虔诚。我觉得可能这个是美国文明的基础。但古希腊的影子在生活世界只有透过《圣经·新约》才可以看得到，当然在政治生活中另当别论。

无竟寓:现代自由主义和共产主义有个共同的误解,就是误解了亚里士多德所谓富足和闲暇作为自由沉思的前提,以为只要富足自然高雅。实际上带来的是平庸和不思进取,托克维尔所谓现代普及教育下导致的"有学问的人和没学问的人一样少"。

宇文怀远:对,这个平庸与不思进取成为主体的时候,好的制度功能就在于能否保护高贵与进取。

无竟寓:你是在什么地区?

宇文怀远:南部,田纳西,这是圣经带重要地区之一,有个教堂像人民大会堂一样,教堂整个面积比天安门广场还大。我觉得还是中国人对宗教的提升厉害。

无竟寓:那还用说,诗书传统那么早就有非常极高明而道中庸的教化方式,宗教与否完全不足论。

宇文怀远:也正因如此,仁容易脱离天。

无竟寓:不过脱离天恰恰是合于天的方式。

宇文怀远:你的《尼各马可伦理学疏解》论仁通很重要,仁通应该是六经的基础与核心。

无竟寓:绝地天通与天人合一实际是一回事,要结合一起来看。

宇文怀远:对,我也这么认为。

无竟寓:所以,浅人一主绝地天通,一主天人合一,还争论不已,实属不知道之论。

宇文怀远:既不执迷于天,又敬畏天,两不相害。

无竟寓:一方面是天道远人道迩,一方面同时是人能弘道非道弘人,两者相为前提。人既不太卑下,也不太高傲。天既不狎爱,也不冷漠。两件事情打通来讲就是一个上下通达的道,于人而言也就是仁通之德。

宇文怀远:是,禅宗当年消化佛教,也是用此法。不过,西方的理论传统(知识传统)该如何消化?

无竟寓:还是要回到希腊才好去除一些由现代西方人为造成的假

问题。

宇文怀远：这个说得好。

无竟寓：现代西方那种知识论在希腊完全不那么回事。

宇文怀远：是这样。现代知识论甚至失去了自己的目的。

无竟寓：柏拉图的《美诺》、《理想国》六、七两卷,亚里士多德《尼各马可伦理学》第六卷等很多地方,对知识的讨论完全是嵌入整全的生活世界的,是作为一种德性的知识,以及作为追求高尚事物的爱欲的知识。

宇文怀远：是的,应该如此。我觉得中国的哲学现在的问题首先是脱离生活世界,其次是讲理讲不清楚(可能要求一个理论性的形态,当然内核不受限于此)。

无竟寓：先秦讲知识,管子和荀子非常重要。

宇文怀远：知识论中的重要概念是神明,你那篇通过疏解《尼各马可伦理学》来讲仁的文字其实还可以与神明补充。希腊人讲到了神。但中国讲神与明。我觉得这两个字很重要。

无竟寓：是啊,今天讲《尼各马可伦理学》的课上正好提到神明的意思。

宇文怀远：我不确定希腊里有没有"明"的意思。他们当如何理解,比如对理念的直观是否"明"?

无竟寓：我在课上讲到神明的语境是由《伦理学》第三、四卷的一些"中庸德性"同时却也是对 kalon(美、高尚、高贵)的极高追求为目标。从此点出发进行道学疏解,可通"极高明而道中庸"之道,可解说这个高明不是策略高明,而是特别指日月的"悬象著明"。

宇文怀远：这个意思很好。

无竟寓：希腊人讲光明是太阳光的光明,但没有一阴一阳日月经天的悬象著明。

宇文怀远：明与日月的关系在中国传统中很重要。

无竟寓：希腊人的神是不死的,犹如不落山的太阳。所以他那个神和明都是不落的太阳光。天自有阴阳四时昼夜,所以生物,所以神之、明之;如果像不落山的太阳光,明就不灵明了,不生物了,恰恰是光明的死寂,谈何神明?

宇文怀远: 对,是这个意思。生物之仁就在这里。天地的观念是否在希腊传统中不是很重要? 我知道在《旧约》传统中,天地远没有在中国重要。按理说,希腊的神的那个内涵,应该支持地的观念。

无竟寓: 希腊的天地要看赫西俄德。很巧,今天课后与学生聊天,刚好谈到你刚才提到的两个问题,神明的问题和天地的问题。我们的语境是从神话开始谈的。我们聊了两个少女和她们各自的妈妈:一个是帕尔瑟福涅和她的母亲得墨特尔,一个是阿尔忒弥斯和她的妈妈勒特。得墨特尔是地母,她女儿帕尔瑟福涅被哈德斯抢去做老婆,每年帕尔瑟福涅上来与母亲相聚的时候是春夏,回冥府则是秋冬。阿尔忒弥斯是月神,她和兄弟阿波罗日神有共同的母亲,这个母亲恰恰叫做勒特,就是遮蔽的意思。阿尔忒弥斯终身不嫁,帕尔萨福涅则被冥王抢去做了妻子。天的少女和地的少女有如此不同,天女的母亲和地女的母亲亦有此不同。

宇文怀远: 这两个神话的对比的确很有意思,可能蕴含着对天地神明的理解。我有时觉得海德格尔所说的希腊人的无蔽(aletheia)就是明。

无竟寓: Aletheia 就是 lethe(遮蔽)的反义词,意为解蔽、真理、大明,但海德格尔强调解蔽同时也是某种遮蔽。所以,此义可通"通乎昼夜而知"的明:有白天,有黑夜,有解蔽,有遮蔽。

宇文怀远: 这个现象很有意思。你那边该到半夜十二点了,不打扰你了,早点休息吧。

无竟寓: 好的,回头再聊。你那里应该是正午十二点了,阳光很好吧? 你也该午休了。

宇文怀远: 晚安!

无竟寓: 午安!

古典文教与现代技艺

阴平阳秘，文质彬彬：
古今中西之变与中医的未来

中医的困境与话语权的争夺

　　本文主要讲两个词。①一个是《黄帝内经》上说的"阴平阳秘"（《生气通天论》），一个是《论语》里说的"文质彬彬"（《雍也》）。前者是中医追求的身体气血方面的良好状态，后者是儒家追求的性情文化方面的良好状态，二者的共同点都是以中和、平衡、无过无不及为最好，而不是以某种极端状态为最好。在以中道为至善这一点上，中国文化是一以贯之的。上至数千年文化变迁，广至五大洲文化交融，大至天下国家政治文化，小至一身上下五脏六腑，无不是用这一个中庸平和之道来调理。《汉书·艺文志》在总结医经和经方等方技类图书的时候说："论病以及国，原诊以知政。"人们也常说"上医治国，中医治人，下医治病"。这些话之所以讲得通，都是因为在中国文化中，无论治国治人治病都是一以

---

　　①　本文底稿是在 2010 年 11 月与同济大学中医大师传承班学员交流时的发言稿。感谢韩鑫冰博士的邀请。

贯之的中庸之道。

中庸之道，这个话题无论在经学方面还是在中医方面都已经讲得很多了，但现在要尝试的是把这两方面结合到一起来谈。而且，我还特别关心这样一个问题背景，就是中医要往何处去？这个问题在中医史上本来并不陌生，也远不是第一次面临这样的问题。譬如说当仲景面对《素问》、《九卷》旧典和遍野伤寒的时候，当叶天士、吴鞠通面对《伤寒论》、《金匮要略》经方和瘟疫流行的时候，肯定都深思过岐黄医道往哪里去的问题。但今天我们面临这个问题的时候，处境似乎更加严峻，问题更加尖锐。因为无论仲景还是温病学家在考虑医道未来的时候，完全不需要检讨中医的根本道理也就是阴阳中和的道理是否成立，而只需在这个既有的框架之内作出适应时代变化的调整；而今天，中医面临的挑战不但是在阴阳五行框架内部的调整，而是面临更具有颠覆性的质疑，即阴阳五行这套理论本身是否具有"科学性"？这个问题于是就超出了古今之变的历史范围，而是加入了中西之辨的地理维度。而且，这个地理维度不是在并列的意义上说西方如何、中国如何，而是说谁是对的，谁是错的？谁是合法的，谁是非法的？这样一来，问题就搞得极为紧张了，到了你死我活的地步。

面对中医是否科学的问题，中医界一般的反应似乎是两种，一是采取实用主义的策略，从疗效入手，把问题转换为谁是有效的，谁是无效的，或者说谁的有效率更高？另外一种是论证说，科学有不同的形态，你是一种科学，我也是一种科学，我们是不同的科学，可以对话、结合。很可惜，这两种回答都是弱回应，因为它们都是被动的应激—反应模式。被动应激—反应模式的特点是毫无反思地接受对方的前提以及建立在那个前提基础上的提问方式。这样一来，无论你给出什么样的回答，在回答之前你就注定失败了。因为，无论你对中医做出何种辩护，你的标准已经是对方设定的。这样的辩护必定是失败的，即使它能暂时争取到一点呼吸空间，苟延残喘。它的失败并不是败在回答论证严密与否，而是败在想都不想就拱手让出了提问的权力。

所以,在中西之辨的困难处境中,如果要想从根本上把中医带出困境,带向未来的话,我们首先需要的是主动进取的提问模式,而不再是满地找牙一般寻找那些由人家为我们设定的问题的答案。主动进取模式的特点是:我们首先是作为提问者而不是作为回答者来面对西方。也就是说,我们不必急于回答中医究竟是不是科学的问题,而是应该面向西方提出我们的问题:科学究竟是什么? 科学是否合乎中道? 这样一来,双方争夺的其实不是某个问题的答案,而是对问题的设定权。更深一步说,争夺的不是什么答案,也不是什么问题,而是思考问题和提出问题的话语。这是因为,一种医学作为一种文化中的组成部分,它的话语方式就是这种文化的生存方式。一旦不用这种话语来说话、思考、提问题了,这种文化就亡了,或者名存实亡了。皮之不存,毛将焉附。如果那样的话,使用那种话语方式的医学也就亡了,或者只不过成为行尸走肉了。

从我的两个医案说起

为了便于引出"古今中西之变与中医的未来"这个话题,我还是先谈两个自己的医案,以便逐渐从中引申说明:在古今中西的文质之变中,"文质彬彬"的理想如何仍然能指导中国文化的未来发展,这种"文质彬彬"的文化如何能继续为"阴平阳秘"的中医思想提供话语。同时也希望抛砖引玉,引发大家谈谈各自的经验,有以教我。

医案一:取桂枝汤方义治皮肤奇痒。2010 年 8 月。中年男子乳头奇痒难忍,挠至皮破流血。时发时止,尤以晚上为甚。从去年冬天开始,已有半年,原因不明,各种西医外用药膏不效。察其脉略浮弦,苔略白厚。食即出汗。诊以营卫不和、肝风挟湿发越于表。试取《伤寒论》桂枝汤方意,加减治之。方拟:生何首乌 8 克、桂枝 5 克、生白芍 6 克、柴胡 8 克、茯苓 6 克、五味子 3 克、炙甘草 4 克。嘱服三剂,结果服二剂即愈。未再复发。

医案二:小柴胡汤加减治目疾。2010 年 9 月。青年女子,三年前在国外学习时,因所在国家的大学图书馆从来不关空调,长期在里面读书,遂至眼睛常常突然刺痒、眼红、流泪、视物昏花,闭眼半小时后自行恢复正常。国外西医给予眼药水,每发作时滴入,略能缓解,但未能根治。回国后仍然时有发作,每月两三次,伴发偏头痛。延余诊治。察其脉象,左关弦大,舌红苔厚略黄,巩膜略黄。当为三年前感受空调风寒,郁于少阳化热,引动肝风上扰眼睛。治宜小柴胡汤加减,和解少阳,兼以疏泄肝风,清利胆湿。方拟:柴胡 12 克、黄芩 5 克、生何首乌 6 克、茯苓 6 克、炙甘草 3 克、党参 5 克、茵陈 5 克(后下)、生姜 3 片、大枣 3 枚(掰开),煎汤冲服珍珠粉 0.6 克。五剂告愈,诸症解除,未再复发。

讲桂枝汤治皮肤奇痒的例子是为了引出"阴平阳秘"的话题,讲小柴胡汤治目疾是为了引出"文质彬彬"的话题。我的讲法是通过易卦来解释我的方理,然后从易理出发,谈到以周易为代表的阴阳平和思想如何可以继续指导中国文化面对新世纪的挑战,在古今之变中由文返质,在中西之辨中以文化质,让中国文化自身固有的话语方式在新的历史条件下发扬光大,从而带领中医走向未来。

桂枝汤、泰卦与阴平阳秘

先来看一下上面那个桂枝汤医案的方理。在那个医案中,我并没有固守桂枝汤原方,而是法其所以为法,以生何首乌疏泄在表肝风为君;桂枝、芍药调和营卫为臣;柴胡佐首乌疏风,茯苓伍桂枝柴胡,利在表风湿;五味子收敛,辅助芍药,与桂枝、柴胡之发散相伍,共奏开阖调节之效;使以甘草,调和之功毕矣。本案之所以说是法桂枝汤之所以为法,是因为用柴胡—五味子的对子取代了生姜—大枣的对子,因为前者专入肝肾,更加切合本案病机。当然,主体结构中的桂枝—芍药这对散收出入的对子是不能动的,因为它构成了决定性的方理。桂枝汤之所以为法,大概就是这个阴阳出入的道理。从这个道理出发来理解,桂枝汤的方义也就是《黄帝内经》"治病必求其本"的具体体现了("本"即阴阳之道)。只有从阴阳出入的根本道理出发来理解,才能领会桂枝汤这个貌似简单的方子为什么是伤寒第一方和群方之冠,而远不只是一般方剂学教材所谓的"发表剂"、"感冒药"所能范围。

桂枝汤的方理,如果要想更深一层理解的话,不妨联系到《周易》的泰卦。这样的联系思考可以帮助我们化裁道器,贯通体用,把中医带回到中国文化的话语母体,认识到中医的困境和未来发展的问题,根本上其实是中国文化的存亡问题,而不只是怎样想办法在西方医学体系中讨口饭吃的问题。因为,通过这样的联系分析,我们可以看到,中医的话语虽然可以非常具体,但也绝不可能也不应该被降低为一种中性的工具性语言,以便纳入西医框架里面去。譬如关于出汗情况的描述,表面上可以与西医看起来一样,但是一到什么是汗,为什么出汗这样的问题,中医的解释就必须用阴阳的话语来说话了,而"《易》以道阴阳"(《庄子·天下篇》),专门讲阴阳的经典就是《周易》了。对中医语言的理解深度,体现了一个医家对中国文化道体的体认程度,从而直接影响到他对病机的把握和方药的运用是否到位。如果反过来,用西医的解剖学来理解什么叫表里,用西医病理学来解释什么叫汗出恶寒,用药理学来解释桂枝、芍药有什么作用的话,桂枝汤就死了,变成了一种"感冒制剂",失去了应化无穷的生命力。这样一来,当临床遇到诸如皮肤奇痒这种情况的时候,一个满脑子西医观念的"中医"就绝对想不到去化用一种"感冒药"来治"皮肤病"。

泰卦的构成是乾下坤上,也就是天在下面,地在上面。画成卦象就是三个阳爻(乾)在下面,三个阴爻(坤)在上面:䷊。《序卦传》解释说:"泰者,通也。"泰何以通?"小往大来"也(小指阴,大指阳)。"小往"是说地在上,地气自然下降;"大来"是说天在下,天气自然上升。地在上而气降,天在下而气升,于是就"天地交泰",有上下交通、阴平阳秘之象。又下卦主里,上卦主表,所以,"小往大来"也就是表里出入、调和营卫之象。《伤寒论》关于桂枝汤的一则条文说:"太阳中风,阳浮阴弱,热发汗出恶寒,鼻鸣干呕者,桂枝汤与之"。"阳浮者,热自发;阴弱者,汗自出"。假令阳能沉,则热自解;阴能强,则汗自止。[1]《黄帝内经》说"阳加于阴谓之汗"(《阴阳别论》)。太阳中风之汗是浮阳加于弱阴之汗,故谓之表虚之汗。桂枝俗谓发表之药。何以汗出而复与桂枝汤小发其汗? 以太阳中风之汗,非阴平阳秘之汗也。阴平阳秘之汗,犹如泰卦阴阳交泰、云蒸雨降之汗也。今太阳中风,阳浮阴弱,正否卦大往小来、天地不交之病。故治之以桂枝汤。桂枝汤组成,以桂枝平芍药、生姜伍大枣,一散一收,一出一入,又以甘草居中调和,竟奏小往大来、阴阳交泰、营卫调和之功。以桂枝汤群方之冠,泰卦当之无愧也。医家治人,不过求得阴平阳秘、阴阳交泰之平和象耳。故泰卦宜为经方家之首卦。

小柴胡汤、贲卦与文质彬彬

上面用桂枝汤结合泰卦讲了"阴平阳秘",下面我们用小柴胡汤结合贲卦来讲讲"文质彬彬",然后,我们再把它们结合起来,思考今天的中医在古今中西之变中的位置和未来的发展。贲卦的卦象是离下艮上,也就是"山下有火,贲":☲☶。从这个卦象图,我们可以看到它是一个刚柔交错的局面。根据《象传》的意思,这个卦是从泰卦变过来的,也就是说,贲卦的刚柔交错局面是在泰卦天地气交过程中形成的一个中间结果,就好像少阳病是在伤寒六经传变过程中,因为太阳证未及时解

---

[1] 阴阳在这里可以是说脉象,也可以是说营卫,并不矛盾,因为脉象也不过是气血营卫的表征。

除,热郁表里之间形成的一个中间结果。

具体而言,《彖传》"柔来而文刚",是说泰卦的坤之六二跑下来居于下卦乾的中间,这样就使下卦形成了离的局面☲;又说"分刚上而文柔",是说乾的九二既然被上面下来的阴爻占据了位置,它就跑到上面去,但是没有占据上卦的中间,而是居于上位,成为上九,这样就使上卦形成了艮☶。离是火,艮是止,离下艮上就好像热郁少阳,发汗发不出,清下下不来。造成这个胶着局面的主要原因要归之于下体乾卦的阳气上升过程中,乾的九二跑到上面去,上冲发越得太过,冲过了中位,跑到了最上面,形成了艮止,就把离火郁在中间,出出不去,下下不来,使得阴阳二气的升降从交泰局面变成了郁结状态。这就好像少阳枢机不利,胆火过亢,热郁表里之间,寒热往来,胁肋苦满。如果出现这种局面的话,《伤寒论》的治法是禁汗禁吐禁下,只能和解,所以是用小柴胡汤主之。用《周易》的话说,就是只能用文明而有节制的方法,通过信访和调解的方式解决问题,避免刚性的刑罚。可以设想,如果少阳胆火没有过亢,持守中道的话,那么泰卦下体的九二在向上升发过程中就不会跑到最上面去了,而是处在上体坤卦的中央。如果是那样的话,上面就会形成一个坎卦的局面☵。这样一来,加上下面的离卦,就是一个水火既济的局面䷾,那就善莫大焉了。所以,贲卦局面的形成主要在于一阳升发太过形成艮止的问题,犹如少阳证的形成主要在于少阳相火过亢形成枢机不利的问题。

所以,总结说来,周易贲卦与伤寒少阳病的互证大体有这么几条:"刚柔交错":寒热往来也,非表非里也,寒热并用也。"文明以止":禁汗禁吐禁下也。"君子以明庶政,无敢折狱":和解少阳、调和肝脾也。"柔来而文刚":芍药当六二也(指四逆散的芍药),阳中之阴也。"分刚上而文柔":柴胡当上九也,阴中之阳也。肝体阴而用阳,贲六二上九之义也。

那么,这与"文质彬彬"又有什么关系呢?这就涉及贲卦的卦德大义了。《序卦传》说"贲者饰也",也就是文蔽装饰的意思。贲卦用事的时候,正是文明礼乐达到繁盛的极点,并开始由盛极而转向衰落的时候,就好像《伤寒论》的三阳病传变到少阳的时候,就开始向三阴病传变了。所以,贲卦的最后一个爻就是"上九白贲",饰极反素,文疲复质,所以,"致饰然后亨则尽矣,故受之以剥":贲卦的极度繁荣后面紧跟着就是层层剥尽繁华的剥卦▤(坤下艮上,山剥为平地之象)。那么,贲卦的文明鼎盛又是怎么来的呢? 它又是从上一个周期的盛极而衰、质而渐文逐渐发展而来的。前面说到《象传》认为贲卦局面的形成是泰卦地天气交的一个结果。那么,这个过程是如何一步一步演变过来的呢?《序卦传》提供了一个历史的解释:

> 泰者通也。物不可以终通,故受之以否。物不可以终否,故受之以同人。与人同者,物必归焉,故受之以大有。有大者,不可以盈,故受之以谦。有大而能谦必豫,故受之以豫。豫必有随,故受之以随。以喜随人者必有事,故受之以蛊,蛊者事也。有事而后可大,故受之以临,临者大也。物大然后可观,故受之以观。可观而后有所合,故受之以噬嗑;嗑者合也。物不可以苟合而已,故受之以贲;贲者饰也。致饰然后亨则尽矣,故受之以剥;剥者剥也。

这就是说,从上一个周期的末尾否卦开始,历经同人、大有、谦、豫、随、蛊、临、观、噬嗑,历史又开始聚气,闹革命,建国,搞建设,文治武功,礼乐刑政,文明教化,逐渐达到盛极而衰的转戾点,也就是贲卦。贲之后就是剥,这个发展周期也就结束了。不过,"物不可以终尽,剥穷上反下,故受之以复▤"。从复卦开始,又逐渐从质朴开始走向文明繁华,直到最后,再一次经历盛极而衰、文极返质的过程,开启新一轮的文质相复。这种文质相复的历史观点,就是从易经的思想来的。[1]孔子所谓"文

---

① 关于文质史观的更多论述,参拙文《文质相复还是圣俗二分:从文质史观来看现代性问题》,见收拙著《道学导论(外篇)》,华东师范大学出版社,2010年。

胜质则史,质胜文则野,文质彬彬,然后君子"(《雍也》),就含有这方面的意思。在《礼运》里面,孔子感叹"大道之行,天下为公"的上古圣王之治,就是有感于春秋时代周文的过度繁华,特别需要上古的质朴来矫偏;另一方面,他又说"齐一变而至于鲁,鲁一变而至于道"(《雍也》),则又是希望当时的春秋霸主能脱尽蛮夷的质野,回到周文的大道。总之,犹如《内经》里主张"阴平阳秘"的黄帝和岐伯,孔子既不主张片面的质,也不赞赏片面的文。只有"文质彬彬",朴实而不简陋,文明而不虚矫,礼乐出于自然,畎亩通于庙堂,才是君子之国,华夏之邦。

古今文质之变与中医的历史

从文质史观出发来看,今天的中医在古今之变中的历史位置,就处在一个盛极而衰、由文返质的阶段。即使今天流行的那种用西医概念来理解中医的做法,也不过是这种黜文复质要求的表现。如果中医本身并没有走在一个文疲复质的历史阶段,而是处在继续繁荣上升时期的话,西医的还原归约思路①也不会吸引中医。

我们需要大略回顾一下中医的发展史。从上古伏羲的阴阳八卦传统、神农的本草传统、黄帝的阴阳五行传统、伊尹的汤液传统开始,到《黄帝内经》、《神农本草经》和《汤液经》的形成,中医经历了第一个由质而文的历史过程。从东汉末年医圣仲景"勤求古训,博采众方,撰用《素问》、《九卷》、《八十一难》、《阴阳大论》、《胎胪药录》,并平脉辨证,为《伤寒杂病论》"开始,中医重新由文返质,在浩繁的经典和纷纭复杂的临床经验中总结出一套清晰简练的六经辨证纲领、一系列方便实用的病脉

---

① 还原归约是西方科学的基本方法,即把众多现象化归到一个单纯本质,譬如在医学上就是归约到某些病原体,药学上就是重视提纯某些化学物质("素"就是这个意思)。

证治方案，以及全套组织有序、法度谨严、针对性强而又灵活多变的经方。从这个新的开端出发，医学又逐渐繁荣，由质复文，积累了更多的方药经验，历经王叔和、皇甫谧、陶弘景、王焘、葛洪、巢元方、杨上善，到孙思邈集大成，这便是中医的第二个文质历史过程。王叔和、皇甫谧、巢元方、杨上善皆以整理医经著名，陶弘景、王焘、葛洪、孙思邈皆以整理本草、经方著名，都不是基本理论的创新工作，所以都是文性的工作，不是质性的工作。这个质而渐文的过程，从组方用药的味数也可以看出来：《伤寒论》很少有超过九味的方子，到《千金方》十几味以上的就很多了。

但是，在这个越来越文的趋势中，已经开始酝酿着由文返质的苗头了。《旧唐书·方伎传》记载过一位当时很有名但没有著述的医家许胤宗。他说他看病是"单用一味，直取彼病"，而当时医家的积习却是"多安药味，多发人马"，冀望总有一味药对上病症，总有一队人马遇到兔子。他还说"医者意也"，很难言传，所以无法著述经验。所以，他的不著书很有点禅宗不立文字的意思，他的单用一味直取病所也有点禅宗直指人心见性成佛的意思。禅宗也是唐代开始兴起的，同样是中国文化再一次由文返质的表现。唐代在文化最盛的时候开始出现质性反动的苗头，犹如中医说日中午时一阴始生。

这种质性的倾向在宋代理学和心学中得到极大的发扬，奠定了第三轮发展阶段的理论基础。与之相应，在中医上的表现便是金元四大家的理论建树。四家之中，刘主寒凉，张主攻下，李主培土，朱主养阴，都表现出由文返质的倾向。他们的质性一方面表现在都试图用一个比较单一的原则（如火之于刘，邪之于张，土之于李，阴之于朱等等）来构建一个完备的解释系统，另一方面也表现在他们用药的阴性偏好上（比较多用寒凉清下、滋阴润燥之品）。同样，宋金元时期医学上的这两个偏于质性的特点也是与当时的哲学思想相应的。譬如刘河间说"六气皆化于火"就好像程子说"万物皆只是一个天理"（《二程遗书》卷二），也好像陆象山说"宇宙便是吾心，吾心即是宇宙"（《象山全集》卷三十六），都是试图用一个单一原则解释一切。又譬如张子和强调"邪去则正安"的思想和朱丹溪重视养阴的思想,也可以比之于宋明理学提倡的静坐节欲、慎独自省的学风。

金元四大家之后,从这个新的质性开端出发,第三轮医学又逐渐走向文胜的局面:金元四家的学说,尤其是刘完素和朱丹溪的思想,在明末清初的温病学里得到了非常系统的发展完善,尤其是在叶天士的临床医案和吴鞠通的系统理论化中发展到了极致。《温病条辨》代表了这个发展阶段的集大成,而新的一轮文极返质运动也随后在清代和民国的伤寒派经方派崛起中应运而生了。这个过程可以对应于清代经学中汉学的兴起。汉学家主张越过宋明,直趋汉唐,犹如经方派认为汉唐以后医书不足观。

那么今天,我们处在文质历史中的什么位置呢?应该说正好处在一个质革文命已近结束,需要重新由质复文、重新建设文化的阶段。从易卦上讲,就相当于刚刚经历完了贲极而剥的阶段(近代革命),中国文化已经层层剥尽,九死一生,现在正准备走向剥极而复;又好比刚刚经历了井淤而革,目前正处在革故鼎新的阶段。[①]在近现代历史的百年风云中,中国文化经历了疟疾一般痛苦的寒热往来。现在,吃过小柴胡汤之后的中国已经疏通了气机,条畅了血脉,正在从阴出阳,走向新一轮的文化繁荣。

中西文质之辨与中医的未来

近现代中国为什么那么积极地拥抱西方文化,狂热地要用西方文

---

① 《序卦传》:"井道不可不革,故受之以革。革物者莫若鼎,故受之以鼎。"结合井、革、鼎的近现代史思考,另参见拙文"慎终追远与往来井井"和"年龄的临界",分别见收于拙著《在兹》(上海书店出版社,2007年)和《道学导论(外篇)》(华东师范大学出版社,2010年)。

化来修正乃至取代中国传统文化？从上面一节的古今文质之变的分析看来，这其实不光是因为西方主动进攻所致，而且还是因为中国自身正好处在一个文质交接、文疲复质、以质革文的转戾点上。这就像《黄帝内经》上说的那样，"邪不能独伤人"（《灵枢·百病始生》），"邪之所凑，其气必虚"（《素问·评热病论》），只有内外合邪才会生病，而如果四季脾旺的话则是不会受邪的（《金匮要略》）。

然而，晚清和近代的中国正处在一个繁华落尽、万物归土的季节。土气已经在草木繁华中耗尽，正待西风劲起，阴敛肃杀，还精于土。正是这个时候，西方文化带着船坚炮利来了。中国人一方面抵制它，另一方面倾慕它。因为中国当时正需要来自西方的金敛肃降之气。清代的经学是朴学、小学、实学，可是西学进来之后，人们发现科学更是朴学、小学、实学。小学本来是贲极而剥的表现，它的兴趣是要剥落宋明理学尤其明代心学的伟岸，以小剥大，五阴剥一阳，把山剥为平地，以谦朴平实为美。等到胡适、顾颉刚等人把这种小学朴学精神与西方科学考据学相结合，中国文化最后仅存的一点阳刚之气就被剥落殆尽了。

然而，"物不可以终尽，剥穷上反下，故受之以复"。在闭藏养精的漫长冬天之后，新的春天必将来临。无论共和国前三十年说的"深挖洞、广积粮"，还是后三十年说的"和平崛起"，都是蛰伏潜修之象。今天，历史似乎已经到了一阳来复的时候。虽然文化的凋敝已经到了严冬夜半，坏证丛生，但新一轮的文化发展已经开始露出苗头。遍布城乡和媒体网络的读经热、国学热、中医热，表明中国文化的自信已经开始复苏。需要温习下面这些句子的时候可能就要来了："春三月，此谓发陈。天地俱生，万物以荣。夜卧早起，广步于庭。被发缓形，以使志生。生而勿杀，予而勿夺，赏而勿罚。此春气之应，养生之道也"（《黄帝内经·四气调神大论》）。根据《内经》的告诫，未来的中医应该培养生发的志向、宽缓的胸怀，少一点与西方对抗的肃杀之气，多一些宽仁博大的理解力：理解过去，理解现代，理解中国，理解西方，"究天人之际，通古今之变"（《史记·太史公自序》）。《礼记》曰："五方之民，皆有性也"

（《礼记·王制》）。《素问》云:"圣人杂合以治,各得其所宜"(《素问·异法方宜论》)。无论经历多么艰难困苦的古今中西之变,只要坚持走在阴平阳秘、文质彬彬的中庸之道上,中医和中国文化就永远有希望发皇光大,生生不息。

附录:相关讨论

Orphos:文章还是令人振奋的,但觉得还是未中肯綮,远非振聋发聩。或可再深思之。

无竟寓:国栋兄批评的是,拙文泛泛,远未中肯綮。至于振聋发聩,一开始也想振聋发聩来着,开头一节摆出的架势颇有那么点,但写的过程中我改变了主意,把准备写的一个涉及科学批判的部分删除了,最终归之于和解和化生。科学批判本来是我从大学学习一直到博士论文的主要关注之一,用过很多力气。但现在觉得这个科学批判、西方批判、现代性批判仍然是科学的、西方的、现代的。中国的气度不应该是那样,而应该是"化"、"道"和"生生"。文章最后的落脚点就是这个。

这个世界还是要先吃小柴胡汤。西方文化和科学已经成为现代中国自身传统的组成部分,非表非里,寒热往来,枢机不利,汗发不出,清下不来,只能和解,渐化渐通。单纯厌弃它是保守主义愤青。我也是快不惑的人了,不应该做愤青了。学者感情太丰富,其实不好。不要哭,不要笑,要理解。中国现代史这么走过来,无论多么令人痛心和惋惜,都是有它的道理的。文章的一个部分中,我用文质史观解释了近代中国为什么那么崇尚西学的自身原因,而不光是外来原因。这不见得完全是坏事。有时候,虎狼之药也是要吃的,人参反而杀人。传统是个活物,活物就会生长化收藏,生长化收藏就会有气血条畅,也会有痰瘀壅阻,还会有气血亏虚。亏虚的时候要补,壅阻的时候要攻,要通。一味进补的愿望是好的,但该攻还得攻,攻完了再补。《诗》云:"他山之石,可以攻玉。"(《小雅·鹤鸣》)《黄帝内经》云:"西方者,金玉之域,其病生于内,其治宜毒药,故毒药者,亦从西方来。"历史很残酷,没办法,只能将错就错,不适合感情丰富愿望美好的人。整部《易经》和《伤寒论》不都是将错就错智慧的典范吗? 这一向学医最大的收获就是更深体会了这个将错就错的道理。前几年还恶补了一些史书。现在感觉学医和读史很像,都是要仁心冷手,不像读经,纯是一片生机,读子,纯是一片智性的愉悦。美则美矣,肃降收藏不足,奉生者少。古人云,刚日读经,柔日读史,文质彬彬之道也;《黄帝内经》云,阳生阴长,阳杀阴藏,阴平阳秘之道也。文质生杀剥复鼎革,未可偏废。今天是剥尽了杀尽了革尽了,不能再攻再杀再革了,再攻就死了。现在要吃小建中汤,再吃十全大补。全民都要吃传统文化的十全大补、复脉汤、补中益气汤,让气血充盈,血脉健旺,阳气生发。

子横:确实,现代史同样也是中国自身历史的一部分,我们作为晚辈若执定一个唯一真理来随意抹杀那些关心国家、关心民族命运的前人,那才是不孝、不通、不智。

哲学思考无论如何总是在普遍性的层面(没有身体、没有他人,甚至没有"时"),而医学和历史,它们和艺术、法律的优势一样,和具体性的东西打交道,与此同时又沟通着一个普遍性的道理(对健康、正义等的认识)。这里面才有真正的远近互通。既知道"自然"、"健康"应该是什么样子(What),也知道如何就近地把每一个疾病带到通向健康的大路上(How)。做老师和做医生也有一样的道理。程子说自己不会别的,就会给人看病;一部《论语》或也可视为孔先生给每一个不同的、具体的学生开的方子。这才是成熟的道路。

兔置:中医复兴献一计:中医症结在于缺人才,缺人的原因在于缺乏培养、从医的体制。跟着西医院走,死路一条。模仿西医院建制的中医院,也是死路一条。在正规医院外另立国医馆,以传统的方式授徒,的确是个好办法。国医馆面临两大难题:谁来教,谁来学。教师必须是名中医。只有名气够大，才有可能摆脱《中医药典》的限制，据我所知，《中医药典》对中医的掣肘颇大，譬如它规定生半夏不能内服，但我就碰到过一个医生用生半夏用得颇好。名中医不多，因此国医馆必然不可能大规模推广，也不应大规模推广。国医馆必须模仿启蒙运动，启蒙运动是从贵妇人的沙龙开始的，先把自己打造成一种时髦的东西，然后再向民众推广。国医馆必须建立"根据地"模式，先搞好一两个甚至一个根据地，扎根大城市，面向白领、有钱人，收费可以提高一些，把国医馆搞成一个时髦的东西。有了资金，必须运用现代的宣传手段，拍广告、宣传片，扩大根据地的影响。只有等国医馆给人这种印象：搞中医不是没前途的，搞中医是有身份的象征，才能谈学生的问题，因为只有这样才能吸引到好学生。招生对象是中医学院毕业的学生，让他们跟着师傅从头学过。学生必须少而精，学中医不比搞原子弹容易，而且还得注重品德，学习过程中必须教授医德，不然，一个没医德的中医出来，中医的名声就臭掉了。学生成材了，就搞连锁经营，用连锁的方式防止坏人模仿国医馆骗人，败坏国医馆的名声。等学生数量足够多，就可以把价格降下来（其实国医馆开多了价格也必定会下降），这样就可以造福一般的百姓了。

这个办法的难点在于如何说服名中医搞国医馆，而且搞国医馆又如何得到行医许可。前者必须依赖中医界自身的危机意识，必须依赖中医界本身的沟通；后者也许可以借鉴什么养生馆、美容馆之类的办法，既然那些馆子运作得起来，而且那么火爆，国医馆也必定有办法钻体制的空子。

中医复兴不能寄希望于中央政府从上到下的改革，只能寄希望于民间的力量，寄希望于"星星之火可以燎原"。先从根据地搞起，有了名气之后争取地方政府的支持，最后争取中央政府的支持。在这整个过程，中医都不可能搞成西医那么大的规模，因为中医靠的是人，西医靠的是机器。中医必须树立这种教育目标：要么就是名医，要么就不是医生，庸医对中医有害无益。因此中医生注定是小部分精英，国医馆不可能搞得像西医院那样遍地都是。

无竟寓：兔置通人，有见识，审时度势，思路清晰。根据地说、启蒙时尚说、连锁店说，以其人之道还治其人之身，在今天有很强的操作性。只恐某些喜欢传统文化的朋友觉得"太现代"，会有抵触情绪。这种抵触批评如果有的话，也是好的。我想那些做实务的中医人会非常赞同的，实际上他们正在那样做，已经付诸实践了。只是思路没有想得那么清楚。兔置的想法会给他们很大启发，思路更清晰，任务更明确。专业中医人和关心中医的人文思想者一起努力，互相交流学习，形成一股新风，前景必定是美好的。《易》曰："同人于野，利涉大川"，说的不正是我们这个时代吗？

有一次，我在北京回上海的火车上，是硬座，跟对面的老头老太太聊天，谈到他们的身体状况，他们要我给搭脉，我就搭了，说了一些问题，结果满车厢都来找我看，年轻人也来看。这个事情给我触动非常大。无论精英们（科举取消之后，所谓精英都是留洋回来的）怎么骂中医和传统文化，即使到现在已经骂了一百年，而且还在骂，老百姓总是知道好歹的。去年搞书画，也注意到一个很有意思的现象：一方面是在高端拍卖行，在世前卫油画家的作品远比在世国画家的作品值钱，但另一方面，遍布城乡和社区的都是中国书画协会，从来没有油画协会，更没有前卫艺术协会。

在大学里面，我一直尝试通过《黄帝内经》来引导学生读圣贤经典，也是希望把中医作为一个方便法门，让学生从自己的身体开始，近取诸身，然后远取诸物就比较容易了。

子横：感觉"文质史观"仍然有黑格尔式的宏大历史叙事的思维模式在起作用，而这已经把历史本身取消了，我觉得中国对历史的理解不是这样一个宏大叙事的模式（当然我不懂，只是感觉）。

无竟寓：宏大叙事怕什么？周易比黑格尔还要大也不怕。看需要，小要说，大也要说。《春秋》以小见大（《公羊传》发之），《通鉴》以大见小（《读通鉴论》约之）。要完全脱尽西方的和怕西方的习惯。黑格尔的宏大不是好东西，德里达的细碎也不是好东西。要不在大小，在道。《易》

兼用小大,一阴一阳之谓道(《易》以阴为小,阳为大)。

子横:对于民众而言,你光使劲批判一个东西,是没用的,民众眼里看到的只是两拨人在互相吵架,而看不到真理在哪一边。拨云是为了见日,但是首先要让这个"日"越来越强大,要培植它的元气,令其巩固生发,自行生长而终至朗朗于天。如果使劲拨云,结果这个"日"本身如此弱小和不堪,又拿什么养护民众,又如何让人信服呢?

无竟寓:说得好,这就是扶正以祛邪的道理,或扶阳祛湿,或甘温除大热,都是这个的道理。破终须以立为本,为立服务,不要杀急眼了,为了批判而批判,那是典型的西方作风。《理想国》所谓咬人小狗,是哲学对人的败坏,如今遍地都是。西方属金嘛。我们还是以生化长养为主的。

子横:我们现在网络时代,每一个人都有一个治国方案,但是是不是应该也同时扪心自问一下,你对现实了解多少? 你对历史有否熟悉? 你对中西两方是否有充分入里的认识? 你对道理体会多深? 你自身是否足够健康、强大同时又充满仁心? 如果这些你都不具备,你凭什么去治病、治国呢? 你不是因为自身的不完备而淆乱了家国的视听吗?

无竟寓:我在课上常常结合病例方药讲这个道理。治国比治病难得多,可是很多人以为治病嘛到医院就好,治国嘛谁都可以开方子。《理想国》里苏格拉底就问过年轻人:如果说一艘船,划桨升帆都要有会划桨升帆的人来司职,而船长却可以不需要任何知识,谁都可以当,这不是很荒唐吗?

Orphos:虽知近世以来弃绝传统之情状,却不必非要定罪下牢,弃绝此百余年的历史,反而可以因病制宜,以病史和病体为资粮、基础,攻补得宜,而竟其功。

无竟寓:前面兔置所见正是此意。我的文章也是这个意思。虽然话题是中医,实则涉及整个中国文化在现代的处境和未来,所以副标题题作"古今中西之变与中医的未来",起首即论治国治人之病一以贯之,结尾诉诸太史公通古今之变。经过这番讨论,尤其显明旨趣。拙文《"五四"九十年古今中西学术的变迁与今日古典教育的任务》曾有相关讨论,诸君可参考。①中国现代性事涉古今之变,又兼中西否隔,郁结了太多东西,弊病丛生,解之不易,而现代性情多激进乖戾,左右对峙,处方极端,每况愈下。斯宾诺莎所谓"不要哭,不要笑,要理解",尤其适合今日汲汲于为国家开方子的各家主义。

Orphos:中医解郁的办法是和,藏象经络的内部和解。犹太人斯宾诺莎的"要理解",对于我感触他的人生确实有益,但一旦成了教条其实也恐怖,无哭无笑只有冷冰冰的理解,在这理解中,是一幅幅解剖图解。此犹如许多事哲学者只能理解有理之事,茫然无知于情中之理,何以故? 无情也。情之生也,或虽凶猛,然必有尽时,压抑围堵,必成病因,乃成大患。希腊语 Katharsis,有按基督教传统译为"净化"的,罗念生译为"陶冶",而陈中梅译为"疏泄"。情志不畅而郁结于中,上下气机则必逆乱,脾胃、肺、肾等皆可遭其殃。若情志得以疏泄,得以抒发,则可阴平阳泌,精神乃治,无论是阅读、书写、朗诵、歌唱……皆是其法,乐之本真,莫不生发于此。讨论亦然,在不厌不弃中情绪有其自然而然的开阖缓急,沟通中可逐渐共鸣。

无竟寓:性情是一方面,宽博的理解力和想象力也很重要。智到了,有时仁也能自到。就好像山水画,水到山前必有路。经学、医学都是活人之术,哪有教人做死人的道理。节制感情,培养感通,是活人法门。正好前日易经课上讲到乾九五"水流湿,火就燥,云从龙,风从虎"的感通畅达与咸卦少男少女小感情的区别。克己复礼,天下归仁。节制个人感情往往是人我疏通畅达的必要功夫。当然,节情以礼,顺遂人情,不是压制抑郁。Orphos 讲的疏泄不过是治肝法之一种,同时需要辅以柔敛。疏泄可以舒肝,疏泄太过则肝阳过用,耗伤阴血;柔敛可以养肝,柔敛太过则少阳不升,气血瘀阻。肝体阴而用阳,未可偏废。所以,还是和解法为正治,在这一点上,大家取得了共识。子曰:"君子和而不同。"

---

① 参见拙著《道学导论(外篇)》,华东师范大学出版社,2010 年。

医 易 札 记

医道问答六则

　　或问祷神治病如何？无竟寓曰:《书》曰:"惟吉凶不僭在人,惟天降灾祥在德。"(《尚书·咸有一德》)《易》曰:"天道亏盈而益谦,地道变盈而流谦,鬼神害盈而福谦,人道恶盈而好谦。"(《谦彖传》)天地人鬼神,其道一也,其德一也。凡论鬼神,要在道德一贯,不在天地人鬼神之间妄加分别。《书》曰:"德惟一,动罔不吉,德二三,动罔不凶。"(《尚书·咸有一德》)《易》曰:"夫大人者,与天地合其德,与日月合其明,与四时合其序,与鬼神合其吉凶。先天而天弗违,后天而奉天时。天且弗违,而况于人乎？况于鬼神乎？"(《乾文言传》)

　　心兰"以阴阳为象,以生生为数,以圣人之言为文"。之光难之曰:"太极生两仪,两仪生四象,有阴阳方有四象。阴阳无象,一阴一阳时才生象。有天数有地数,有生数有成数。以生成为数,可也。生生以德言,非闻以数言。"无竟寓曰:"《黄帝内经·灵枢·阴阳系日月》云:'阴阳者,有名而无形。'"一阴一阳之谓道。道本无形,行之成路。《释名》所谓"道者蹈也,路者露也。"天行之为四时,天道之路也,人行之为礼义,人道之路也。阴阳无形,无非道尔,惟人观之乃形,取之乃象,行之乃德(德者得也),制之乃器,举而错诸天下之民乃有事业。故圣人"近取诸身,远取诸物,于是始作卦象,以通神明之德,以类万物之情"。故《易》曰:"法象莫大乎天地,变通莫大乎四时,悬象著明莫大乎日月。"(《系辞传》)圣人之象阴阳,大者莫过天地,著明者莫过日月。故天时地理者,人伦之节也,阴阳者,人道之始也。故《易》首乾坤而继之以咸恒,《风》首关雎而《雅》先鹿鸣,皆阴阳二气之感以倡其端也(或天地,或男女,或君臣)。故治国之道,医人之术,莫不取法于天地之大,与夫日月之行也。阴阳至大,故论议自标者多,履而行之者少,故《内经》云,"道者,圣人行之,愚者佩之"①,良可叹也。譬如中医辨证,本当首辨阴阳,而世之医工乃辨表里虚实寒热则止,无论阴阳矣。微阴阳,天地日月之行循轨而已,天道不明;微阴阳,表里虚实寒热症状而已,医道乃殃。故今之欲兴中医者,当以辨阴阳而明天道为先也。郑钦安《医理真传》原序云:"医学一途,不难于识症,而难于识阴阳。"又《医法圆通》序云:"偶悟得天地一阴阳耳,分之为亿万阴阳,合之为一阴阳。"诚知道之言也。

未然问:"如果说阳为体,那么阴就是用?"答曰:阴阳是相对而言的,很难截然划分。这种情况应该也有,但更多的时候是阴为体,阳为用。又问:"为什么是五味,不是六味? 天干、地支的折半数五、六正好是阳、阴之数。按理应该是六味才对。"答曰:阴阳只是相对而言,强为之区分。所以,阴中还要分阴阳,阳中也要分阴阳。相对于气而言,味自然是属阴的。但这并不妨碍《素问·阴阳应象大论》和《金匮真言论》既以五味配五行,又以五臭(气味)配五行。天干地支的阴阳属性其实也很难一概而论。五运一方面配天干属阳,另一方面又是在地成形的五行之运;六气一方面配地支属阴,另一方面又是天之六气流行。五、六数字的阴阳属性,亦不可一概而论。五自然是阳数配天,六自然是阴数配地。但就五脏六腑而言,恰恰是五脏配地属阴,六腑配天属阳。其

---

① "佩之"或训为悖之,亦通。

间奥秘，都在泰卦。天上地下，阳上阴下，固自然之理也。而人之生，三也，天地之交也，阴阳之变也，刚柔之错也。故先王以泰"财成天地之道，辅相万物之宜"，与天地叁矣。此亦夏建寅，孔子从夏时，人道之义也。民间春联横批往往曰"三阳开泰"，亦此义也。人体之中，相表里之脏腑，胆腑在肝脏之下，小肠在心脏之下，大肠腑在肺脏之下，膀胱腑在肾脏之下，无非颠倒阴阳、地天交泰之义也。

　　子横问：先生言"肝实，逆而泻之，食宜酸；肝虚，随而补之，食宜辛"，这里的酸和辛是不是说反了？不是辛主发散，酸主收敛吗？答曰：《素问·脏气法时论》："肝病者，平旦慧，下晡甚，夜半静。肝欲散，急食辛以散之。用辛补之，酸泻之。"王冰注："辛味散故补，酸味收故写。"《新校正》："按《全元起本》云：'用酸补之，辛泻之。'自为一义。"窃以为两说皆通。肝体阴而用阳。补肝阴用酸，补肝阳用辛；泻肝阴用辛，泻肝阳用酸。看你要补什么泻什么。我的说法是仅据内经原文来说，即就肝阳来说。肝者，将军之官，主疏泄。当主以辛散助疏泄为补，酸敛为泻。酸敛泻气将军之气也，故云泻之。当然，酸甘化阴，益肝之阴血，亦可言补。更准确来说，无论辛酸，如欲补之，必与甘味同用，《难经》、《金匮》所谓"益以甘味之药调之"之义也。辛甘化阳，所以补阳；酸甘化阴，所以补阴。桂枝汤深有此意。桂枝、甘草辛甘化阳，芍药、甘草酸甘化阴，所以共为调和营卫阴阳之祖方。前日在宣明学社正好谈到这个问题。其中说到不发怒、多吃酸味、成天躺着卧养肝血等等，这样"养肝"的结果恰恰是肝郁，也就是肝的阴有余而阳不足，非谓补之也。春夏养阳，秋冬养阴；动而生阳，静而存阴；辛甘化阳，酸甘化阴。养之道尽矣。申论之：颐养之道还可以从《周易》的颐卦和紧随其后的大过卦之关系来看。颐养之道要在阴平阳秘。明清温病学流行以来，养主要指养阴，这个是偏颇的。一味养阴的结果就是《内经》所谓"膏粱之变，足生大疔"，也就是大过之卦泽灭木之变。譬如小建中汤，颐卦当之，以颐者养也，小建中汤重用饴糖、甘以养中之义也；震下艮上，动而止，芍药倍桂枝之义也。十枣汤，大过卦当之，以巽下兑上，泽灭木之象也：水邪盛而反侮土且不养木之象,犹今之肝腹水,可急以十枣汤治其标:芫花、甘遂、大戟峻下逐水,十枣以培土。水落土出,木得乘隙,然后从容治其本,"补用酸,助用焦苦,益用甘味之药调之",或收九二"枯杨生稊"之功,亦未可知也。故颐之大过,犹《内经》"膏粱之变,足生大疔"之谓也。

虚中学太极拳有悟:"太极发的不是力,而是劲。必须把力全部褪去,然后才能体悟到劲。"无竟寓曰:此理可证以《孙子兵法》。《兵法》认为力战力胜是等而下之的,善之善者是藏形以蓄势。势的要点有两个,一是要从容引弓扩弩,以至于"险",二是伺机发动时要"节","节"的关键是"短",也就是"寸劲",但寸劲发机虽短,其所由来也长,是长期蓄势的结果。阴阳长短结合,就是太极拳所谓"如棉裹铁"的状态,《黄帝内经》里叫做"肌肉若一"(《上古天真论》)。肝体阴而用阳,也是这个道理。所以,《内经》里说肝是将军之官。内经和兵法也是相通的。所谓用药如用兵也。就五行而论,孙子兵法的深刻之处在于透过兵为金火的表象,看到了兵为木石的根本(参《势篇》),更看到了兵为水的源头。所谓兵法之法就是从水。《易经》师卦亦从坎取象。如棉裹铁就是坎卦,两阴包一阳。整部兵法讲的都是坎卦的道理。金戈铁马的金象、硝烟滚滚的火象,上将视而不见,充耳不闻。上将之事,藏形于帷幄,运势于沙盘而已。《孙子兵法·形篇》最后一句话说出了所有太极练家(还有书画家)都必须反复体会的道理:"胜者之战民也,若决积水于千仞之溪者,形也。"

虚中问:"绿色屏幕护眼,从中医看有否道理?"答曰:养肝的是草木之色,要在得其青葱生发之气,鼓舞少阳,条达冲气,降逆厥阴,故目之怡怡,宁静致远,平肝宁魂而生胆气、发心志,故诗多以草木起兴而言志,盖医家所谓木生火之义也。屏幕之绿,得草木色相,未得其生气尔,故视之令人目荡,徒增不安。且屏幕诸色本以荧光出之,性属丁火,非水不能制其性,故宜水墨之色以平其丽而成其文,此又既济卦义之一例也。又,冲脉与足厥阴肝经关系甚大,故需并论平冲;肝体阴而用阳,故观草木之色非仅养肝摄魂，且发胆气，生心志，两者宜兼见。

经方《周易》解札记十九则

小陷胸汤：需卦当之。《伤寒论》第 138 条："小结胸病，正在心下，按之则痛，脉浮滑者，小陷胸汤主之。"此为痰热结胸之象也，需卦乾下坎上象之。

桃核承气汤：讼卦当之。《伤寒论》第 106 条："太阳病不解，热结膀胱，其人如狂，血自下，下者愈。其外不解者，尚未可攻，当先解其外；外解已，但少腹急结者，乃可攻之，宜桃核承气汤。"坎下乾上，水热互结膀胱、下焦蓄血之象也，宜桃核承气汤。

真武汤：师卦当之。《伤寒论》第 316 条："少阴病，二三日不已，至四五日，腹痛、小便不利，四肢沉重疼痛，自下利者，此为有水气。其人或咳，或小便利，或下利，或呕者，真武汤主之。"师"地中有水"，阳虚水泛、膀胱蓄水之象也。治以真武汤。君药附子当九二，一阳主内，刚中而应，师之"丈人"也。且汤名真武，卦名师，正相当也。

苓桂术甘汤：比卦当之。《伤寒论》第 67 条："伤寒，若吐、若下后，心下逆满、气上冲胸、起则头眩、脉沉紧，发汗则动经，身为振振摇者，茯苓桂枝白术甘草汤主之。"师之覆卦，坎反居上，胸阳不振而饮停心下之象也。治以苓桂术甘汤，桂枝当九五。

大青龙汤：小蓄卦当之。《伤寒论》第 38 条："太阳中风，脉浮紧、发热、恶寒、身疼痛、不汗出而烦躁者，大青龙汤主之。"外有风寒，里有郁热，小蓄上巽下乾之象也。小蓄"密云不雨，自我西郊"，治以大青龙汤，汗发雨下，则密云自散，风散身凉。青龙者，行云化雨之谓也。

白虎汤、白虎加人参汤：履卦当之。《伤寒论》第 168 条："伤寒若吐若下后，七八日不解，热结在里，表里俱热，时时恶风、大渴、舌上干燥而烦、欲饮水数升者,白虎加人参汤主之。"肺胃热盛伤津,宜甘寒清热生津之属,白虎汤类主之,犹履卦下泽上天,津液上承以清热之象也。亦"履虎尾,不咥人,亨"之意也。

承气汤类:否卦当之。阳明腑实热结,否隔不通,否之象也,治以承气汤类,通以为用。

半夏厚朴汤:噬嗑卦当之。《金匮要略·妇人杂病脉证并治第二十二》:"妇人咽中如有炙脔,半夏厚朴汤主之"(《千金方》作"胸满,心下坚,咽中占占,如有炙肉,吐之不出,吞之不下")。《易》曰"颐中有物曰噬嗑",故"利用狱"以去之。

小柴胡汤、四逆散:贲卦当之。《伤寒论》第266条:"本太阳病不解,转入少阳者,胁下硬满,干呕不能食,往来寒热,尚未吐下(一作不可吐下),脉沉紧者,与小柴胡汤。"贲卦"山下有火":热郁少阳而枢机不利之象也。"刚柔交错":寒热往来也,非表非里也,寒热并用也。"文明以止":禁汗禁吐禁下也。"君子以明庶政,无敢折狱":和解少阳、调和肝脾也。"柔来而文刚":芍药当六二也,阳中之阴也。"分刚上而文柔":柴胡当上九也,阴中之阳也。肝体阴而用阳,贲六二上九之义也。

鳖甲煎丸:剥卦当之。《金匮要略·疟病脉证并治第四》:"病疟,以月一日发,当以十五日愈,设不差,当月尽解。如其不差,当云何?师曰:此结为癥瘕,名曰疟母,急治之,宜鳖甲煎丸。"群阴剥阳,山可使为平地,鳖甲帅群虫消癥散结、剥尽坚块之象也。

八味肾气丸:复卦当之。《金匮要略·血痹虚劳病脉证并治第六》:"虚劳腰痛,少腹拘急,小便不利者,八味肾气丸主之。"阴损及阳,乃于阴中求阳之象也。地黄八两为君,坤上之义也;桂附各一两,其量虽小,而阳渐以复,初九之义也。

附子粳米汤:无妄卦当之。《金匮要略·腹满寒疝宿食病脉证治第十》:"腹中寒气,雷鸣切痛,胸胁逆满,呕吐,附子粳米汤主之。"里寒,故腹中雷鸣切痛,胸痹停饮,故胸胁逆满呕吐。治宜辛温大热之药,以粳米汤引之入内,又以甘缓之品徐而养之。不以粳米引之入内,则辛热药力不下;不以甘缓养之,则胃气不复。粳米引附夏,犹《彖》曰"无妄,刚自外来而为主于内",此谓刚自上降,为主于初。于是形成"动而健,刚中而应"之势。动者,下震也,腹中雷鸣也;健者,上乾也,辛温之药也;刚中者,九五也,附子也;而应之者,六二也,粳米也。《象》曰:"天下雷行,物与无妄,先王以茂对时育万物。"天下雷行,粳米引下附子半夏之谓也,先王以茂对时育万物,甘草大枣之谓也。惟甘味属土能育万物。

小建中汤:颐卦当之。《金匮要略·血痹虚劳病脉证并治第六》:"虚劳里急,悸,衄,腹中痛,梦失精,四肢酸疼,手足烦热,咽干口燥,小建中汤主之。"颐者养也,小建中汤重用饴糖、甘以养中之义也;震下艮上,动而止,芍药倍桂枝之义也。《象》曰:"山下有雷,颐;君子以慎言语,节饮食。"荀爽曰:雷为号令,今在山下闭藏,故"慎言语"。雷动于上,以阳食阴,艮以止之,故"节饮食"也。言出乎身,加乎民,故慎言语所以养人也。饮食不节,残贼群生,故节饮食以养物。

十枣汤:大过卦当之。大过"泽灭木",水邪盛而反侮土且不养木之象也,犹今之肝腹水。急以十枣汤治其标,芫花、甘遂、大戟峻下逐水,十枣以培土。水落土出,木得乘隙,然后从容治其本,"补用酸,助用焦苦,益用甘味之药调之"(《金匮》),或收九二"枯杨生稊"之功,亦未可知也。又颐之大过,犹《内经》"膏粱之变,足生大疔"之谓也。

李东垣补中益气汤:升卦当之。升巽下坤上,木生地中,日长而升,培土而升阳之义也。上坤当芪参术草之属,下巽犹柴胡升麻之类也。此方虽非出仲景,亦无非经方化裁而来也。

麦门冬汤:困卦当之。《金匮要略·肺痿肺痈咳嗽上气病脉证治第七》:"火逆上气,咽喉不利,止逆下气者,麦门冬汤主之。"《象》曰"泽无水,困":兑金失水,阴虚肺萎之象也,麦门冬汤主之。坎柔外而刚中,故重用麦门冬补肺泽之阴水,亦须小用人参甘草之阳气以助之也。

薯蓣丸:渐卦当之。《序卦》:"物不可以终止,故受之以渐。渐者,进也。"《金匮要略·血痹虚劳病脉证并治第六》:"虚劳诸不足,风气百疾,薯蓣丸主之。"虽虚劳风气百疾而命不当陨,"不可以终止";然诸不足日久沉积,痰瘀重阻,未可遽补,宜薯蓣丸渐进图之。艮下巽上,"止而巽,动不穷也",且行且止,日渐升复也。"山上有木":薯蓣及诸培土养阴之辈为山,桂枝、防风、柴胡,则分入三阳经之风木矣。

炙甘草汤(复脉汤):丰卦当之。《伤寒论》第177条:"伤寒脉结代、心动悸,炙甘草汤主之。"《序卦》"丰者大也":气阴两虚,脉管不充,结代不通,丰以复之,"明以动之",必至于亨。"勿忧,宜日中":脉复则丰大,日中则君火照临。离火中虚而外刚,气阴两虚则中阴不足而外阳亦弱矣;中阴不足、外阳亦弱,则心血凝泣,脉结代矣。治宜炙甘草汤,益气养阴:炙草、生姜、桂枝,初九九三也,离之外刚也,心之阳也;地黄、阿胶、麦冬、麻仁,六二也,离之内柔也,心之阴也;人参、大枣益气养营,气阴兼顾,共奏丰大复脉之功。"明以动之":君火明则脉自畅达盈动矣。

黄连阿胶汤:既济卦当之。《伤寒论》第303条:"少阴病,得之二三日以上,心中烦、不得卧,黄连阿胶汤主之。"火水未济则坎离不交,病在手足少阴,"心中烦,不得卧"。治以黄连阿胶汤泻南补北:黄连黄芩降心火而下温肾水,芍药阿胶益阴养血而津液上承,中以鸡子黄二枚上下兼顾,滋肾阴而养心血,混混沌沌,氤氤氲氲,刚柔交合,阴阳媾精,则水火既济、万物化醇矣。

卦象与修身札记三则

子横来信谏变化气质。答曰:这两天一直在忖度如何改变。我向来有个习惯,就是每段时间会有一句话,或者一个词,有时是一两个字,拈来放在心头,时时念叨,告诫自己如何变化气质。这两天在你的来信敦促下,我就常想着内心的改元,应当换成几个什么字眼。于是就想到了一个字:豫。豫卦卦辞说:"豫,刚应而志行,顺以动,豫。豫顺以动,故天地如之,而况建侯行师乎?天地以顺动,故日月不过而四时不忒。

圣人以顺动,则刑罚清而民服。豫之时义大矣哉!"我的字"如之"就是前年读《易》读到这个地方的时候所取来。当时听松坊非常喜欢,希望这个字能帮助我变化气质,用大顺之道来引导我天性中过多的发强刚毅,用天地正性的豫悦和乐来化解我常常过度的高兴、悲伤、愤怒和沮丧。《禹贡》九州的"荆",注疏家谓"荆,强也,蛮也"。加上我出身垄亩,自知荆楚野人习气深重,非痛下决心不能改也。虽然,改正之道宜徐图之,这是豫之所以为妙的另一个重要意思罢?似乎,豫悦之悦,有赖于在一个发动之前空出舒缓地带,徐为之备,从容含玩,然后才有愉悦的不期而至?相反,如果一有激动就骤为之歌哭,蹴为之行动,愚者谓为性情中人,智者以为暴戾无礼者也。孟子所谓直养浩然之气,适于夜气中养之。豫,它的徐为之备的愉悦,也许是养育七情的夜气罢?七情各有偏至,而只有天地如之的顺动之悦,才是天地性情之正?现在,当我复这封信的时候,这个豫的愉悦,又呼唤着兑的愉悦。因为我这番内心的改元为豫,以及由豫引发的思考,完全是由于另一汪心灵湖泽的比兑和滋养而来,这又是何幸如之的缘分呢?

壬辰春,子横归国,占得震卦,遂自号畅春楼主人。无竟寓曰:畅字左申右易。上海称申也与春有关。楚春申君晚年封在吴地,故吴地有春申江(即黄浦江),无锡惠山有黄公涧(春申君名黄歇),上海称申城等等。坤六五"美在其中而畅于四支",以通畅而又有充实之义,可旁通孟子养气之说。《月令》以十一月为畅月,注云"畅者充实",以十一月闭藏充实故也。十一月于消息卦为复,大震卦也,春气之动实生于此时。故主春气生发者,必以闭藏养复为本,未可专主发散。

紫光凝问静坐。无竟寓答曰:静坐可参复卦卦义,尤其是孔子《彖传》、《象传》及《正义》注疏的意思,体悟何谓动息静止,为什么静坐。同时,可结合道家调息和佛教念佛或持咒方法。这几点是我二十年来修习静坐的经验总结。颜回一系有心斋,孟子有养气,非必佛老有静坐。《易》曰:"雷在地中,复,先王以至日闭关,商旅不行,后不省方。"又曰:"复,其见天地之心乎!"静坐养复也可算是先王之道落实到现代日常生活中的一种方式了。颐卦亦可参静坐养生之理,同样是从先王养贤之道来,"自求口实","慎言语,节饮食",动而止。又《易》"得象忘言,得意忘象",非文字相也,故须参剥卦之意。剥复结合起来就是颐卦。颐有周天之义。具体落实到静修实证,复卦颐卦之义意味着:静坐不是枯坐,是要有生机的。检验有否生机的征象,很简单的一条是口中金津玉液是否源源不断地生出。生津液的关键是要舌抵上颚,通任督,接阴阳。夫惟如是,方有舌尖云行雨施,品物流行。津液从舌下两个穴位金津和玉液生出,应该很快就能充满才对。充满后要分三口徐徐咽下,咽时汩汩有声,直下丹田,上下通泰,便是泰卦之义。这是颐卦下体震动的一面。上体艮止的一面,体现在调息上:入坐之后,气息可自然调至三十秒至六十秒呼吸一次。或一呼一息之间脉搏二十次到七十次左右。这不是故意憋气憋得出来的,要经过十几年的长期练习,逐渐自然养成。这样坐惯了,平时呼吸频率也是较常人深静缓慢的,于是心也总是定得下来。所谓"仁者不忧,智者不惑,勇者不惧",也就可以慢慢养成了。

诗风的古今流变

诗作与农作

之光作文,论及诗作与农作的关系。无竟寓曰:研究这一主题,可读《诗经·豳风·七月》。豳,稼穑始祖后稷之曾孙公刘之封,周兴之地也。周之兴,以后稷、公刘农作之道起。豳风《七月》之诗为之风颂者也。尤可注意者:郑笺以为,《七月》一诗兼风雅颂三体,且位处风之末以启雅颂。以此独特位置,《七月》之诗贯通农作生活之全部天地神人领域:上贯于天年,下达于耒耜,中合于夫妇之道。以风、雅之间的位置,兼备风、雅、颂之体。

在西方古典诗中,这一主题可读维吉尔《农事诗》等,此不详及,有空时另行阐述。无论如何,一个基本原则就是:解读古诗永远不要止步于抽象的观念,而是一定要有充实具体的文本疏解,每个想法都要落实到文本细节,以求庶几合于夫子之教:文质彬彬,然后君子。譬如,你文中论及风物的时候,可细致到讲风与物,如诗经中的风与物的关系,风化与多识于鸟兽草木之名的关系等等。

作文就是疏而解之。疏解你自己的文本,用风吹散它,让它张开、开张、打开，分成更多的部分、小节、主题、动机的种子，让他们散开，充满文本的空间。"充实之谓美，充实而光辉之谓大，大而化之之谓圣，圣而不可知之之谓神"（《孟子·尽心下》）。让这个神性充实而广大的空间空出来，拥有更多的空间以及空间之间的追逸、赋格，从容不迫地把每一点娓娓道来、渐渐展开。这是作诗作文的道理，更是农作生物的道理。《书》云"诗言志"（《舜典》），《黄帝内经》谓"春三月，此谓发陈，天地俱生，万物以荣，夜卧早起，广步于庭，被发缓形，以使志生"（《素问·四气调神大论》）。养志之道即生物之道，故诗作即农作。

风雅与风骨？抑或诗风不绝如缕？

枕戈作硕士论文《风雅与风骨》。无竟寓曰：题目很好。提一个问题："从风雅到风骨"，这是一套话语，是中国传统的话语；你把从风雅到风骨解释为从道德法则到个体审美精神，但这是另一套话语，是导源于十九世纪的西方、现在占据着中国大学的"美学"和"文艺学"学科的教科书话语。你的文章似乎把它们用作等价的、可以互换的两套话语，或者是拿后一套话语来解释前一套话语。但是，在这样做之前，似乎首先应该考察一下两套话语，尤其是不假思索就拿来用的后一套话语的来源谱系，反思一下两套话语之间的关系是不是可以对等、互换、互释等等。如果首先有这样一番方法批判意义上的工作作为前提准备，那么，可以期待的结果也许就不只是更加妥帖的阐释，甚至可能是某种从传统话语和西学话语中化用出来的新话语方式，并以此方式得出新的阐释结果。

还有个问题就是，"风雅与风骨"的关系可能犹如文质的关系那样是往返相复的，而不是线性单向的"从"风雅"到"风骨的历史结构。文章之所以按照"从……到……"的单向思路考虑问题，很可能是不自觉地受到十九世纪西方进步论的历史哲学影响。这套历史哲学的话语就是维系在"个体精神"的发现史和解放史之上的。根据这种历史哲学，个体精神从群体束缚中解放出来，构成了单向的历史进步方向。而在中文诗歌传统中，风雅与风骨这两种诉求其实是此消彼长的，不存在单向的从哪里到哪里的历史进步论叙事。文章本身也已经说到，在孔子对诗乐进行雅正削删、子夏毛氏序以正之的道德政教化之前，风诗原本是更加野放不羁的，也就是说有更接近于后世所谓"风骨"的一面。风骨之兴，也许不过是在名浮于实、文胜于质的文贵之时由文返质、以质救文的一种努力，而不是从根本上反对雅正，毋宁说恰恰是要通过拨冗虚文而来返诸雅正。这就是为什么反对名教的风骨诗人不是通过非古崇今而恰恰是通过复古的诉求来达到风骨。风骨与风雅原是一风之变，并非对立关系。在风骨说出来之前，《诗经》中就有正风变风之别。变、正关系内在于从原诗到近世的任何诗歌形态中，不存在一个从雅正到奇变的单向历史进程。晋唐之后，与古文运动、理学革新相应，诗风又回到雅正的诉求，至明公安三袁又摆荡回来，清又回去，近现代又回来，如此往复，奇正之变通也，古今之往来也，文质之相复也，不是"从哪里到哪里"的线性历史哲学所能说清楚。

你以为诗歌之本质首先是抒情，这似乎是现代诗学的偏见。当然，牵强附会的道德化、政治化确实是后起的东西，不是最原初诗兴的东西，但是，这并不意味着抒情就是原初诗性的东西。原初诗性的东西可能既不是后起的抒情，也不是后起的政治化，而是兴观群怨的整体性东西，在这个东西里包含了后来片面发展为抒情的种子，片面发展为你所谓审美的种子，片面发展为道德性的种子，片面发展为政治化的种子。

中文诗学工作的基本使命也许就在于：如何致力于剥离后世的种种虚妄，尝试接近那个原初的兴观群怨的整体性大诗。这样的诗学工作可以称为"原诗"的工作。也许古往今来，无论哲人的诗学沉思，还是伟大诗人的写诗，无不是在做这样一种原诗的工作。李白诗云："我志在删述，垂辉映千春。希圣如有立，绝笔于获麟。"这当然是微茫的正声吁求,但它的微茫与孔子、子夏、毛氏父子的处境并无不同。从来风雅正声就被掩盖在郑卫之声的繁手淫声之下,自古就是这样,无须等到晋唐。即使孔子削删、卜毛序正的时候,个体审美和抒情并不会因此而稍微停止。李白茫失于六朝之绮丽而叹"大雅久不作",正如孔子与弟子相失于郑之东门而犹思以丧家之犬而复主人之礼;陈子昂前不见古人后不见来者,天地之间独唱大雅,正如孔子困于陈蔡之间而弦歌不绝。

风骨之兴,并不是因为个体审美和抒情的发展反抗了政治化道德化的说教,才导致诗风的复兴,而是出于要返回到雅正开端的要求,既抵制了虚伪的说教,又抵制了滥情的抒情审美,才带来古风的复兴。无论风骨风雅,都是一风之代兴,文质之相复,古今之变通,不存在从哪个到哪个、哪个对抗哪个的关系。它们要克服的共同对立面都是虚伪说教和滥情审美。只不过对于风雅来说,由于它片面重视对滥情审美的克服,反而有可能堕落到虚伪说教的形态,因而对于它来说,真正的危险和要克服的对象其实是虚伪说教的堕落形态。相反,对于风骨来说,由于它片面重视对虚伪说教的克服,反而有可能堕落到滥情审美的形态,因而对于它来说,真正的危险和要克服的对象其实是滥情审美的堕落形态。

风雅反对滥情审美,但不反对风骨;风骨反对虚伪说教,但不反对风雅。风雅和风骨并不相互反对,而总是联合起来共同反对虚伪说教和滥情审美。风骨之兴,恰恰是通过回到风雅传统而同时反对了虚伪说教和滥情审美,从而带来诗风的复兴。这便是中文诗学的春秋历史叙事模式:说教与滥情交,诗风不绝如缕。道德与审美交,诗风不绝如缕。政治与抒情交,诗风不绝如缕。①这个历史叙事结构是比那种渊源于基督教而于十九世纪产生于西方的单向线性进步历史模式更加符合中国诗学的历史实情。

————————

① 《春秋公羊传》僖四年传:"南夷与北狄交,中国不绝若线。"

中文诗句的节律变奏

现代中文诗歌必须探讨古典中文诗歌的气息、节奏、文理，并从中找到自己的形式节律。窥探这一文理的途径之一也许是对古典中文诗歌几言句节奏的梳理。而梳理这种节奏的一个有趣方式，侧门进入的方式，也许是对历代诗话、词话乃至民间传说中关于诗词增减字数或改变节律之趣谈的诗学解读。

这类趣谈的例子如"床前明月光，疑是地上霜。举头望明月，低头思故乡"，这首五言诗曾被戏简为三言"床前月，地上霜，望明月，思故乡"。又譬如"清明时节雨纷纷，路上行人欲断魂。借问酒家何处有，牧童遥指杏花村"，七言曾被人戏简为五言"清明雨纷纷，行人欲断魂，酒家何处有，遥指杏花村"，乃至改变断句，成为长短句的节奏"清明时节雨，纷纷路上行人，欲断魂。借问酒家何处，有牧童遥指，杏花村"。

在这些减字或变调的故事中，蕴含着中文诗歌节律的什么秘密？中文之为文一字的什么秘密？这些都有待我们思考。我感觉无论几言的中文诗歌，可能最终都可以归结为一或二这两种基本节奏，也就是阳与阴的节奏。四言之后，一字句和三字句的出现可能是决定性的。无须等到诸如"十六字令"中的一字句，可能早在唐诗中，五言七言的形成就是一三介入二四的结果。五本质上也许是二加三，又可分解为二加二加一，或二加一加二；七本质上是四加三，又可分解为二加二加三，进而二加二加二加一，或二加二加一加二等等。根本而言，是一介入二的结果，是阳数合和阴数的结果。唐诗之盛，乾坤合德之盛也。这些都可以验之以具体诗词。做这种节奏分析，首先要看到的是"一"在何处，以及由一加二组成的三何在。这两者对于诗经四言来说都是决定性的变奏。至于词曲和现代诗，可能都是对一、二两元素的更加放肆的变奏组合。

譬如：床前明月光（二加二加一），疑是地上霜（二加二加一）。举头望明月（二加一加二），低头思故乡（二加一加二）。在这首诗中，"一"之位置的改变也许是此诗月光性流动的节奏秘密。而且,来自《诗经》的原始四言节奏出现在前两句中(床前明月、疑是地上),"一"是外加的(光、霜),并不隔断四言。而在后两句中就发生了对原始四言的更强变奏,"一"(望、思)楔入"四"中,把"四"分割成了两个"二"(举头、明月、低头、故乡)。

又如:清明时节雨纷纷(二加二加一加二),路上行人欲断魂(二加二加一加二),借问酒家何处有(二加二加二加一),牧童遥指杏花村(二加二加二加一)。同样,这首诗中的"一"也是要变位的,否则就死板。而且,同样,来自诗经的四言基调也是而出现在前面两句中,而变奏因子一和三也是出现在后面两句。

美学与伦理学

友人博士论文解列维纳斯,以为美即善,善即美。无竟寓曰:美与善的关系问题,正好我翻译中的一本书《尼各马可伦理学义疏》①有集中的疏理,翻完后我们可以深入交流。昨天做一个讲座,疏解海德格尔《艺术作品的本源》。有学生也就海德格尔问到类似问题,我在回答中往上扯到柏拉图,往下扯到阿伦特,确实是一个非常关键的问题。我在回答中说到,艺术作品的本源谈的无非是 kalon 与 aletheia 的关系问题,海德格尔无非强调说,在希腊的思想源头处,美和真都是世界的敞开性和相互关联性,在其中没有任何一物可以被专题地独立出来作为"审美的对象"、"认识的对象"或"技术处理的资源"。至于善和正义,亦即什么样的生活值得一过的问题,虽然没有专门地提出来探讨,但其实包含在其中,因为,如果真与美都在其本源中敞开一个神人相与的世界,那么这个世界就是人可以幸福地生活于其中的世界。这一点在《艺术作品的本源》第三部分以及

---

① 已于 2011 年由华夏出版社出版。

后来的《关于人道主义的书信》中都有谈到。在这里最关键的是一个交通的结构，也就是所谓"Zeit-Spiel-Raum"或天地神人四大相与所讲的东西。这是很希腊的东西，它的基础是一种纯朴深稳的家园经验。如果回到 ethos 这个词的希腊本义的话，这确实正好就是 ethics，虽然它并不探讨伦理的起源、形式、本质等所谓"伦理学问题"。相比之下，列维纳斯的"他者伦理学"大概是一种异乡经验，而且尤其是一种"作为异乡的故乡"经验，如在摩西带领的以色列民回到阔别的迦南地，或改宗基督教后的罗马公民眼中的罗马，或战后废墟中的欧洲，乃至任何一个忏悔着或祈愿着的人心中的自己：他的过去，他的未来，他生命中无数不能预知和整合的他者，整个世界作为一个无世界非存在的 il y a，如此等等。

管乐与弦乐的古今之变

与听松坊论乐：近日听某版本的琴箫合奏《梅花三弄》，开头古琴泛音的段落很好，梅花的清寒表现得很准确。箫亦好听。所谓发自肺腑，管乐就是直接用气息发声的，很近，可以直接感触到。古人云：丝不如竹，竹不如肉，黑格尔也说过这个意思。不过，感触太近了，精神的东西又远了。弦乐则更是纯精神的灵魂震颤。不过，它也就可能成为最纤弱干瘪的。管风琴、唱诗班在基督教的应用是精神深入肉体的运动，这与面包和酒道成肉身的结构是一样的。在贝多芬那里，最后用合唱写交响乐，也算是个顶峰了。现在人们是完全听不了纯弦乐了，人声一统天下，也可见出精神的事物彻底远离的时代处境，这是黑格尔欢呼人声音乐和现代性的时候完全没有预期到的罢。在柏拉图那里，似乎就已经发现管乐的"郑声"性质，所以他很警惕笛子。网上下载古希腊罗马音乐听过，似乎都是非常欢快刺耳的管乐。弦乐里，弹拨的比拉弦的更近距离，更接近身体性的感触，它是用指尖直接触发出来的，而无需借助弓的中介。但是,发声的又是弦的震动,不是像人声一样借助气息发声,因此,手指的弹拨只不过是出发灵魂震动的媒介而已,本质上它还是弦乐。键盘是对弹拨乐器进行间接化的结果,所以本质上更靠近弓弦乐,虽然它的点性发声特点仍然与弹拨乐一样。弓弦音乐连续性的纤锐振动,大概是最纯粹灵性的罢,但也是距离身体最远的音乐了。因此,总结起来,弹拨乐是与人的中庸处境最相应的音乐形式了,所以古琴才成为古代君子必备的乐器了罢。古琴中的所谓天地人三音,泛音空灵配天,空弦音浊厚配地,按弦音居于天地之间,中庸配人。通乎三才之道而乐作,琴亦王道之器也,宜乎君子不辍。

折扇十三叠:余笑忠组诗《折扇》绎解

《诗·周颂·赉》:"时周之命,於绎思。"《论语·八佾》:"子语鲁大师乐,曰:乐其可知也:始作,翕如也;从之,纯如也,皦如也,绎如也,以成。"《说文》:"绎,抽丝也。""绎解"在这里既是诗、乐自身结构的影响,也是疏解分析方法的要求。余笑忠的《折扇》是一个茧,叠藏万象。现在我们尝试打开这组诗的十三个褶子,抽绎出几条诠解的线头。这诠解与其说是展开,还不如说是对叠藏的模仿,在模仿中叠藏,对叠藏的叠藏,重新编织线头。对叠藏的叠藏,重新编织线头,并以此作为绎解,这或许是思与诗的真实关系,叠印和叠音的关系?

折 扇 第 一 叠

组诗《折扇》在《余笑忠诗选》[①]中被误排为《折扇》和《反面,也是正

---

① 《余笑忠诗选》,武汉:长江文艺出版社,2006年,第123页。此书后文简称《诗选》。

面》两组诗。偶然从后往前读这组诗:"一把折扇","有鸟鸣春","一个声音在说","风",……一边读一边猜想这组诗的总标题是什么。《反面,也是正面》:这组诗的总标题预示了这场偶然的逆读也是正读。在折扇的世界,偶然是必然的折叠—展开,必然是偶然的重复叠影,叠印和叠应。《一把折扇》:

一把折扇

一把折扇上可以画上一个人手持折扇

一把折扇上一个人手持折扇而他的折扇逼近无穷小

在无穷小中有一个更小的人

一个更小的人统率千军万马

那里有山有水,有结拜兄弟,有压寨夫人

同样有分有合,形同

一把折扇

这整个一组诗(被误排为两组诗),形同一把折扇。《一把折扇》是《反面,也是正面》这组诗的最后一首,也是第一首:从《反面,也是正面》前面的一组诗《折扇》的标题和题记("反面,也是正面")翻叠过来,头叠印到尾,便是这首"一把折扇"。

只要折叠必有折痕,折痕就在划分和制造褶子的余地,展开的余地,叠藏的余地,中文道说"卮言曼衍"的余地①,祖国的语言和梁山城寨乱石投筑的余地②,逼近无穷小的自由余地。在这个无穷小的梁山城寨或祖国的语言中,"在无穷小中有一个更小的人/一个更小的人统率千军万马/那里有山有水,有结拜兄弟,有压寨夫人"。这个更小的人就是折扇的可叠性;中文诗歌的可叠性。小人无穷小,在无穷小中有一个更

---

① 《庄子·寓言》:"卮言日出,和以天倪,因以曼衍,所以穷年。"《庄子·天下》:"以卮言为曼衍。"

② 海子《祖国,或以梦为马》:"此火为大祖国的语言和乱石投筑的梁山城寨。"

小的人,小人越叠越小,更小的人统率千军万马,有分有合,翕辟成变,在"开辟—叠藏"中"叠藏—开辟"出中文的时间—空间—道路。

说 梦 第 二 叠

被折叠为两组诗的一组诗,成为独一无二的一组诗,由错误或折扇成就的一组诗。这组诗的题目只能是《折扇》,因为折扇结构就是:反面,也是正面。《反面,也是正面》与《折扇》一起叠印成折扇的结构。因而是折扇自身的折叠,导致排印的错误。因为折叠本就有赖于错误,因为折叠就是错置:错位—叠置。折叠本身就是错误,以及对错误的叠藏,进一步的错误和错置。因而《折扇》这组诗被误排为《折扇》和《反面,也是正面》两组诗,这是个本质的错误,折扇自身的错误。反面,也是正面。两组,也是一组(一组诗已是多首的叠合)。而这组诗的第一首《痴人说梦》,现在被我们从最后一首翻叠回来,成为绎解的第二叠:

> 我不能再次进入同一个梦乡。
>
> 那是怎样的一个梦?我仿佛目睹了两个人,他们与生者和死者同时对话。他们掌握的秘密使我好奇。当我试图发问时,他们神秘的笑要求我缄默。
>
> 我跟随他们云游四方。我仿佛活在死者当中。接踵而来的奇迹让我一次次陷入更深的困惑。
>
> 仿佛回到了童年时代,坐在山丘上,看远山柔和的曲线,我想它们已经累了,它们躺下来开始梦想天空。
>
> 我痛惜竟从这样的一个梦中醒来。我忘却了我的梦中经历,或者说,是一个奇异的梦将我闪在了一边。我不能追述它的由来,我一开口,它就会笑:"你在撒谎!"

从最后一首翻叠过来,我们读到这组诗的第一首:《痴人说梦》。后面我们就这样翻来叠去、络绎不绝地对这组诗进行抽丝绎解,不时留下一些空档,越来越宽博地逼近中间的无穷小。无穷小因而是磅礴的无穷大。这便是余地的叠藏—展开。

题目:痴人呓语已是梦话,痴人说梦则是重叠的梦影。所以,这首诗属于罔两①之诗。折扇从梦开始,准确地说,从说梦开始,从痴人说梦开始,从影子的影子开始,从褶子的最里面开始,从世界的尾巴开始。而这尾巴乃是头,最里面乃是最外面:因为梦是最昭彰的叠藏之城,万城之城,世界之城,影响之城。

世界的基本结构就是:影响。无物无影响,无物不影响。(无物不受他物影响,无物不影响他物。无物不带括号。无物无尾,无物无足。万物有尾,万物有足。以此,道该万物。)世界就是造成影响的影响,又是影响造成的影响。世界(作为折叠)就是影响(的折叠)。而影和响各自又是一种折叠:影像和应响;影和响又相互折叠——我们将以此绎解后面要登场的哑巴和聋子,舌头和风。

我不能再次进入同一个梦乡。我不能再次进入同一座城门。同一个,同一座,同一的一就是不同一的一,因为一是内外的折线,重复的差异。一的定义就是不同一。一是一,二是二,一是一的叠合。"同"有开口,"一"为折线。"无论如何/六月要走出城门。"②无论如何,六月,一年的对折,要叠出城门。

我不能再次进入同一个梦乡:这是因为梦的同一性,梦作为世界的影响和同一性,不断地翻折自身,翻折自身,叠印自己的蝶影,在新的梦境叠印旧梦的痕迹,在旧梦的回忆中联翩新梦的羽翼。③梦因而比赫拉克利特的河流更翩跹,更无同一性,更难以再次进入。

"那是怎样的一个梦?"那是众梦之梦。"仿佛",这是梦的词语;两

① 《庄子·齐物论》:"罔两问景……"罔两,郭注:"景(影)外之微阴也",即重叠的影子,影子的影子。

② 《子夜歌》,《诗选》,第88页。

③ 《庄子·齐物论》篇末:"昔者庄周梦为胡蝶……"

个人,这是梦的结构。①"我仿佛目睹了两个人",我们仿佛目睹了梦的普遍同一性发生:在所有时间和所有地点的发生,因而只能永恒第一次身处其中的发生,无法再次进入的发生。于是这里发生:生与死的对话,梦与醒的对折。铺平折线摊开来就是世界,或者叫秘密。折线一边的我试图发问,梦试图发问,而他们神秘的笑要求我缄默。我一开口,它就会笑:"你在撒谎!"梦、谎和错误是真理的叠藏,人在其中云游四方。横亘折线之上的风景永远是童年的山丘,远山柔和的曲线,天地相叠的折痕。

声 音 第 三 叠

第三叠和第四叠叠在一起(也许还要加上将来折回的第六叠《风》),是折回到组诗的倒数第三首和倒数第二首(《风》则是倒数第四首)。

> 一个声音在说
> 我儿,这是你吸过的乳头
> 后来让给了你的弟妹
> 我儿,现在它已干枯
> 像被割头的向日葵
> 我儿,这是你要拜一拜的坟头

这首诗是组诗之外的一首诗,赋格在前面一首《风》和后面一首《有鸟鸣春》之间的一首诗,多余的一首诗。一个声音在说:它是折扇的画外音,或者是从折扇的深处发出的声音。折扇内外相折的声音,折叠的

---

① 参见拙文《海子的"实体"与"主体"》:"为什么总是两个?"见收拙著《在兹:错位中的天命发生》,上海书店出版社,2007 年。

声音。这首最短的、字体不同的诗也许是全部组诗折叠—展开的枢纽。一首不存在的诗。特别的字体发出门缝的声音，次声波的声音，似欲绝尘远去，似欲钻入门扉。我儿，这是母亲的声音在说。死去的母亲因而成为永恒母亲的母亲从大地裂缝发出的声音，大地的声音，孕育生命的死亡的声音，只有吮奶的婴儿才能听见的声音，那个声音在说。

乳头和坟头在门缝枢纽构成一个生死对折的折扇。像被割头的向日葵，现在它已干枯。而坟头上春风化雨，有鸟鸣春。

拜，这是折叠身体的动作姿势。在拜中，尤其在折叠性的拜一拜中，坟头和乳头之间的折叠性，生与死、新与旧、母与子之间的折叠性，就在春风鸟鸣中展开—叠藏了。

鸟 鸣 第 四 叠

有鸟鸣春

有鸟鸣春
有三两个小人
坐于河畔
小脚丫小脚丫
拍打水花

有鸟鸣春
有垂垂老者
夜半惊魂
针眼针眼
挡住去路

有鸟鸣春
不知何鸟

有人起坐弹鸣琴

左手是故人，右手乃无名

鸟：从乳头—坟头的褶痕深处飞出的精魂，春天的腐草孕育的精魂，引导亡魂穿越生死折线的精魂。鸟就是最深的死亡，或亡魂的对折：生命。

小脚丫小脚丫，垂垂老者：重叠的小脚丫和重叠的垂老，重叠的一老一少，在河畔的春风中构成重叠的生命，重叠的鸟鸣。针眼针眼，重叠的针眼，挡住去路，只有小人和小鸟可以穿越折线，只有诗歌可以洞达无名。"有人起坐弹鸣琴/左手是故人，右手乃无名"。起坐，折叠一展开的姿势，弹出穿越界域之声，鸟鸣春涧之声。亦如鸟鸣，琴音出自左手和右手之间的褶叠空间。左手是故人，右手乃无名：藏藏叠叠的回忆和奔逸无名之间的折叠。未来因而叠印过去，故知因而叠向未来。"此之谓物化。"①

石 头 第 五 叠

我们再次从组诗的尾部叠回开头。这一叠叠进了被网络叠藏的诗行：下面两首诗在纸面的《诗选》中是看不到的。书是折扇，网络是另一把折扇。从网络转折到纸页，发生了什么？（《折扇》是一把折扇，《绎解》是一把折扇，从《折扇》叠到《绎解》发生了什么？）在网络原本中，这是组诗的顺数第二、第三首：

工　　程

这里在修建电站。

这件大事惊动了所有的人，包括死去的村民。

---

① 《庄子·齐物论》末句。

应该是一个阳光很好的日子,上午,亲人们去到山上,挖开某个祖先的坟墓,从那里取出白骨,郑重其事地把它安葬在另一座山上,在新坟前放上几个碗碟。

整个过程他们都回避我,把我打发到别的地方。

也有的压根找不到了。那些死婴,那些幼年丧命的,那些饥荒年月草草掩埋的。

他们同样需要一小片国土。

后来我知道,沙漠中最硬的东西是骨头,但在这里不是。

硬币撒落一地

硬币从老人的床头纷纷跌落。先是小小的自由落体,忽然变成细细的轮子在地上滚动起来。它们能够忽略地面细微的不平而继续行程,但绝对不能指望它们越过门槛。

最终它们都安静下来,不再是细小的轮子,或者依然是轮子,倾覆的轮子。

最终它们都安静下来,在房间的各个角落里。

老人弯腰,将失散的再次积攒起来。显然他的目力大受困扰,为找寻那微弱的反光。

一个小孩从家里的某个角落翻出了一堆伪币[注],父母大惊失色,当着他的面烧了一些,但留下了几块银元。

几块银元继续着它们暗无天日的日子。

[注]:此处"伪币"系指"伪党时期使用的钱币"。

如果说前面两叠绎解的声音和鸣鸟是死亡褶子的飘忽面,生命褶子的打开面,那么这两首则刚好是前面两首的对折:骨头和硬币的一面,冷硬的现实面。直面现实的冷峻激情,这一面在余笑忠的诗中一直是叠隐的:通过散淡,有时候通过戏谑而叠隐。"烧一把火,然后慢慢扑灭它。"[1]火与冷峻,缺一不成大诗。大诗超越单纯抒情的领域,成为人民的隐喻。惟出于此大情,组诗和长诗方才可能。

诗必须有处理石头的能力,而不应满足于道路和气韵的氤氲流布、条畅通达。[2]诗歌的道路必是布满石头的道路,在石头中开辟和通达。石头于是也不仅限于所谓自然的石头,而是延伸到人身中的石头和社会机体中的石头:骨头和硬币。[3]

骨头与乳头折叠,硬币的跌落与鸟鸣折叠;伪币与硬币折叠,伪币暗无天日的日子与修建电站的阳光很好的日子折叠,以及,永恒地,村民与白骨构成折叠,老人与小孩折叠,房间的某个角落折入另一座山上的新坟,和坟头的碗碟,折叠。

风 光 第 六 叠

复又折回组诗的后半,倒数第四首。以这种往来穿梭的方式,我们的绎解因而是一种折叠的编织。

风

风掀起黄沙
掀起黄沙上的草
风掀掉茅屋
掀掉茅屋下破旧的书卷

---

① 诗人自道。
② 参见拙文《道路与石头:海德格尔〈艺术作品的本源〉疏解》,见收于拙著《在兹:错位中的天命发生》,上海书店出版社,2007年。
③ 参见海子《给伦敦》。

风掀翻卡车和马

风由远及近

揭开一个人的伤疤

风赶着马车来

赶车人的帽子掉在天山之下

风在一只老鹰的眼里一动不动

炉火正旺

风在竹节里一动不动

为听到一支笛子

在雪地里哀泣

风在墓地上徘徊

睡眠一样沉重,梦一样轻

风在病小孩的母亲身后

母亲举灯向他走来

  风:中文诗歌的别名。风从唐朝的塞外吹来,风从杜甫的茅屋吹来,风由远及近,揭开中文的伤疤:

  今日中文诗歌已无乐音。风在竹节里一动不动,风闭藏在折叠的竹节里无门而出。风在雪地里哀号,风在白茫茫一片真干净惟余莽莽的崭新质野①上等待新的鸟兽之文②,或文质相复的荃典书写③,穷年日出的卮言曼衍④。

  "啊,光阴、阅历、旧雨新枝/此时此刻,无山可登/无乳房可以裸露/

---

① 《论语·雍也》:"子曰:质胜文则野,文胜质则史。文质彬彬,然后君子。"

② 《说文》:"皇帝之史仓颉,见鸟兽蹄迒之迹,知分理之可相别异也,初造书。"特兰斯特罗默《自一九七九年三月》:"未书写的纸页在四面八方自动铺开!/我偶然发现积雪中的红露蹄印。/语言而非话语。"按特兰斯特罗默这里与"话语"相对的"语言",当属西方诗歌中对"文"的初次发现与尚不恰当的命名。关于此点,亦参照海德格尔:《在通往语言的道上》,德里达:《论文字学》。

③ 参见拙文"荃典书写丛书总序"。

④ 《庄子·寓言》:"卮言日出,和以天倪,因以曼衍,所以穷年。"日出:日新之义。

无用而颓废"①。此时此刻,风在墓地上徘徊,睡眠一样沉重,梦一样轻:如死的沉重睡眠中,风在做梦轻扬,以梦为马,以风为马,穿越古今的褶痕,母子的褶痕,文质的褶痕,新旧的褶痕,生死的褶痕,遗忘与继述②的褶痕,新诗与古诗的褶痕,经典与茎典的褶痕,阅读与书写的褶痕,来到久违的母亲与病重的小孩之间:风在病小孩的母亲身后,穿越他们之间的褶痕,让他们在灯光中叠印相遇:母亲举灯向他走来,病小孩迎风光而愈。

读秒第七叠

我们再次折回开头,纸页上的第二首。以此反复折叠的方式,我们尝试穿梭的编织。

读　秒

现在是几点钟? 8点。

现在是几点几分? 8点15分。

现在是几点几分几秒? 8点15分,37秒,啊,38秒,39秒。

到底是多少秒? 小儿说,秒针走得太快啦太快啦太快啦。

后来他弄断了秒针。但勤劳的秒针依然发出固执的声响,催他清早拉出一泡长长的尿。

再后来他想,到底什么时刻值得以分秒计算呢? 他想到了一个时刻,但在那个时刻不能笑。

也许,一切叠藏都源于秒针太快的太快的结茧缠绕? 一切绎解也都有赖于秒针的太快的太快的抽丝悬解? 太快啦太快啦太快啦,秒针

---

① 余笑忠"正月初六,春光明媚,独坐偶成",见《诗选》第 80 页。参夏可君解读:http://www. poem-life. com/PoetColumn/yuxiaozhong/article. asp? vArticleId＝14853＆ColumnSection＝。

② 《礼记·中庸》:"夫孝者,善继人之志,善述人之事者也。"

一边结茧一边抽绎,秒针忙活什么? 也许秒针什么都没忙活。但他发出声响,即使小儿弄断它,依然发出固执的声响。秒针就是固执的一无所为的勤劳本身。勤劳本身无所劳劬无所作为。它只是重复自身,翻叠自身,延绎自身,并因而无所翻叠延绎,无所施为,只催他清早拉出一泡长长的尿,太长的太长的尿一泡又一泡,今日复明日,总是清晨。为什么总是清晨? 因为清晨总是在那个不能笑的时刻之后。

"那个时刻不能笑。"那是什么时刻? 那个时刻是子夜万物叠藏隐忍的最后瞬间,长长的一泡即将在清晨倏然瓦解。

梦影第八叠

我们再来说说影响。叠回说梦第二叠讨论过的影响,我们看能不能再次进入同一个梦乡。(再等到说完影响,我们再回到无穷小。)

罂 粟 花

在罂粟花做梦的身体旁,有人放声大哭。

他只能以大声诅咒来掩饰他的柔弱,恐惧。

那些忽略了花朵而贪恋果实的人亵渎了她的美。那些忍受身心剧痛的人如此渴望她的果实,他们嚎叫着扑向所有敢于阻止他们的人。

他甚至邪恶地想到:哦,上帝,这是否是你留给自己的最后礼物?

回到梦的线头。但这次是世界的梦,影响本身的梦,梦之梦。罂粟花是世界—影响之花,上帝留给自身的最后礼物,礼物的幻影,礼物的礼物。罂粟花给出的礼物本就是梦,罂粟花之梦因而是梦的重叠,梦之梦，犹如蝴蝶之梦。罂粟花难道不是植物中的蝴蝶？罂粟花，还有罂粟花的蝴蝶，罂粟花的迷幻和蝴蝶的翩翩，翩翩和迷幻的重叠，难道不是世界本身的梦，影响本身的梦？但罂粟花说的还只是影，梦——影。下面请舌头，"朋友的一个梦"中的舌头，哑巴和聋子登场，我们说说响。

无 声 第 九 叠

朋友的一个梦

那人呕吐不止，只好把手伸进嘴里
他抠，抠出了一块温热的东西
他捏，居然没法捏碎
这下开始觉得不妙：这会是什么东西？最好不要看
他这样说的时候还是忍不住看了一眼
他吓得大哭

他甚至没法完成他的哭：他听不到自己的声音，只有眼泪
他看到他捏住的是自己的舌头
他赶紧捂住嘴巴，满手是血！
他害怕还会有什么东西从嘴里溜出来
他捏着自己的舌头，不知道该把这个东西交给谁，交到哪里
他流着眼泪要把它丢了，也不知道要丢到哪里

这时一只狗冲过来，在他面前蹲下，目光向上
奇怪地看着他，似乎并不急于要抢他手上的东西
狗伸出长舌，舔着嘴唇，又回头舔了舔尾巴上的毛
狗仰望着他好像仰望在云中出没的月亮

不可能无影，但可以无声。影与响是不对称的。梦影（不）是梦

影——不是也是一种是——,而声响是说谎:"我不能追述它的由来,我一开口,它就会笑:'你在撒谎!'"(参见《痴人说梦》一首及"说梦第二叠"。)说梦,有说有梦,有影有响,而《罂粟花》只是梦,《朋友的一个梦》则只有响,或者无响。

如果说影通过影之影、越叠越多的影而来描写,那么响却只能通过无响来讲述。因为影(不)是影——不是也是一种是——,而响是说谎。"故昭氏之不鼓琴也。"所以那人抠出舌头,狗伸出长舌,"仰望着他好像仰望在云中出没的月亮"。但这说的还只是无声,下面才说到无响。

无 响 第 十 叠

"狗仰望着他好像仰望在云中出没的月亮"。这意味着回到影,无声之影。纵使抠掉舌头的人,如果他同时不是聋子,无响就仍然没有达至。

心 愿

聋子啊,你跑在队伍的最前面干什么

"你以为你尖叫的声音比另一个人的尖叫要好听一些
事实上,这是毫无道理的。"

聋子啊,有时我真愿意是一个聋子
但是上帝,请让我的眼睛完好无损

自身本质为双重性的影子只与纯一的眼相关,而本质单一的响——虽然有回响,但响不一定是回响,而影一定是重影:无论形之影还是影之影,本质都是罔两——却与双重的口、耳相关。声音要有发出的器官和接收的器官,而影像的发射和接收却被神秘地叠合到一个器官。从柏拉图到康德,西方哲学花了两个一千年来把 εıδos 器官中主动构建形象的官能从眼睛中批判分析出来。

阿门第十一叠

无 限 渺 小

我。
我在我们之中。
我们在尘世之中。

我是世界的一粒沙,
有时是碗里的一粒沙,
我听到你晚餐前的祷告,阿门。

我看到一棵倒下的树,
砸在一个人的身上,
而没有砸在和他形影不离的小狗身上。

我看到露水,
在他们爱得死去活来的地方,
我看到露水轻描淡写。

乐谱是没有主人的,
请原谅我笨拙的手艺,
我始终觉得我只是在沙子上写字,阿门。

作为影—响的结果,我们折回到无穷小的主题。
"我。/我在我们之中。/我们在尘世之中。"我就是这些句号。我们就是这些句号。尘世就是这些句号。句号封藏。句号在封藏的空间中敞开。句号是封藏—敞开。句号封藏—敞开逗号,尘世封藏—敞开沙尘。

"我是世界的一粒沙,/有时是碗里的一粒沙,/我听到你晚餐前的祷告,阿门。"现在这个我从句号里面漏出来,成为逗号,"有时是碗里的一粒沙",混迹于米饭,出入于人世的晚餐,食道和贲门。"我听到你晚餐前的祷告,阿门。"

啊,门。

抽屉第十二叠

女士和她的坤包

她计划了又计划,这一回真要出远门了
她面对镜子看着自己好像那里有一个又一个抽屉
她拉开一个,翻了翻,又合上,又拉开另外一个
她相信还有最隐秘的抽屉
从来还没有人打开
从来没有人知道那里隐藏着什么
她拿起了坤包又放下,打开
她拿出了一两件东西。她找啊找
终于找到了另外两件更重要的东西放进了她的坤包
但她显然没有意识到,这些小东西
同最隐秘的抽屉里的那些比较起来
简直不值一提

这首诗是献给老子的:"天地之间,其犹橐龠乎? 虚而不屈,动而愈出。"[1]

---

[1] 《老子》通行本第五章。

女士和坤包的相互折叠：女士在坤包里面，坤包在女士里面，女士是一个坤包，坤包是一个女士，这便是女士和坤包的最隐秘抽屉：她们互为抽屉。小东西小东西，"另外两件更重要的东西"，这些简直不值一提。只有抽屉才是重要的和存在的：抽是由出之手，屉是尸居之世。"从来没有人知道那里隐藏着什么"，从来没有人拉出过抽屉。抽屉藏在抽屉，女人藏在女人，坤藏在包。女士和坤包都是抽屉，而抽屉就是拉开，就是翻了又翻，照了又照，翻出许多的小东西，一个接一个，无穷无尽，赶着紧地出远门。

母语第十三叠

在百里之外看到你的一根白发

我在百里之外看到你的一根白发

我看到母亲
半截身子在水中行走
一只手抱着不满一岁的婴孩
一只手在吃力地划

我看到乌龟骑着乌龟
一只乌龟是另一只乌龟的头
然后是昂奋的坦克，浮出水面的潜艇

在沦陷的国土中我看到你的一根白发
那时我坐在河滩上，高举着手
让细沙从漏斗一样的手里漏下来
而风吹着，有时突然来一阵旋风
但我绝对不会改口

在沦陷的国土中我看到你的一根白发
因此他们不要指望以另一种语言取代我的母语

百里之外的白发，母亲的白发，渺茫难寻中精确无误的白发，这因而是一根折线作为尺度，中文诗歌的元一首尺度。

沦陷过半的国土，半调子的母语，半殖民地的文化，只因这根渺茫的白发而得渡半身的洪水。

乌龟骑着乌龟，乌龟的折叠。以水平面为线，坦克折叠为潜艇，潜艇翻叠上来成为坦克。儿童的暴力折叠为文化革命，麦当劳折叠为青春期的幻想。在沦陷过半、折叠过半的国土，青年与鬼子合谋。但只要"在沦陷的国土中我看到你的一根白发/因此他们不要指望以另一种语言取代我的母语"。

随手远近的你我：阅读沉河

沉河 2006 年的诗作有两个引人注目的"系列"：题作"随手"的系列和题作"你我"的系列。这是一些短诗，被赋以相同的题目，散见于这一年的不同日子。其中，"随手"系列又被随手装订①到一起，作为一首诗——毋宁说一手诗——，收入《象形》第一辑六人选集之中。

在诗人的诗性道说中，随手绝不意味着随意。"手工诞生于手，消灭于手。"②诗作为一种手工(poiesis)跟随手的历史。随手，就是在这个手已死亡、诗已死亡的时代，倔强地跟随手的指引，承受诗的命运。"我

---

① 装订的意义，参阅沉河《几种手工(一)》，收入沉河：《在细草间》，天津：百花文艺出版社，2003 年。此书后文简称《细草》，不再注明出版信息。后文引用，仅随文注出篇名。

② 《细草》第 161 页。

说,你是谁？他不说话,向我伸出手。"(《一个体面的乞丐》)①诗神虽已
在此世流落为体面的乞丐,但她仍然向诗人伸出手。随手就是跟随一
无所有的乞丐之手的指引,伸出一无所有的祈祷之手,通过作诗而赢获
一无所有的清白。缪斯的财富就这样以无价礼物的形式在手与手之间
创造和传递。随手的作诗,在沉河的手工史意义上乃是:跟随手,以便
让手成为制作的手,手工的手,诗人的手,一无所有的清白的乞丐的手。
这只手又将指引新生的诗人,这便是一代一代诗歌的事业和诗歌的历
史,或沉河所谓手工的历史。在手工史或诗歌命运的意义上,随手乃是
手的自我指引和诗的自我制作。"手给他写下文字。""手握住他生命的
根据,它一刻不停,牵引着他。"(《手》)②因此,"随手"与其说是随意的标
题,毋宁说是所有诗歌的本质标题。(但因为"所有诗歌的",所以也就
显得随意。)

《随手》:"你还是你,我还是我,我和你却已无关。/变化的原来只
有关系,/它曾经把我和你连在一起。"这也许是随手写作的一首情诗。
也就是说,跟随作诗之手而展开的距离的秘密,爱的秘密。什么是随
手,刚才已经说过;什么是情诗,还有待考量。通过一手题曰"随手"的
小诗——这个题目的诗有很多,恰如题作"你我"的诗有很多,它们或是
沉河所有诗歌的本质题目? ——我们来思考沉河诗中的你我,而你我
的关系正是情诗的本质。(沉河:"我只对你说:你,你,还有你。")

情诗抒情。但作为诗,情诗所抒写者乃是本质的实——情。"你我",
这些诗或是情诗,但作为诗,它们是本质的情诗,否则它就根本不是诗。
本质的情诗,根本上说的不过是你我的本质关系。你我,这说的是最远
者和最近者的关系,距离的关系,关系的关系。当我是最近者,你就是
最远者,所有不远不近的他人和他物都在你被我称为"你"的时候变得
遥不可及,于是你就变成最近者。而如果你变成最近者,我就成为最远

---

① 《细草》第 5 页。
② 《细草》第 20 页。

者,以至于我"与我越离越远/与远方为邻"(《星星》)。为什么只有爱人才是远方忠诚的儿子,为什么只有爱人才与远方为邻? 因为只有爱人才看见"事物间的/空隙",只有爱才是"我的空洞的那部分"。爱在人之间的发生,就是"之间"在人间的发生。爱在身体中的发生,就是距离对灵魂的居有,远方在近处的安家。爱的距离,你我之间的距离,因而是最远的和最近的距离,同时是远方和近处,句号和逗号。情节就这样翻腾不已,浮生就这样浮拱不已。(《随手》:"这是个浮生/这滚滚洪尘看破了/依然是个浮生/且对酒当歌之/且鞠躬尽瘁之/这个浮生啊/在一群浮生里求生呢"。注意这里"洪尘"不是"红尘",诗词之准确有如数学。)

在(浮生)的括号之外,我们继续阅读沉河的情诗,思考情诗的本质。(括号提醒我们:这一切都是在括号之中朝向括号之外的思考,因而我们的思考自身就在距离中运作,运作向距离。于是思考本身就产生了距离,成为了距离。爱如是,诗亦如是。)这次我们要读读诗人较年轻时候的一封情书《给我的爱人,歌颂我的爱人》,或许更有助于接近爱之本质:

> 我的爱人,让我在遥远的抛弃自身的境地呼唤你。让我在独守心灵之隔的时刻呼唤你。也就是让你成为我爱,让你永远永远地成为我爱。
>
> 请你在我呼唤你的时候回应我,请你全身美丽地来临。请你不是一个女人,而是一个女神,永远充溢奇异的光彩。
>
> 我的爱人,我们像一对鸟儿爱情,像一对鱼儿爱情,在圣洁的天上水上爱情。我们像风一样融合,像声音一样融合,像天空中的色彩一样——
>
> 成为整个人与自然的爱情。
>
> 一切能让我们永生的事物都来到我们周围。譬如春天的绿,冬天的火。一切让我疯狂的事物都来到我的心中,譬如你的笑容,

你的舞蹈,你的歌声。

我像阳光充溢的空间一样爽朗的心,我像夜晚的大地一样沉重的身躯,该升起的都升起了,而沉睡的永远都那样安详神秘。

这一切都不成为开始,一切都不结束。像风,像声音,像天空中的色彩。

我的爱人。

我爱你,就像爱大海一样,像爱草原一样,深邃而广阔。我在悲伤的旅途中携带着的是你空气一样的亲密。

而这些诗篇是因为你的诞生而诞生,因你的消逝而流传。在我们很多颤栗的同类中,他们将永远歌唱你,他们举起了你的雕像,集合在你的身旁,那时我才明白,我的爱人,我和你一生亲近。①

我们不厌其烦地全文照录这封情书,甚至不顾它的青春年少,不顾它的缺乏一件上乘作品所应有的节制。(但那是青春的特权? 且以青春的名义授权给我们眼下的写作。)它远未成熟,但正因此而使得一个诗人——无论他后来写的多么好——一辈子写不出第二篇。"我活在我的青春里面","我活在春天",诗人如是歌唱。正如我们在《春天的心志》②一文中所思过的那样,春天之为春天,就在于它是纯粹的余出和过渡,纯粹的时间,时间之间。爱如是,是如是,人生如是。这一切皆由时间性而来。用沉河的句子来说就是:"时间就是来供我等待的。"③"为了草,我们等待。"(《新春天的笔记》)④等待,这便是距离在爱的时间和空间中的展开和跨越,跨越和展开,过渡的余出,余出的过渡。等待,你我因而远;等待,你我因而近;离别的挥手,见面的相拥,等待中的两地书写:你我随手而远近,爱随手而远近,诗随手而远近。人生,随手,远近。

① 《情书两篇》,见《细草》,第93—94页。
② 见收于拙著《在兹:错位中的天命发生》,上海书店出版社,2007年。
③ 沉河:《从未来回到过去(永远的开始,没有结束……)——给张志扬老师》,见《细草》,第240页。
④ 《细草》第89页。

"我的爱人,让我在遥远的抛弃自身的境地呼唤你……我的爱人,我和你一生亲近"这封情书始于遥远,终于亲近。这封情书像一对鸟儿情书,像一对鱼儿情书,它因而是天空的情书,大海的情书,深邃而广阔的风的情书,悲伤的空气的情书。(为什么深邃、广阔、悲伤的?为什么天空、大海、草原?为什么你我"成为整个人与自然的爱情"?)自始,从《诗》的源头,风就是诗的别名。(作为"风、雅、颂"之一部分,以及作为所有诗歌的本质之名。)在中文诗歌传统中,风就是情,情就是风,情由风带向诗的书写便是情书。

风来自远方,吹向远方。本质上属于风的情诗因而是某种超出自身的东西:离开我,达到你。"请你在我呼唤你的时候回应我,请你全身美丽地来临。请你不是一个女人,而是一个女神,永远充溢奇异的光彩。"请让奇异的超出人世的光彩,回应,来临。"我们的色彩都是天空给予的或前所未有的远"。①

所有被风俘获的爱情于是都成为一场祭祀:春天的祭祀,距离的祭祀。风或距离导演了所有爱情故事的悲喜。爱的故事就是风或距离的故事。情诗就是在距离中展开曾经在爱中发生过的远近距离。随手远近的你我就是随风距离的你我。

距离的故事是这样的:有你,有我,有你我之间的距离。爱是距离通过你我来显示自身的游戏方式。距离通过你我的远近来操控爱的离合,我们盲目地把这叫做情节。爱人都活在情节之中鞠躬尽瘁之,只有诗人能透过情节呈现纯粹的空间。("呵呵!我就是你,你就是我,一切就是一切,一切就是一。"②)而人们读到的情诗便是空间呈现之痕迹的记录。情诗"因为你的诞生而诞生,因你的消逝而流传。""他们举起了你的雕像,集合在你的身旁",但你已消逝,情节已落定。只有这时,诗人才明白:"我的爱人,我和你一生亲近。"必须通过绝对的遥不可及才

---

① 《细草》第 57 页。

② 《细草》第 234 页。

带来一生亲近，必须通过年岁衰老而重获永恒青春。年老诗人的青春，与哲学有着相同的质地。

于是通过情诗的痕迹，通过已经抽象为元素的你我，哲学得以隐约测知距离——那原本就牵引着你我超出自身而互相接近并永远无法克服遥远的东西，那原本作为一切爱之发生秘密东西，那不可救药的对于远方的向往和对于近处的必然总是迟到一步的反察。(《有关太平山》："漫漫无垠的怀乡病呵……")这就是"你我"这个标题所可能蕴含的意思。

我们已经通过阅读沉河的诗句思考了何谓"随手"，何谓"你我"，这两个最常见于沉河近作中的标题。在对这两个问题的思考中，我们隐约地测知了距离，作为爱之本质的距离。下面我们来阅读另外一首仍然题作"随手"的诗，以便更加猛烈地薄近爱的本质位置。这首诗只有简短的两行："秋阳猛烈阴影／爱无藏身之地"。诗句如此猛烈急促，瞬间的领悟和随之而来的迷惑之间的距离有如秋阳猛烈阴影，理解无藏身之地。顿悟和无明之间是如此短兵相接、赤身相搏，以至于理解和不理解成了最远的近邻，最近的陌路。

带来困难的不过是"猛烈"这个词的位置。"秋阳猛烈阴影"：在这个中间位置，"猛烈"是谁的形容词？秋阳猛烈抑或阴影猛烈？或者，"猛烈"在这里甚至是动词？但任何一种"语法分析"都将大大降低"猛烈"在这里独有的猛烈程度，从而扼杀这句本质诗歌和它所道说的本质之物。这个本质之物乃是猛烈之物。其猛烈并不来源于这个词本身虚张声势的外表，而是源于其中间的位置："秋阳猛烈阴影"。"猛烈"在这句诗中的中间位置乃是一个猛烈的位置，最远者和最近者猛烈相薄、短兵相接的位置。在这个位置，"爱无藏身之地"。在你—我之间的猛烈位置，爱是谁的形容词？你的还是我的？或者是你我之间的动词？但任何一种"语法分析"都将大大降低"爱"在"我爱你"这句惟一本质诗句中所独有的爱之猛烈，从而扼杀这句本质诗歌和它所道说的本质之物。这个本质之物便是距离：即在最亲近的告白中，而且仅在最亲近的告白中,方才告白出来的绝不可克服的远方之远。远方之远是猛烈的,猛烈到爱无藏身之地。

　　爱从不置身于纯粹的白日,亦不栖身于完全的阴影。爱是你我的事,对象的事,日与夜的事,光与影的事,远与近的事。爱嬉戏于距离之中而且就是距离之嬉戏。但爱又绝不是你我之间的距离本身,也不是纯粹的嬉戏本身。无论纯粹的距离还是纯粹的嬉戏本身,毋宁说是爱的反面。爱是嬉戏于距离之中的距离之嬉戏,这意味着:爱不在你,也不在我,甚至不在你我之间。爱也许就是"不在"。[①]"爱无藏身之地"因而正是爱的本质位置,不在的位置,空的位置。

---

① 参见沉河《被访无遇》,《细草》第 65 页。

书风画道与古今性情

山水画中的道路与古今之变

东坡芋头问山水画之道。无竟寓曰：山水画中的道，并不抽象，有很多具体的行迹可以体察。笔法正侧，墨法浓淡干湿，章法虚实开合，山与水，阴与阳，四时六气，无不是道化之行迹；更具体的，尤其可以观察历代名画中的两条道路：水路与山路，以及两种道路的交汇：桥梁、水榭之类。往下至于木石烟霭，往上至于屋宇舟车人物，无不是依循这两条道路而来仰观俯察、优游止息。

以此观之，亦可检讨历代画迹心境之变迁，无不与时代政治文教之处境息息相关。北宋以上，崇山峻岭无不贯道，溪谷流泉无不通航，所谓"溪山行旅"可谓一时代画题之代表。南宋偏安，道路中断，画亦取山水之一角，隐约似有道路可通而游移不定。元人出仕者画如松雪，或出仕而隐者如叔明、大痴，以无道强作有道可走，不合作者如云林，一水横隔，道路阻绝，遂有逸气，盖其道直欲不行于地上矣。明人折衷宋元，兼而有之。明亡，四王学董，所以乏生气者，以其道非自生也。新安诸家，峭壁万仞，无路可攀；髡残荒繁，八大荒简，繁简不同，荒无道路则一，不若北宋寒林,愈荒寒愈见归家之温暖;石涛于无路处插书房,非独为政无门,乃至隐逸乏方,所谓一枝阁之小乘客、瞎尊者也。至于龚贤,则止余阴森之气也。近现代貌似恢复北宋全景山水,去文人气而复恢宏,实穷途末路之画也。浓墨重彩,大山高瀑,无非现代观光客眼中所谓风景剪影。山水画于是蜕变为风景画矣。现代画家多绘游客二三于观景台,兀现于一角,无意中透露了现代旅游山水无路可走的本质。

对话:书画中的性情偏正与中庸

无竟寓携诸生游上海博物馆,观历代书画。步出展厅,子横问:我在想,是不是每个书法家写出的字都会偏执于自身的性情和才气,或雄浑,或雅致?

无竟寓:是有这个问题。

子横:那,如何理解中庸之道的实现呢?比如我想,那个"未发之中",因其未发,故而圆满而无所偏,而一旦发出之后,岂不皆是具有一定之规格,而非时中?

无竟寓:不是这样子的。书家虽或雄浑或雅致,而其背后皆有所藏。雄浑者若无所藏,则失于狂放;雅致者若无所藏,则失于力弱。以有所藏故,虽各有偏,亦无妨各尽其性,勉乎中庸矣。《中庸》"天命之谓性,率性之谓道,修道之谓教"。中庸是一个动态的率性修道、学习教导过程,而不是一种可以固守的执态。在书画艺术中,中庸不是机械复制的一模一样,千篇一律。若中庸是一模一样的形体态度,那中庸岂不是太不值得追求了?

子横:那"时中"呢?能否做到"时中"?一个人今天写出的字是这个样子,明天去写也可以写出另一种样子?

无竟寓:也有这样的人,比如沈周,有粗沈和细沈之分。但就他今天是这个样子而言,他也或粗或细。圣人时中,但圣人发怒时也是发怒,而不是一种中性的执态。①做到这种不执之中或"时中"的人太少了,或许这就是圣和贤的差别。我们只有勉力而为,依着自己的气禀做到中庸。

子横:这恐是"生知安行"与"学知利行"的区别了吧。

之光:近溪常言"解缆放船,打破光景",这即是说,中庸也好,圣贤也罢,如果全当成一"实物"去追求了,便总是光景弄人,执迹而泯体了。书法我不懂,不敢乱说。但我想如果我们将"中庸"定成一个硬性的标准再去衡量历史上以及现实中的事物,那肯定都是"不中"的。但"中庸"果其然乎?"中庸之不可能",或许并不是"凡事都有其偏,于是所谓时中便是难乎其难,只有圣人才能达到的了",如果这是这样,中庸不恰恰是"可能"了吗(只不过实现的几率小而已)?《中庸》反复强调"中庸之德,民鲜能久矣",但同时又不断强调"道不远人,人自远之"。说得现代一点,中庸只有永远保持为不可能时,才是可能的,当然这个其后的"可能"也只是"用"和"迹",同样也是不能执定的。因此,我们再反过去看看书法,你会发现,那些"或刚或柔,或肥或瘦"的"痕迹"或许都是不存在的,有的只是那些活泼向上的心志朝向中庸之德的不息舞动?套用熊十力常说的一句话:此时已经是"全体是用,全用是体",无迹不是道,无道不是迹,道迹两不碍,自得大自在。

无竟寓:譬如同一个字,书圣王羲之每次书写,神态各异。又譬如我们看这些展品,东坡的宽淳,海岳的刚劲,云林的疏逸,征明的秀雅,给大家留下了深刻的印象。然而,光看到这些可以看见的,尚不足以了解这些书画得之于道的德性。道是全体大用。得(德即得)之于道的书画,如果宽而不栗,不足以成其宽德;如果刚而不塞(塞训实),刚而不能无虐,威而不能去猛,则刚不足以成其刚德;如果简而不廉(廉隅,不遗

---

① 《孟子·尽心上》:"杨子取为我,拔一毛而利天下,不为也。墨子兼爱,摩顶放踵利天下,为之。子莫执中。执中为近之。执中无权,犹执一也。所恶执一者,为其贼道也,举一而废百也。"

近也),疏不能无傲,逸而不能求放,则元人山水不可谓有德于直简之道,不可谓神逸之品;如果温而不厉,柔而不立,文而至于贲质(贲者蔽也),则吴门诸文(文征明、文嘉之徒)何以谓之文也?① 又譬如经典:经即为大道,而道之落实于经籍(迹),亦难免令循经者各有偏至(古人常毕生止治一经)。学者当知矫其偏失,庶几有得于六经之大体也。虽然,舍此何由? 所谓时中,恰恰是说,无时不在左右调整中。《诗》所谓"左之左之"、"右之右之",《易》所谓"周流六虚"、"与时偕行"者也。追求无动于衷的那种超越境界,犹孟子所谓子莫之执中。"执中无权,犹执一也"。执一害道,即使这个"一"是你自己所谓的未发之中、无偏之道。真正的未发之中、无偏之道,从来不是一种可以执守的无动之中、不变之一,而是无往不落实到人物形器事迹这些时间性事物中的中庸,也就是孟子所谓"时中"。所以,扬子说"书为心画",在书画艺术实践中是可以实际体会的。无论临帖还是创作,写时但须潜心玩索指腕间动作之妙,睥睨纸上形迹而已,无落世俗所谓"视觉艺术"陷阱,则书道可谓入门矣。故虞世南论书道之得中主"心悟""神遇",不以目取。夫心之为物,"操则存,舍则亡,出入无时,莫知其乡"者也(《孟子·告子上》);书艺之为物,譬如斫轮,"徐则甘而不固,疾则苦而不入,不徐不疾,得之于手而应之于心,口不能言,有数存乎其间"者也(《庄子·天道》)。是心与艺,精微无体,大而无方,一道之贯而已。故非心悟,不能致道术之广大而尽机巧之精微。目之所取,形迹而已。故观字画,贵即形而知化,溯迹而知道。形迹者,字画也;所以形迹者,道术也;观形迹者,目取也,所以观形迹者,心悟也。故作书之法本之于道:道生心,心生意,意生势,势生形。观书之法则逆之:观形以体势,体势以得意,得意而会心,会心而悟道可矣。故观书不宜看皮相。书体不是关键。要学会看笔法和墨法。任何书体皆有漂浮,有厚重,有收有放。非必行草就漂浮,篆隶就高古,真书就庄重。不得笔法,不养气象,篆隶可以俗浅,真书可以

---

① 《尚书·皋陶谟》:"宽而栗,柔而立,愿而恭,乱而敬,扰而毅,直而温,简而廉,刚而塞,强而义。"

浅薄,反之,行草可以厚重肃穆。孙过庭谓写真如草、写草如真,可谓得道之言。

论书画札记九则

永字八法的本质,讲的不是字形结构,也不只是笔划的写法,而是用笔法。《周礼》六艺所谓"礼、乐、御、射、书、数",书紧接在御、射之后。八法听起来像是御马的动作,或与御马术有关。"拨镫法"更是提示笔法与御马术的直接关联。①如何驾驭烈马是古典教养和古典艺术的灵感之源。中西皆然。可参见柏拉图《理想国》、《斐德若》等对话。在《理想国》中,灵魂的理性部分能否驾驭激情和欲望部分,是一个人是否自由的标准。在《斐德若》中,灵魂涉及马车和御马者的合力。人的灵魂御马者要驾驭黑白两匹马,白马驯良,黑马顽劣,与古人书论所谓"担夫争道"、"两力相抗"可以相通。这些对于书法悟道都是很有启发意义的。所以,学书须先明笔法,再观体式。赵松雪跋《定武兰亭》曰,"结字因时相传,用笔千古不易"。董子曰"天不变道亦不变"。宋儒云"变化气质"。笔法传心属阳,湛然性体,千古不磨;体式修身属阴,常宜脱胎换骨,日新其德。孟子曰"先立其大者,则其小者不可夺也"。这个阴阳大小关系,2004 年我在华师大用"道路与广场"的概念结合石涛《画语录》讲过②,2007 年在成都潘公凯先生画展的研讨会上结合《易经》讲过③,大家批评参考。

为朋来堂题匾,笔用茅龙,粗朴荒率,可中和笔法过分收敛之弊,以

---

① "拨镫"指骑马的时候,用脚拨动马镫,以驾驭马的方向。或作"拨灯",指拨动灯芯。两种说法虽然不同,但用于笔法之喻,道理却是一样的,可以兼通。

② 参见拙文《道路与广场》,见收拙著《在兹:错位中的天命发生》,上海书店出版社,2007 年。

③ 参见拙著《道学导论(外篇)》第七章"易象与模仿",华东师范大学出版社,2010 年。

期文质彬彬,粗细结合。茅龙笔,明儒陈白沙创制,用茅草捆扎而成。白茅,三代庙堂祭祀之品。凡用茅龙作书者,当有庙堂庄肃之气。今岁龙年,犹宜用茅龙。茅根入本草,清心凉血,我辈良药也。茅龙笔易放不易收。观白沙茅龙书,特别能收,而今人作茅龙书,往往太放。茅龙天性易放不易收,所以,一定要能收住,才庶几接近文质彬彬。我作茅龙书是一定要逆锋藏锋的,虽然茅龙其实没有什么锋。克服茅龙笔划平扁不入纸的问题,要注意指腕动作的灵活微妙调整,这就需要静心,脱离形迹的干扰,全心体会指腕精微。所以,我作茅龙书基本上是盲人书法,写完后才知道写成什么形状。心逸得很远,物我两忘,浑然不知所之,手却收得很紧,意到即可,点到即止,瞬间改变方向、速度,游走无定,游走而留驻,留驻而不死。动如脱兔,瞬息万变,静若处子,时间凝固。不使一点冥顽,不使一划狠心。虚灵应物,应物观心,观心察情。观察心情偏正,即见点画偏正,观点画厚薄贫富,即见心情厚薄贫富。如此心画相养、心手相应,所以扬子云书为心画,真实不虚。故书之为道,无非借手艺以节情,节情以养心,养心而见性,见性而悟道之事而已。

　　韧南习欧字甚勤,数日但书一字,逾百遍乃止。问书。无竟寓曰:首先要注意笔法。笔法的关键是要发挥指力和腕力,切忌不动指、不捻管、不转腕,只是拖着笔走。譬如写"八"字的撇,要顺时针捻转笔管,写捺,要逆时针捻转笔管,这样就能形成相背之势;相反,如果写"八"字的撇用逆时针转笔,写捺用顺时针,则形成相向之势的"八"字,这种"八"字在行书里有的。颜体楷书多用相向之势,欧体多用背势。每一笔都要转笔,都要有势,都要动指。又譬如向下的直画,不得笔法的不动指,不动碗,只是手臂拖着笔往下走。懂笔法的,一要中指往掌心方向发力:这叫勾(通《内经》心脉之象),二要顺时针捻转笔管,形成"努"势,即右括弧的形态。相反,如果需要写成左括弧形势的竖画,则要逆时针捻管,如米芾常见的竖画钩,也是一种努势。三要腕随指动,筋附骨力。懂得用笔法,懂得笔势,才算是书法。书法之法首先就是这个笔法,而不只是俗书所谓结体方法。这个法不懂,写字如同几何作图,讲比例结构,算不上书法。转腕随指动,亦可各自独立行动。指力多骨,腕力多筋。欧书多骨,多用指力;颜书多筋,多用腕力。隶真多骨,多用指力;篆籀多筋,多用腕力。再说说笔意。学欧字切忌状如算子。率更最了不起的地方在于前挽汉隶,后开唐楷,上视北雄,下合南遒,道枢中庸,难为典要。所以,我一再强调要写《九成宫》原碑,切忌以今人所书欧体字为楷模。原碑有强烈的隶意、俊朗的北风和清新的南风,笔意之美,书道之深,远非今人算子欧体可以望其项背。所以,习欧字须通临全碑,得其笔意,切勿数日但书一字,"各个击破","强化训练",一年苦练百字,不明书史,不读书论,不会笔意,只是练字,求所谓字字过关。此类"练字"不明所以,非徒苦人,亦足害人。如此"练字"之后,恐不复知何谓书法矣,可不慎与?

积语临《怀仁集王书圣教序》。无竟寓曰:临王书要多体会孙过庭所谓"不激不厉、风规自远"的感觉。你的临作有点米芾的彪悍劲儿,这个要注意避免。王书雍容典雅,心须淡泊娴雅,勿驰骛外张。多读二王法帖,比较王氏父子,可知矣。米书出献之。今人写羲之,多不纯雅,好以献之与米芾面目杂出其间,亦时代之蔽也,学者宜潜心辨之。古人云,大令之不如右军,犹右军之不如元常。世风日下,魏晋神韵不传久矣,岂易得乎。

积语临帖,自觉章法太密。无竟寓曰:其实章法也不只是个章法的问题,是心的问题。不是想疏朗就能疏朗的。心疏朗,章法自然疏朗。所以蔡邕笔论说:"书者散也,欲书先散怀抱。"而且,散怀抱还不只是写的时候要散,平时就要散,要养性。养性之要在节情,节情之要在寡欲。寡欲节情养性,怀抱常散淡,作书才能聚气。正如中医道理,散阴邪,才能聚正气。又,散淡不是散漫。散怀抱恰恰是培养抱负。所以,诸葛武侯说:非淡泊无以明志,非宁静无以致远,亦斯之谓也。游戏心态一定是要有的,只不过,这是一种冲漠无朕的游戏,不是玩物丧志的游戏。修心不是一天两天的事。世俗所谓书法速成是可以做到的,心法速成却不可能。修心需要长期的读书养性、做功夫。而且,书法本身就是养心的功夫之一。关系要倒过来:不是养心为了书法,而是书法为了养心。勿忘勿助长,每天有一点进步就好。

兔罝临《张迁碑》。无竟寓曰:章法有进步。行距字距疏而不散,字能聚气,行间贯气。实际上,章法并不是单纯所谓"经营位置"、"布白"能经营出来的。章法本质上是由字法生出来的,而字法又是由笔法和墨法生出来的。字能聚气,章法才能贯气;反过来,章法贯气,字更能聚气。两者相辅相成。笔法墨法生字法,字法生章法。从你目前的作业看,上面说的这个道理,你自己应该是已经体会到了的。

佩韦见示其友所作章草作品,请求指点。答曰:指点谈不上,一起学习。有一定功底,可惜修养欠缺。如果有人点拨,读书养性,略为收敛,注意收笔,则能放逸有神,否则气是散的,不耐看,不养心。佩韦觉得特别之处,可能是今人草书已少古典,忽见此种风格,自然眼亮。此作虽未臻典雅,但走的是张芝、索靖、皇象、月仪帖一路。佩韦能爱,自是可喜。不妨多读上述古人法帖,自可知章草典雅气度该当如何。技术上,此作最大的问题是不得笔法。细观古人草书法帖,会发现一点一划,笔笔分明,起承转合,交代清楚。孙过庭所谓写草如真,真实不虚。这要求笔法正确,懂得捻转笔管,调整笔锋,辅以字法到位,理解草书结字原理,再加上心态平和,使转从容,便可做到。草书是最有视觉欺骗性的字体,很难透过潦草表象看到从容不迫、一丝不苟。张芝与友人书,每曰时间匆匆,不及作草,言下之意,作草书速度竟然缓于当时隶书,学者不妨深思。迨及赵壹《非草书》以此批评张芝,良有以也。

无竟寓、听松坊客居京郊友人家,闲来作书朴木之上,又临东坡《洞庭春色赋》于壁上。友人赞曰"无处不可书、每书必达"。答曰:诚能如此,自然再好不过。不熟悉的材料上作书,有练习自己适应新材料的能力,无非还是一个仁通、毋意必固我的意思。木板还是比较接近纸,墙壁则完全不同,我大概是到最后写跋语的时候才有所感。友人遂问何谓有感? 答曰:譬如题壁,是在一天清晨,大概六点,我起床读东坡的

《洞庭春色赋》帖子,就颇有了些书兴。听松坊尚未起床,我怕惊动她,就把房门掩上,搬个凳子就在门外的墙上写起来。由于要搬高矮不同的凳子,上上下下地写,整个过程大概持续了两个多小时。写时心旌飘摇,随波荡漾,仿佛真到了震泽(太湖)和洞庭。听松坊家就在太湖边上,生于惠山,长于二泉。自从认识她以来,我也逐渐熟悉了那方山水。有时梦见倪云林的画(云林子无锡人),就在梦里走了进去,每次都会想:这不就是太湖周边的景色吗?学画画的时候,有时也会有所感。譬如点叶,有时会感到秋风和凉意,飒飒的声响,仿佛飘零摇落,不知所之,那几笔点叶就容易浑化进去,而不是浮在纸面上与山石树干没关系。这次《洞庭春色赋》临帖题壁,虽然不熟悉墙面性质,放不开,但整个过程非常能感入,完全是在洞庭山中一样。白墙黑字,几乎就是一片山水。写完的时候,感觉很累,正要进房休息,忽闻听松坊大呼:"我梦见回到了太湖,我们在洞庭山上玩来着!"

某生学画,满纸淋漓,以为痛快之至。遂为言曰:现代水墨往往阴气太重,不干净,不节制,不精神。原因主要在于中国画西化严重,脱离书法,不讲笔法,晕染太过,误以痰湿瘀阻为苍厚华滋。所以,现代画家如果多注意骨法用笔,辅以晕染,或许可以枯湿相间,阴阳相入,神而不枯,润而不滞,庶几文质彬彬矣。

西方现代性的现代反思

海德格尔的《精神现象学》解读

2007 年是黑格尔《精神现象学》发表 200 周年。在这个纪念的时节阅读海德格尔对这本书的解读有着特别的意义。这个意义的特别之处还主要不在于"200 周年"这个数字,而在于"精神现象学"这个书名及其"发表"。因为正是二百年前这本书的发表所带来的书名的改变——简言之,从"意识经验的科学"到"精神现象学"——启发海德格尔找到了一条解读这本书的隐秘道路。从上世纪三十年代到五十年代,海德格尔先后尝试的三次《精神现象学》解读之旅,无一不是行进于此道路之上,并受此道路之导引:行其所能通达,亦止于其所不能逾越。西方哲学道路之短长与开阔,于斯可见一斑。这于是也构成了我们重新解读海德格尔之《精神现象学》解读的意义。

三个文本:海德格尔解读
《精神现象学》的经验

海德格尔的黑格尔解读文献,拙著《海德格尔与黑格尔时间思想比

较研究》曾经历数①,此不赘述。其中涉及《精神现象学》解读的主要有三个文本,在此结合我们眼下的考察略为陈说如下:

一、1930—1931 年冬季学期弗莱堡大学讲稿《黑格尔的精神现象学》,由 Ingtraud Görland 编为《海德格尔全集》第 32 卷②于 1980 年出版,1988 年出英文译本③。尚无中译本。此次讲座,在作了一个长达四十多页导言,由《精神现象学》书名变化而来探讨精神现象学在黑格尔"科学体系"中的地位和任务之后,"略过[《精神现象学》的]篇幅宏巨的序言(Vorrede)和导论(Einleitung)"④,解读了"意识"和"自我意识"两部分共四章的文本。略过导论的缺憾后来在 1942 年的手稿和《林中路》的文章中得到了补足,后者构成了下面的两个文本。或许,这三个文本本就共属于一体,而且甚至早在《存在与时间》的一个脚注里就已埋下伏笔⑤,又直到存在历史(Seinsgeschichte)的提法中贯通一气。⑥

二、1942 年的未完成手稿《黑格尔〈精神现象学·导论〉阐释》,与另外一部关于黑格尔的手稿《否定性》(1938/1939)一起,由 Ingrid Schü-βler 编为《海德格尔全集》第 68 卷,于 1993 年出版,成为《全集》第三部分中稍晚于 GA 65(即 *Beiträge zur Philosophie*)而整理出版的第二部未刊手稿。此书尚未见英译本和中译本。手稿《黑格尔〈精神现象学·导论〉阐释》把《精神现象学》导论(Einleitung)的十六节文本划分为五个部分,依次读解。其中,针对最后一部分(即导论之第十六节)的读解

---

① 参见拙著:《海德格尔与黑格尔时间思想比较研究》,上海:同济大学出版社,2004 年,第 2—3 页。

② Heidegger, Martin, Gesamtausgabe Bd. 32: *Hegels Phenomenologie des Geistes*, Frankfurt am Main: Vittorio Klostermann, 1980. 后文凡涉及德文海德格尔全集,皆简称 GA 或《全集》加卷数并不再详注出版信息,如此书简称为 GA32 或《全集》32 卷。

③ *Hegel's Phenomenology of Spirit*, translated by Parvis Emad and Kenneth Maly, Indiana University Press, 1988.

④ GA32, S. 1.

⑤ 在《存在与时间》第 82 节的一个脚注里,海德格尔曾以黑格尔时间概念与亚里士多德以降时间概念史的关系为线索,提示了对于黑格尔哲学的通盘的存在论阐释计划。对这个脚注,德里达曾在"Ousia et Grammè"一文中有过解读。

⑥ 这种贯通性尤其可见于海德格尔《路标》所收入的《黑格尔与希腊人》一文(1958 年)。

尚未完成,仅列出规模宏巨的提纲(分为十八个部分)。

三、初版于 1950 年的《林中路》收入文章《黑格尔的经验概念》,是对《精神现象学》导论十六节文本的逐节解读(不再划分为五个部分),有 Julian Young 和 Kenneth Haynes 的 2002 年英译本和孙周兴的 1994 年、1997 年及 2004 年中译本。[①]关于《黑格尔的经验概念》这篇文章的来历,《林中路》书末海德格尔自作"说明"谓:"本文的内容更多地是以讲授的形式,在 1942—1943 年举办的关于黑格尔《精神现象学》和亚里士多德《形而上学》(第 4 章和第 9 章)的讨论班上详细讨论过,同时在一个小圈子里分两个报告阐述过。"现在看来,《黑格尔的经验概念》一文与 1942 年的手稿有着非常密切的关系,也许前者是以后者为蓝本改写出来的,虽然无论是内容上还是形式上都有一定出入。这说的都是与第二个文本即 1942 年手稿或《全集》68 卷的关联。就其与第一个文本即 1930/1931 年讲座或《全集》32 卷的关联而言,就比较微妙:在逐节解完《精神现象学》导论之后,《黑格尔的经验概念》一文的结尾分别引用了"意识"部分和"自我意识"部分的开头一段,就这样隐而不显地回照呼应了十年前(若就《林中路》初版而言则近二十年前)讲座的内容,从而把全部三次解读《精神现象学》的文本结为一个整体。

这个基于存在历史思想的释读整体表明:海德格尔的《精神现象学》解读并不像它表面上所显示的那样是尚未完成的解读,而是已经完成了的解读。只不过这仅仅是在海德格尔的基于存在历史思想的存在论解释学所能通达的范围领域之内才可以说是完成了的解读,而对于黑格尔《精神现象学》自身所开辟的广阔领域来说,它仍然是尚未完成的,甚至只是浅尝辄止的。就"经验"一词,海德格尔读出的是 Bewusstsein(意识)中的 Sein(存在),而这个 Sein 又是在笛卡尔以降的近代意识哲学中被确定为主体之主体性的东西。这个解读固然居功厥伟,因

---

① 英译本:*Off The Beaten Track*, Edited and Translated by Julian Young and Kenneth Haynes, Cambridge University Press, 2002. 中译本:《林中路》,孙周兴译,台湾时报出版有限公司,1994 年;上海译文出版社,1997 年;上海译文出版社,2004 年。

为它无比清晰地揭露了全部黑格尔哲学立足于其上的主体性"陆地"①，但是，由于存在论思想在面对"伦理实体"时的先天贫弱，大半部《精神现象学》的实体经验却旁落于"存在之光(das Licht des Seins)"②的照拂之外。这里清晰地显露了海德格尔之精神现象学解读的全部深刻和贫弱，它的开通和局限。而作为化用西学的中文思想创辟者，我们今天阅读这些文本的任务在于：找到一条道路，勾连黑格尔和海德格尔而又区分他们的道路，无论精神的经验还是存在的经验都经验于其上却对之语焉不详的道路。这个任务要求我们衡论黑、海，允执厥中。我们能做到，因为作为斐洛索菲亚(philosophia)的异乡人，作为"说异言之民"③，只有我们保有距离。

三个变化：从《精神现象学》标题而来的位置勘查

从《意识经验的科学》到《精神现象学》，关于书名变更及其意蕴的探讨，构成了上述三次《精神现象学》探讨的共同入口，而其中最详尽的探讨见于《全集》32 卷的导论部分。

严格来说，还不是简单地从《意识经验的科学》到《精神现象学》这两个标题之间的变更，而是三个标题的更替：从《科学体系：第一部，意识经验的科学》(初始命名)到《科学体系：第一部，精神现象学(*Die*

---

① 在上述三大《精神现象学》解读文本中，尤其在《黑格尔的经验概念》一文的开篇，还包括在《路标》中的《黑格尔与希腊人》中，海德格尔无不诉诸黑格尔在《哲学史讲演录》中谈及笛卡尔时所惊呼的"陆地"以指明全部黑格尔哲学立足于其上的主体性基础。

② GA5 第 148 页。在《黑格尔的经验概念》一文中，海德格尔屡次提及"存在之光"。这篇文章要做的事情，就是要从绝对认识的光线(Strahl)中找到存在的微弱的光亮，以及这个光亮所敞开的区间、空地。这个区间空地源初地构成了一个"无基础的基础"(GA65)，为绝对精神的不息运动以及作为这一不息运动之表现形式的绝对认识活动提供了游戏空间(Spielraum)。

③ 《旧约·诗篇 114》，亦参见拙文"道路与石头"之第 11 节，见收于拙著《在兹：错位中的天命发生》，上海书店出版社，2007 年。

Phänomenologie des Geistes)》（1807 年初版单行本），再到《精神现象学（Phänomenologie des Geistes)》（1832 年全集版）。海德格尔从这三个标题的更迭中所观察到的变化——这是些微小的变化，但是意义重大——，归结说来有三点：首先是副标题从"意识经验的科学"到"精神现象学"的改变；其次是"科学体系：第一部"这一提法的放弃；最后是更微小的一点改变，中文翻译甚至难以传达：即从"*Die* Phänomenologie des Geistes"到"Phänomenologie des Geistes"，"标题中不易察觉地删去了一个冠词 die"。这个改变至为微细，"但在这个举动后面，却隐藏着黑格尔思想及其传达方式的一个决定性变化。"①

在第一个变化中，海德格尔发现的事情是"经验"这个词的隐去。这个发现从 1942 年手稿开始构成了海德格尔《精神现象学》解读的核心，直至在《林中路》的文章中成为题眼。"黑格尔为何抛弃了最初选定的《意识**经验**的科学》这个标题呢？我们不得而知。但我们不妨对此加以猜度。"②海德格尔的猜度有着典型存在论解释学的气质。在这一猜度中所猜度出来的，是通过"经验"一词的解读而逐步清晰起来的对《精神现象学》的存在论阐释。但正如在黑格尔那里一切貌似无规定的开端必须首先从绝对而来一样——海德格尔的解读一再正确地指出和强调这一点——，存在论的猜度解释学也必须是从经历了全部存在历史（Seinsgeschichte）的存在论而来。存在意义的专题性领会构成了存在论解释学的非专题性地基，犹如绝对的绝对性临在及其"an und für sich schon bei uns wäre und sein wollte [自在自为地就在并且就愿意在我们近旁存在]"的绝对意志潜在地规定了全部 διαλεγειν[对话、辩证]的 δια[穿越、区间]。③

①　GA5，S. 199；2004 年孙周兴译本中文第 213 页。

②　GA5，S. 200；2004 年孙周兴译本中文第 214 页。

③　关于绝对临在之意志，参阅《精神现象学》导论的第一节以及海德格尔在《黑格尔的经验概念》一文中对这一节的解读。Parusie 或 παρουσια，孙周兴译为在场，此处试译为临在，以便区别于 Präzentation(呈现)和 Anwesenheit(在场)。此三词密切相关，孙周兴通译为"在场"。另说明：出于技术原因，本文所有希腊文皆未能作标音符。

但是,在黑格尔的经验概念的隐去这一事件中,或许隐藏着存在论的解释学所无能于通达的地方,那便是道路之自行展开为历史的领域。关于这一点,我们还将在后文论及,在此暂满足于一个提示。

就第二个变化,即"科学体系:第一部"字样的消失,海德格尔所探讨的乃是黑格尔体系构想的变化,以及"精神现象学"在不同体系构想中的位置。在《全集》32 卷的导言中,海德格尔结合《精神现象学》书名变迁中"科学体系"一词的有无及其意义的改变,总结出黑格尔体系构想的四个阶段:法兰克福体系、耶拿体系、现象学体系和全书体系。①根据海德格尔的分析,后来作为黑格尔体系之最终确定形态的全书体系与早期体系的关系比与现象学体系的关系更为紧密。

于是,在海德格尔看来,《精神现象学》在黑格尔的著作之路上————不仅仅在某个确定形态的体系中————占有一个独特的位置。它的独特性在于:"《精神现象学》保持为这样一部著作(Werk)和这样一条道路(Weg)②,它不但一次性地而且每时每刻都在为全书体系准备着基础————或者更好地说,[准备了]空间、维度性(Dimensionalität)和伸展领域(Erstrekungsbereich)"③这也就是说,在定型后的全部黑格尔体系中,精神现象学是一个隐去的部分。它的隐去一方面表现为不再作为科学体系的第一部,另一方面表现为被贬作从属于《哲学全书·精神哲学》中的一个狭隘部分,而这个被贬黜后的现象学不再是为体系奠基的东西,而是"再度成为一门学科的名称,这门学科介于人类学与心理学之间。"④

于是,海德格尔发现,所谓"精神现象学"在黑格尔的著作之路上

---

① 具体分析考证见 GA32 第 2—11 页,总结见于第 11 页。另参 GA68 第 65—78 页。前者较详,后者略有不同,未涉及所谓"法兰克福体系"和"耶拿体系",而仅以 1812《大逻辑》为界划分为精神现象学体系和全书体系,此亦《林中路》文章所继承之简化处理。

② 参考海德格尔为其全集的扉页题词:"Wege—nicht Werke."(道路,而非著作。)

③ GA32, S. 12.

④ 《林中路》,孙周兴译,上海译文出版社,2004 年,第 216 页。同时参看 GA32, S. 12;GA68, S. 70.其中,以 GA68 的分析较详细。

(而非仅一体系之中)就有着一种双重的位置：一方面是外在于(全书)体系并**为体系奠基**的部分，一方面是**在体系之中**从属于体系的部分。①海德格尔的全部《精神现象学》解读便是对这一双重位置的位置学(Topologie)勘探(Er-örterung)。这一双重位置的本质即是一隐匿的位置，探测这一隐匿位置的探针就是"经验"(Erfahrung)，一个在标题中终于隐去的词语。通过一个隐匿概念的考察而来勘探精神现象学的隐匿位置，海德格尔的《精神现象学》解读所要指引的便是那样一个隐而不显的林中空地(Lichtung)，在那个林中空地中，精神的不息运动(Bewegung)，它的全部具体的环节(Momente，时刻)，方才居有(ereignet)其道路开辟之上的广场之敞开②。这个广场的敞开乃是"形而上学的奠基"，只不过这个奠基"既不是认识论意义上的(无论对于黑格尔还是对于康德来说，认识论都是陌生之物)，也不是在着手一件工作之前关于如何才能做好工作的方法论空洞反思意义上的奠基，而是准备地基(Boden)意义上的奠基(Grundlegung)，即[黑格尔本人所谓]'立场之真理的展现'，此立场即形而上学所据有之立场。"③

标题的第三个变化，即冠词"die"在全集版以及由之而来的通行本中的抹除，更加毫不显眼，以至于无论在 GA32、GA68 还是在《林中路》的文章中，都只是意味深长地提到，并未进一步阐述。④这本身或许已是切合于隐微之物的隐微书法？这或许是因为：这个"被规定的和规定性的冠词(bestimmte und bestimmende Artikel)"的消失，其意义既是规定上述两个标题变化的原因，也是具体展开于上述变化中的结果。这个不带冠词 die 的《精神现象学》标题首见于 1812 年的《逻辑科学》(即《大逻辑》)导论，正式标出于 1832 年黑格尔殁后不久的《全集》第二卷。

---

① GA32, S. 12.

② 参见拙文《道路与广场》，见收于拙著《在兹：错位中的天命发生》，上海书店出版社，2007 年。

③ GA32, S. 4.

④ GA32 第 2 页，GA68 第 66 页，GA5 第 199 页，《林中路》(孙周兴译，上海译文出版社，2004 年)第 213 页。

标题中 die 的消失无非是发端于《大逻辑》、落定于《全书》的体系变迁过程中的一个最微不足道的表征。它微小到无需进一步陈说,因为所有变化及其意义都已昭然若揭。

三个提示:进一步解读工作的路标

但到此为止,我们所做的还仅只限于跟随海德格尔对《精神现象学》之标题的探讨。如果不跟随道路的具体展开,一切就仍然隐没在晦暗之中。在我们的道路探索中,所谓道路的展开将不仅意味着黑格尔绝对哲学意义上精神道路的自行否定—回返,也不仅意味着海德格尔存在历史意义上存在的自行敞开—遮蔽。我们对黑格尔和海德格尔的双重阅读将要展开的道路,也许是这样一条道路:它是精神和存在共同运行于其间的道路,又是延伸于二者的共同领域之外的道路。从事这样一条道路的探索,要求我们既通达纯粹的延伸,又返回具体的文本。在道路的解释学中,解释本身已是道路的展开。因此,进一步的工作要求我们进入海德格尔曾经阅读过的《精神现象学》文本,对这些文本以及海德格尔的解释文本进行重新的解读。这些文本包括海德格尔在1930—1931 年致力于其中的"感性确定性"和"自我意识作为意识的真理",以及在 1942 年和 1950 年阅读的《精神现象学》"导论"十六节,尤其致力于它的"经验"概念。进一步的工作还要求我们在进入这些具体文本之前先行做出道路方向的猜度,以便在解读工作中得到校正和检验(prüfen)①:

一、道路:道路之为经验和道路之为历史。黑格尔为什么放弃经验这个词? 海德格尔认为那是黑格尔对存在的遗忘所致。但也许在黑格

---

① 检验,prüfen,这也是海德格尔解读中的关键词之一。进一步的解读工作将展开对检验的检验。

尔那里是用历史扬弃了经验？虽然无论在黑格尔还是在海德格尔那里，笛卡尔—康德式的经验概念都是要受到批评的，但区别也许在于：精神的历史，这是对主体经验的扬弃——保存的超越和超越的保存；而时间性的存在论差异化运作则是对主体经验的存在论阐释。这里于是关涉时间问题。GA32 的最后一节就题作"黑格尔的存在与时间——《存在与时间》"。于是我们的解读势必联系于《海德格尔与黑格尔时间思想比较》的末章"时间问题与存在论、形而上学的可能性"，而根据我们在"形上学与形而上学"中的考察，《比较》末章所谓"形而上学"的合适名称乃是："道学"。

二、精神自行展开为道路。在《精神现象学》中发生的这件大事因缘，既是引导海德格尔的解读进一步开辟道路的事情，也是他的新开之路未能通达的事情。在这个意义上说，《精神现象学》也许是不可穷尽的。

在黑格尔那里，精神的自行展开为道路呈现为历史。精神现象学就是精神现象的历史学。相比之下，海德格尔的精神现象学解读则是存在历史（Seinsgeschichte）的解读。在存在历史的解读中敞开了精神历史运作的空间，那个无基础的基础，或作为差异化运作发生的源初时间—游戏—空间（Zeit-Spiel-Raum）。但是，存在历史的无能向来表现在：无能于现象学地呈现历史经验的丰富差异性。在存在历史那里，从亚里士多德到黑格尔，存在之在场与遮蔽的方式相差无几。存在历史（Geschichte）根本上就不是历史学（Historie），反对历史学。存在历史本质上仍然是存在学（Ontologie），而无能于历史学。现代历史学，包括黑格尔的历史哲学，在道学中当然也是要接受批判的东西，但这不能成为存在学无能于历史学的借口。在源初时间性的境域上重构存在的历史，这本是《存在与时间》第二部分的计划内容。这部分的永付阙如意味着什么？它有否在海德格尔后期的写作中得到弥补？无论如何，就我们所看到的而言，在存在历史的解释学视野中，不同的哲学体系得到的只是相同的处理。吊诡的是，偏是在绝对精神之同一性临在（Parusie)体系中,个别精神形态的具体差异性反倒更显参差嵯峨。在跟随存在论批评精神体系的同时,这种峥嵘具体的历史之路又能对道学的德学展开构成何种启发?

三、一个形式的指引:精神是道路的乾刚健动一面,存在是道路的坤宁含章一面,道路本身的思想则是乾坤合德的大体。在海德格尔的《精神现象学》解读之后要做的事情是:如何从海德格尔的解读中继续葆有存在的空地(Lichtung),同时又找回被他遗弃了的黑格尔精神的健动? 这个工作的关节点也许仍然是海德格尔曾经牢牢抓住过的一个词:Erfahrung(经验)。从经验一词中,海德格尔要读出来的是 Be-wusst-sein(意识)中的 Sein(存在),而我们将要从中读出来的,不但是这个存在,而且是这个存在的道路之开辟。那个存在在海德格尔那里,主要不过是一个静静地涌动着的敞开境域,犹如我们在《道路与石头:海德格尔艺术作品的本源疏解》①中所解读过的喷泉。而即使在那里我们也已经说过:"但是在这种自持的宁静—涌动中,道路坍缩于自身之内成为一块石头。"石头的成形和碎裂,或形式主义与虚无主义的相争—同谋,蕴含着希腊—希伯来结构的全部危机。而道路的思想,或许是危机中的出路(Ausgang)?

---

① 参见拙著《在兹:错位中的天命发生》,上海书店出版社,2007 年。

从《*存在与时间*》到《*哲学论稿*》①

  《哲学论稿：从本有而来》是海德格尔三十年代中期的秘密手稿。这部在海德格尔生前不愿出版的手稿一直在暗中隐秘地规定着"转向"之后所有公开发表的作品或演讲。②正当这部手稿即将被译成中文出版的时候，③讨论它与"转向"之前的最重要著作《存在与时间》的关系，是一个正当时机的题目。

  ① 本文根据 2010 年 5 月在南京大学的演讲稿修订而成（感谢张异宾教授、王恒教授的邀请）。文章部分内容曾发表于《现代哲学》2011 年第 1 期。

  ② 海德格尔学界如 Figal 不太认同 von Hermann 对 *Beitraege* 的过分重视。不过，无论是过高估计还是过低估量这部手稿在海德格尔思想发展中的地位，都未能把握这部书的本质位置。本文将一方面论证说《存在与时间》的未竟计划中已经含有能预示 Ereignis 的东西，另一方面又会强调说，三十年代的 *Ereignis* 内篇其实真正落实和扩展在其后借道诗歌阐释的大量工作中，所以，从二十年代的《存在与时间》谈过来，但最后我们的落脚点其实是五十年代的"通往语言之途"（参见拙文"道路与 Ereignis"，收入拙著《道学导论（外篇）》，华东师范大学出版社，2010 年），而不是三十年代的贡献，虽然这个隐秘的《贡献》是本文必须围绕的主题。所以，本文的重点恰恰是要对 *Beitraege* 一书进行解魅，展示它本质上的过渡性、毫不重要的重要性、不存在的存在性、无基础的基础性。我猜想这应该正是海德格尔的本意。这个意思甚至在开始之前就已经蕴含在作者为他的手稿起的名字中了：这部著作（Werk）也许看似一部投稿，一项哲学的贡献，但本质上，它也许没有什么要贡献给哲学、投稿给学术的，它只不过是一条《从 Ereignis 而来》的道路（Weg）。最隐秘的东西恰是最显白的，最遥远的东西恰是最切近的，存在、Ereignis、语言、道路皆然。正是这部不情愿出版的出版物，构成了庞大的海德格尔全集出版物中最合乎全集题辞的一本；不是著作（Werke），是道路（Wege）。

  ③ 海德格尔：《哲学论稿（从本有而来）》，孙周兴译，商务印书馆，2012 年。

这本书稿有两个题目,一个"公共性的"大标题,一个"本质性的"副标题。这本书的翻译之难,从标题就开始了。大标题 *Beiträge zur Philosophie*,孙译《哲学论稿》,我曾试译为"哲学献文",以便兼顾 *Beiträge* 的"贡献"和"投稿"两个意思,但词是生造的,听起来别扭。在这个演讲中,我们现在特意不称这个难以翻译的大标题,不是出于回避选择译名的考虑(反正无论哪种翻译都是勉为其难),而是因为,就我们目前的研究主题来说,特别值得去探讨的关键问题是:在何种意义上以及如何可能,对于一个事情的追问能"从其自身而来得到思考"——从作为 Ereignis 的存在本身的自发生而来展开存在的真理和存在的历史,而不是像《存在与时间》曾经做过的那样从此在的时间性分析出发来揭示存在的意义。所以,我们必须称引它的"本质标题",即被谦逊地降为副标题的《从 Ereignis 而来》,而不是它的"公共标题"(参此书开篇的说明)。

另外,副标题中的 Ereignis 这个词在我们这次的探索尝试中也暂时不译,是因为考虑到孙周兴在《通往语言之途》中把它译为"大道"仍然是最合乎本质的译法,但在《从 Ereignis 而来》这本书里却不是适合语境的译名,而与此同时,在我们这个演讲的第三部分又会看到,道作为 Ereignis 的本质含义仍然构成着我们理解《从 Ereignis 而来》这本书的必不可少的思想背景。考虑到 Ereignis 和 Seyn 在这本书中的关联,"本有"诚然是合适的译法,但稍嫌死板,未能传神达意。Ereignis 这个词要说的其实无非是 Seyn 的自行发生、不息地让存在者存在起来的同时在存在者的闪现中悄然隐退的 Wesung 过程。"道自导"[①]或道的自然生生确实是中文对于 Ereignis ereignet 的最贴近翻译,所以,一旦我们尝试从《存在与时间》到《从 Ereignis 而来》,我们就会发现自己已经踏上了《通往语言之途》的道路。不过,关于这一点,我们先停下来,留待第三部分再说,首先当务之急是要为我们的这次研究课题"《从 Er-

---

① 道、導(导)本来是一个字。

eignis 而来》与《存在与时间》的关系"找到一条追问线索。①

这个线索可能恰恰能在《存在与时间》里找到。《存在与时间》一开篇在导论中曾分析过 Fragen 的"形式结构":Gefragtes(问之所问,在《存在与时间》的语境中指存在)、Befragtes(被问及之物,即存在者,这里特别是此在)和 Erfragtes(问之何所问,即存在的意义)。对于我们将要考察的这个学术问题,"怎样看《从 Ereignis 而来》与《存在与时间》的关系",我们不妨从如下这个引导性问题入手寻找线索:如果说《存在与时间》对存在意义的追问是以此在作为借问存在意义的 Befragtes,那么,《从 Ereignis 而来》以什么为借问的通道,或更根本地,它是否需要以及有没有这样的通道? 下面,我们就跟从这个引导性问题——这个问题本身可能并不重要,但它一定要提得清晰明确——依次探讨如下三个方面的问题:

一、以此在为 Befragtes 如何决定了《存在与时间》必须以此在的生存现象学描述为主体内容;而如果不依循这样一个 Befragtes 而来借问的话,直接"从 Ereignis 而来"的 Ereignung 和 Wesung 如何决定了《从 Ereignis 而来》向哲学的投稿贡献是 Ereignis 的自行发生成文?

二、是否借助一个 Befragtes 或以什么存在者为 Befragtes 在多大程度上决定了思想成文时的结构? 因此,我们接下来必须谈到"《从 Ereignis 而来》与《存在与时间》"这一课题中的应有之义:在进路和结构上,这两本书有何不同?

三、如果不借助一个 Befragtes,进路如何可能找到路,如何可能推进? 如果说"从 Ereignis"而来的自行发生成文的赋格结构并不是无所依凭的话,那么,这一依凭是什么? 语言本身是不是这样的依凭? 于是,我们就不得不涉入道、语言和 Ereignis 的关系,从"道自导"而来思

---

① 关于译名的讨论出于主题的限制这里也不多说,可见参孙周兴"海德格尔《哲学论稿》译名讨论",《世界哲学》2009 年第 4 期。

考包括"从 Ereignis 而来"得到思考的所有"从其自身而来得到思考"的事情。

此在的生存与 Ereignis 的自行发生

在"存在问题的形式结构"即 Gefragtes-Befragtes-Erfragtes 三分的结构中,《存在与时间》的工作便是,就此在这样一种特别的存在者来向存在追问存在的意义。这一工作之所以可能的前提便在于此在这一存在者与存在的特别关系:他在对存在意义的领会中生存,他 ist 的方式即 existiert,也就是,他的存在是时间性的,所以可通过它来厘清时间性,然后通过时间性来展开存在的意义,这便是《存在与时间》的工作理路。而《从 Ereignis 而来》却似乎是一个没有 Befragtes 的发问尝试,①正如晚期演讲《时间与存在》中所谓"不顾存在者而思存在"。一个可疑的说法是,后期海德格尔的存在之思都是"不顾存在者而思存在",这是有欠考虑的。并非只有此在才是可以当作追问存在问题的那个 Befragtes(借问者),其他存在者也可以充当这个借以通达存在的路标或指路的石头。梵高的农鞋是这样的借问者,希腊神庙、罗马喷泉、荷尔德林的山川河流、人民节日无不是这样的借问者。真正不借问牧童,直接遥指杏花村的努力很少。《时间与存在》是一次这样的尝试(时间和存在都不 ist,它们都是 Es gibt 出来的),《从 Ereignis 而来》是更大的、几乎难以置信的巨大尝试,因为这样的尝试非常困难,几乎不可能。不过,在中国传统中,这样的努力其实是常态。依空而起,凭空而散,羚羊挂角,无迹可寻。《周易》便是这类努力的无与伦比的原典。你可以说

---

① 参见瓦莱加—诺伊[Vallega-Neu]《海德格尔〈哲学献文〉导论》,李强译,华东师范大学出版社,2010 年。

它不借问任何牧童而直指,也可以说它无处不是牧童:它以万物放牧万物。《中庸》所谓"以人治人",《庄子》所谓"藏天下于天下"。

从《存在与时间》的借问此在而来问存在的意义,到《从 Ereignis 而来》和《时间与存在》的不借问任何存在者而思存在,这中间打开的便是海德格尔后期解释学的丰富性和历史的沉厚性。《存在与时间》追问存在意义的工作依赖此在的自身觉解,而此在的自身觉解又依赖存在意义的开启。因此,在《存在与时间》里,日用不知的存在领悟与最终要展开的存在意义之间,沉沦的生活与本真的生活之间,有一个互为前提的解释学循环。这个困境与柏拉图《美诺》的学习悖论(知者不用学,不知者不能学)、亚里士多德《尼各马可伦理学》的听众悖论(有德性的不用听,无德性的不能听)有类似的困难。这个困难是理论的貌似困难,他的解开便是实践的教化和成长。所以,《存在与时间》借问此在而来追问存在意义的工作计划之所以可能的前提,从理论表面上来看是《存在与时间》谈到的此在这个存在者的独特性(只有他生存,只有他的生存领悟着存在),但从构成这理论前提的实践层面看,其实是已经作为觉解了存在意义的哲学家这个特殊此在的独特性。理论文本上,《存在与时间》借以开端的地方是任何一个普通此在,这个普通此在作为一个独特的存在者,他的最一般的生存的基本现象,但在理论文本之后,这部著作(Werk)借以开端的道路(Weg)却是一个哲学家,作为一个独特的此在而不只是独特的存在者,他的非同寻常的但又是基本的发问。这层意思一旦揭开之后,海德格尔后期思想的两条进路(不顾存在者而思存在和就艺术作品而思存在)都容易得到索解了。既然发问的真正发端在于发问者,某种存在者与存在的"特殊关系"根本上如果来源于这个存在者对于发问者来说意味着什么,那么,就此在能借问存在,就另外一种存在者同样可以通达存在。对于人力资源管理来说,此在并不比一桶石油有更多的"特殊性";而对于沉思"艺术作品本源"的发问者来说,称"天上的白云、田间的蓟草"为一件物就已经很不好意思了。这么说,关键在于发问者? 但《从 Ereignis 而来》提醒我们,关键既不在作为借问者的被问及的存在者是哪一种，人还是石头，哪一个可以作为发端，也不在于作为哲学家、沉思者的发问者他的发端，而在于，无论某种存在者可以作为发端还是发问者的发端，无论哪个发端，它如何可能发端？这便是本有的发生即 Ereignis 所达到的问题领域。

从《存在与时间》到《从 Ereignis 而来》：从"基本存在论"的此在生存论基本现象作为基础到"论基础的本质"、"论真理的本质"及《从 Ereignis 而来》中的 ab-gruendiger Grund（去基础的基础）；从作为 Dasein 的 Existenz 到 Seyn 的 Wesung（Wesen west, Ereignis ereignet）；从向死而生的时间性（Zeitlichkeit）到存在历史的时间性（可联系到《存在与时间》未竟计划中的 Temporalitaet），前者作为完成性，后者作为道的展开性；从个人的向死而生到民族代际的历史展开（参见拙文《慎终追远与往来井井》和《年龄的临界》关于代际时间性的现象学描述）；从此在生存的操心到存在历史的急迫；从第一开端的惊讶作为基本情绪到另一开端的会知（Ahnung）作为基本情绪；从此在时间性的绽开到存在历史的展开；从此在的本真生存到存在的真理、真理的本质；从"此在的本真生存"作为个人的时间性绽出到"艺术作品的本源"（与《从 Ereignis 而来》同属上世纪三十年代）作为民族的历史性展开（参见拙文《道路与石头》、《道路与世界》，及未完成的《道路与历史》）。

《从 Ereignis 而来》不怎么用到 Dasein，而是用到 Da-sein 和 Mensch。Dasein 是某种去历史化的人，仅就其是领会着存在意义的存在者而言的人，因此，作为此在，这样一个人通过领会这样一种存在的意义而来的生存世界境域的打开，他的那个世界，那个境域，那个时间性，虽然海德格尔明确反对当前化和 Jetztzeit，但很遗憾，那恰恰是一个个人所碰巧碰到的去历史化的时间性、一个个人偶然被抛入其中周遭的世界（Umwelt），与他人打交道的烦心世界和与物打交道的烦忙世界，那个境域是一个个人的视域。当基本存在论的此在现象学分析仅就领会存在意义而来生存这一点来借问此在的时候，人就被征用为存在论的工具也就是此在了。所谓基础存在论，就意味着让人被基础化，被剥离、聚焦、还原、基础化为领会存在意义的动物,犹如海德格尔所批评的亚里士多德把人规定为逻各斯的动物或政治的动物。以存在真理(亦即自由,参路标中《论真理的本质》)为基本问题的后期海德格尔意识到,这样一种对人的基本存在论征用恰恰是远离了人之为人的实情的。真理就是自由,自由就是让存在 Seinlassen。此在的真理就是让此在存在,即加连字符的 Da-sein 所表达的意思(连字符隔开暗示的是,Da 是 Sein 在人那里发生的场域,出于 Seyn 的这一发生,亦即出于这一 Ereignis,一个人才成为他自己,Eigentum);人的真理就是让人存在,就是天地神人(有死者)俯仰往来的时间—游戏—空间,而这个时间—空间是存在历史的、本质发生的,远不是《存在与时间》里那个以此在为中心视角的与他人外物打交道的烦心烦忙的周围世界(Umwelt)。《从 Ereignis 而来》直接回到对人的沉思,正如他晚年直接就艺术作品来通达存在的真理、就诗歌解读而来通达本有的发生、就哲学史文本的解读来展开存在历史的时代授命(Epoch, Geben),Dasein 被去除了与存在的特别亲缘关系,甚至在某种意义上——如在存在主义的形态中,这个从《存在与时间》出发的海德格尔本人意料不到的歧出形态中——恰恰成为阻断通达存在真理的路障。这时候,海德格尔极大扩展了他的 Befragtes,人、艺术作品和历史上的哲学文本都成了这样的通道。

从《存在与时间》到《从 Ereignis 而来》,可能有两个方面的外来压力的促动:一是反面的批评,如胡塞尔批评存在与时间有人类学倾向、人类中心论倾向;一是正面的引申发挥,如法国存在主义。从前期到后期的转向,这两方面的压力都有。这从路标看得很清楚。路标里的《论根据的本质》有个脚注专门回应了前者,《关于人道主义的通信》是在回应后者的语境中。路标全书都可以看作一个回答,关于转向问题怎么回事的回答。其中,紧挨着的两篇文章《论根据的本质》和《论真理的本质》是其中的两个至关重要的路标。如果说《存在与时间》还是在追问根据的本质从而还是基础存在论进路的话,《从 Ereignis 而来》就已经走上了《论真理的本质》最后增补注解部分所谓当时尚未言及的“本质的真理”

道路上了(论真理的本质作于1930年,《存在与时间》之后、《从 Ereignis 而来》之前;增补注解作于1949年,在《从 Ereignis 而来》之后)。

行事演示与形式指示,赋格的演义与体系的演绎

从 Gefragtes 到 Erfragtes 的发问过程中,作为借问通道的 Befragtes 虽然只具有辅助的作用,但却很大程度上决定了这个过程的结构方式。以此在为追问存在意义问题的 Befragtes,所以《存在与时间》展开为一部系统性的此在生存论的时间现象学分析;从存在本身的自发生而来展开存在的真理和存在的历史,所以《从 Ereignis》发生为一部赋格(Fuge)的集接(Gefuge)。

体系结构是行动结束之后的阐释展开,是作为事后论证的纯粹理论形式,已经看到全局,然后考虑从哪里开始讲,如何达到预期的目的:黑格尔逻辑学"科学应该从哪里开始"? 赋格结构则是朝向不确定未来的行动发生,Vallega-Neu 因而称《从 Ereignis 而来》的表述和结构有所谓 performative(行事演示)的特点(可比较前期海德格尔所谓"形式指示"方法)。中国古代经典都是典型的行事演示的赋格结构,如《论语》、《庄子》、乃至《春秋》、《史记》和通俗小说的演义。汉语根本上就是行事演示的赋格结构语言,不像屈折语,尤其德语的框架结构那样的系统形式结构。所以有人说中文没有印欧屈折语那样的 Gramatik,但中文自有法度,它的法度很难形成形式系统的总结,而是具体体现在每一个独立汉字的行事演示中。中文诗歌表现得非常明显。花红柳绿,枯藤老树昏鸦,一路独立而又相互关联地行事演示过去。德国人一直认为德语是最适合哲学的语言,现在从海德格尔的《从 Ereignis 而来》之后恐怕不好这么讲了。海德格尔是第一个最远地到达西方语言和思想的体系化框架边界的人。行事演示的赋格结构就是演义,典型如《三国》、

《西游记》。有一个总体计划，但有个边走边看、做到哪算哪的意思在里面。与演义的赋格相对的，就是演绎的系统。演绎系统必须以一种瞬间完成的直观，是 *teleios*（完美、完成）的，只有这样的，在希腊人看来才是 *kalon*（美的）。演绎的体系最深的动力，来自这种完美的追求。这种追求不止有这种理性主义的形态，也有感情和信仰的形态，犹如行事演示（performance）不仅有 Ereignis（事变、道化）的演义赋格的形态，也有实用主义和工具理性的形态。基督教进入西方之后，人们发现瞬间完成的直观不一定是 *nous* 和由之演绎而出的系统，也可以是末世的希望、信仰的决绝和行动的果断。基督是新的开端，也是最后的终结者。认信是新的开端，也是向着终结的开端。基督教把 *nous* 的 *teleios* 置换成了 *pneuma* 的 *eschaton*，所谓圣灵的末世论（eschatology；灵知主义所谓圣父的过去时代、圣子的现时代和圣灵的未来终末时代）。瞬间完成之物的演绎展开系统的这两个形态，后来在黑格尔的 Geist（*nous* ＋ *pneuma*）及其自我否定和回归的体系那里得到统一。

而从《存在与时间》开始，海德格尔着手解构这两种形式的演绎系统。但是，也许是出于教学法的考虑，修辞的考虑，至少是学院谋生的现实考虑，这种解构在形式上并未响应其内容的召唤。于是，我们看到一部过渡性的文本《存在与时间》——它的过渡性不用我们来说，而是海德格尔在《从 Ereignis 而来》和后期很多文章中自己说的，而且其实在《存在与时间》自身的未完成计划中已经说过的。毋宁说，《存在与时间》这本书的写作，从一开始就是自觉地作为一部过渡性的作品来写的，是为一种更原本的思想和写作方式开辟道路的。这一点从《存在与时间》导论结尾所述"本论著的构思"看得很清楚。

实际上从 1929 年的弗莱堡教授任职演讲《形而上学是什么》开始，已经明确地表明，《存在与时间》之后的海德格尔并没有躺在《存在与时间》的成就上到处开会、评职称、跑课题，而是毋宁说在《存在与时间》这片永远没有拆除脚手架的工地上更加紧张地忙乎起来。思想的脚步、密度和紧迫性日益增强。1935 年的《形而上学导论》尤其体现了这一点。1936—1938 年的《从 Ereignis 而来》写作必须放在这个背景中才能得到理解。《存在与时间》与《从 Ereignis 而来》的关系也必须放到这个背景中才能索解。重要的线索之一还是在《存在与时间》本身中埋下的。必须一再认识到,《存在与时间》并不是一部完成的作品。它并没有写完它在导论的计划中准备写的所有部分。我们所看到的《存在与时间》和海德格尔原计划的《存在与时间》关系一旦搞清楚,则我们的问题——《存在与时间》和《从 Ereignis 而来》的关系——就有了一个大概的轮廓。《从 Ereignis 而来》一再反思《存在与时间》所提到的后者的过渡性质,其实并不是后来对《存在与时间》的批评和反悔,而是早在《存在与时间》的开头就已经明确自觉地宣告。存在与时间导论的最后预示将要从事的工作计划如下:

第一部:依时间性(Zeitlichkeit)阐释此在,解说时间之为存在问题的超越的境域。

1. 准备性的此在基础分析;

2. 此在与时间性(我们看到的《存在与时间》实际上仅止于到此为止的这两个部分);

3. 时间与存在(《从 Ereignis 而来》似乎相应这个层面,而且不是此在,而是所有存在者的存在起来、本质发生及存在弃绝、隐逸,而这一切都发生在时间—游戏—空间之中,作为 Ereignis。这部分的计划就是从存在本身的时间性而来解释包括此在在内的任何存在者的发生成己。实际上犹如维特根斯坦的梯子,黑格尔逻辑学借以开端的存在,一旦通过此在的生存现象学分析清理出时间性,此在的优先地位就告终了。《从 Ereignis 而来》是对《存在与时间》此在生存现象学基本存在论思路的抛弃,也是建立在存在与时间所展开的时间性基础之上。借用黑格尔的话说,《从 Ereignis 而来》是对《存在与时间》的扬弃)。

第二部:依时间性[Temporalitaet,陈译"时间状态",不妥,实际上是存在本身发生运化的时间性,Ereignis ereignet 的时间性,从此可通《从

Ereignis 而来》]问题为指导线索对存在论历史进行现象学解析的纲要。

1. 康德的图型说和时间学说……

2. 笛卡尔的 Cogito sum……

3. 亚里士多德论时间……(这些工作其实是在《存在与时间》之后几十年如一日持续不断的讲课中进行的,现在编为全集中最充实的第二部分,它们实际上构成了与《从 Ereignis 而来》的相互支持关系。如果注意到《从 Ereignis 而来》被编入全集的第三部分,即生前未刊手稿部分,而《存在与时间》在全集第一部分,即生前出版著作部分的话,那么,似乎可以看到这个由海德格尔本人生前所确定的全集编排方式本身似乎仍然是《存在与时间》最初写作计划的放大的投影)。

对于《从 Ereignis 而来》区别于系统性的结构和言说方式,这本书开篇两节就有自觉的明确申说。尤其关于中间六个赋格的结构关系(六个赋格之前是一个题为"前瞻"的部分,之后是一个题为"存有"的部分),第二节中有一句话很关键(由于它几乎不可译,我们把德语原文、英译文及我的试译文都放在下面,方便参考):

Was gesagt wird, ist gefragt und gedacht im „Zuspiel" des ersten und des anderen Anfangs zueinander aus dem „Anklang" des Seyns in der Not der Seinsverlassenheit für den „Sprung" in das Seyn zur " Gründung" seiner Wahrheit als Vorbereitung der „Zukünftigen" „des letzten Gottes".[1]

能形诸言辞者,将只能是在第一个开端与另一开端的相互"戏

---

[1] Parvis Emad and Kenneth Maly 的英译文:What is said is inquired after and thought in the "playing-forth" unto each other of the first and the other beginnings, according to the "echo" of be-ing in the distress of being's abandonment, for the "leap" into be-ing, in order to "ground" its truth, as a preparation for "the ones to come" and for "the last god."(Martin Heidegger, *Contributions to Philosophy (From Enowning)*, tr. by Parvis Emad and Kenneth Maly, Bloomington & Indianapolis: Indiana University Press, 1999, p. 6.)

达"中被问及和被思及者,此一"戏达"乃出于存在在其遭受遗忘的急迫困境中的存有的"回响",而"回响"又是为了"跳跃","跳跃"则发生于朝向其真理之"建基"的存有中,以便作为"最后之神"的"行将到来者"的准备。(Zukünftigen 一般译作"未来者",这里不但有"未"的含义,更强调其"正在到来之中"的含义,所以译为"行将到来者"。)

原文是一个不加逗号隔断的连绵整句,中译和英译都未能保持这一点。这个不被打断的整句体现了《从 Ereignis 而来》赋格结构的诸赋格并不是像在系统结构中那样是构成一个整体的不同"部分"(parts),而是,每个赋格本身就是一个行事演示单元(performative unit),很难说它是系统形式意义上的整体,也很难说它是那个意义上的部分。正如"另一个开端"不能被理解为"第二个开端"——这种误解很多人在延续讹传——"第一个开端"是唯一的,"另一个开端"也是唯一的,但没有哪一个开端可以是包含另一个开端的整体,也没有哪一个开端是另一个开端的部分,也不是存在历史的一个部分。存在历史之所以有不同的时代(Epochen),不是起源种子(archē, gen)的谱系发生学(geneology)结果,也不是终末事物(eschaton)的末世革命论(eschatological revolution)结果,而是因为存在的天命(Geschick)在授命(Schicken、命送、命派、给出)过程中发生拒绝、扣留、和抑制(epochē)的结果。[1]这不是谱系系统(family-tree system)整体中的部分,也不是系统进化史或末世革命论中的历史阶段,而是天道生生日新的授命、革命与新命。[2]六个赋格,从 Anklang(回响)到 Zuspiel(戏达、传送)到 Sprung(跳跃)到 Gruendung(建基)到 Zu-kuenftigen(未来者)到 Letzte Gott(最后之神)诚然有一个先后顺序,但海德格尔对这六个赋格结构关系的一句话陈述却表明,这个顺序的排序只具有行事演示的功能意义,它只是一个行事

---

[1] 参见海德格尔 1962 年演讲《时间与存在》,收入《面向思的事情》,孙周兴译,商务印书馆,1999 年,第 1—29 页。

[2] "命"这个字在这里要回到它在《尚书》、《诗经》、《周易》和《中庸》中的原始用法。

演示的接续(performative articulation or joining),而不是系统秩序(systematic order)。它不是 step by step(步步为营),而是 taking-place by taking-place(生生不息)。正如对于《周易》卦象的排序,只有同时从《序卦传》和《杂卦传》的顺序与错杂两面出发,才能说明道化万物的至赜而不乱,对于《从 Ereignis 而来》中每个赋格的位置(place),也需要从道的发生(taking-place)与错位(dis-placing, Verrueckung)出发得到理解。

道、语言与 Ereignis

《从 Ereignis 而来》既不像《存在与时间》那样以此在为 Befragtes,借问存在的意义,也不像后期的更多尝试那样通过艺术作品、诗歌解读、借道哲学史的专题性考察(如什么是根据、真理、人道主义等等,参《路标》)或历史上的哲学文本进行解释性阅读等借问的方式来通达存在的真理和存在的历史。它甚至不像《时间与存在》那样虽然"不顾存在者而思存在"但仍然运作在存在者语法与存在语法的差异之中(Zeit 和 Sein 都不能说 ist,只能说 Es gibt Sein, Es gibt Zeit,然后从 Geben 谈出 Ereignis,因而,这仍然不是"从 Ereignis 而来",而是仍然从存在论差异而来,向 Ereignis 而去)。与《从 Ereignis 而来》最接近的是《通往语言之途》的语言沉思,虽然后者中的多数文章仍然要借助具体的诗歌作品这个 Befragtes 来展开。

虽然《从 Ereignis 而来》既不以此在为 Befragtes,也不以艺术作品或一首诗作为 Befragtes 来展开存在的真理,但《从 Ereignis 而来》并非毫无依凭。犹如作诗,它在很大程度上依赖语言本身的关联与暗示。Ereignis, Eignung, Eigentum, Zueignung, Uebereignung; Wesen, Wesung, Erwesung, wesentlich, Unwesen……成组成束的词语之间的词源关系,通过不同词缀衍生的词语网络,构成了《从 Ereignis 而来》

的展开赋格的重要依托、助缘,甚至是开辟道路的先导。但是,我们可以说语言本身就是《从 Ereignis 而来》的 Befragtes 吗?但如果 Befragtes 一定得是一种存在者的话,语言就很难说是这样一个 Befragtes。一首诗无疑是一个存在者,但语言本身似乎并不是。如同存在,语言只不过是一个发生的场域。它们本身的发生都是道自导式的自然发生:Sein west, Ereignis ereignet, Sprache spricht。在不被听说和读写的时候,语言本身什么都不是。但另一方面,一旦被听说和读写,语言本身又恰恰是抽身隐退(entziehen)的。只有文盲眼中的文字和外国人耳中的词语才是一件不能抽身隐退的突兀存在者。语言在这两方面的特点,都与存在本身之于存在者的关系类似。在没有存在者在场的地方,存在本身一无所是;但另一方面,一当存在者被给出,在存在者闪耀的显现中,存在本身就抽身隐退了。就 Fragen 的三分结构而言,《存在与时间》通过此在这个 Befragtes 而来追问存在的意义,相当于后期《荷尔德林诗的阐释》通过荷尔德林的诗这个 Befragtes 而来展开存在的真理;但如果一种沉思着的追问不再通过此在而来思存在,也不通过解读一首诗来进行这项工作(诗特别地体现着语言本身的存在特性,犹如此在特别地以一种领会着存在意义的方式生存),而是决定要"从存在本身的发生而来"展开存在本身的真理亦即存在的 Wesung,并从而解释何以一个存在者能存在(ist),那么,这种努力如果不打算成为一种不着言相的玄思的话,它就必然是一种"通往语言之途"的、依凭语言本身的丰富关联而展开的思想。而一当思想踏上一条通往语言之途,它就不再局限于语言之思的领域,而是成为道学的前导,犹如《存在与时间》一旦踏上此在时间性分析的道路,它就朝向了存在意义的敞开领域;《从 Ereignis 而来》一旦决意要从存在本身而来思存在,它就把存在论引向了 Ereignis 的自然发生。关于这一点,我曾在"道路与 Ereignis:海德格尔《通往语言之途》道学疏解"中做过详细解读,这里就不再展开了。①

_____

① 参见拙著《道学导论(外篇)》第九章,华东师范大学出版社,2011 年。

理性与沉思:海德格尔 《哲学论稿》中关于科学的反思①

在现时代,科学被当作理性的典范。人们不假思索地认为,并不是理性规定了什么是科学,而是科学规定了什么是理性。于是,当一种严肃而清醒的思考不符合当下科学范式时,就算它也能以清晰的方式得到表达,它还是经常被斥为非理性的思想。很不幸,海德格尔的理性思考就经常遭受这样的非理性歧视。

"把思想带回其基础中去的这样一种努力能被叫做'非理性主义'吗?"②海德格尔在《关于人道主义的书信》中这样问道。的确,一种努力将理性自身带回到其发源地的思考,应当被视为符合理性思考本性的表现。但是,从科学的立场来看,这样的一种思考却恰恰是理性的反面——非理性主义③,因为它是非科学的。这种仅以科学性来规定理性的偏见在现代社会成为一种流行的意见。在这种背景下,就有必要对

---

① 本文是在 2007 年香港中文大学举办的首届"现象学大师班"上做的英文报告,原题作"Reason and Besinnung: Heidegger's Reflections on Science in the *Contributions to Philosophy*",现由黄晶译出。

② Martin Heidegger, *Basic Writings*, ed. by David Farrell Krell, London and Henley: Routledge & Kegan Paul, 1977, p. 195.

③ "非理性主义"是一个矛盾的术语,与任何一种理性思考一样,它必须论证其自身的合法性且保持某种一致性。一般来说,任何"主义"(ism)都是理性的,"非理性主义"也不例外。

理性和科学进行现象学的反思。

在某种程度上说,胡塞尔的术语"哲学作为严格的科学"是一把双刃剑。一方面,"严格的科学",就它必须满足哲学的要求来说,这种表达隐含了对现代科学范式(即对存在者进行经验的—数学的处理方式)的强烈批评;另一方面,哲学既然被称为"科学",且被认作所有科学中最严格最本己的科学,就仍然保留着将科学作为自己的最高理想这一现代偏见,尽管在现时代,科学已经放弃了对理性的真实目的和理想的兴趣与诉求。理性或者对理念的追求,从雅典的哲人们开始,就已经是西方思想与政治生活的基本动力。在胡塞尔的 Kaiso 报告中,胡塞尔将现代的病症诊断为"毫无理想的实在主义"①,并将它与"软弱的悲观主义"相提并论。在这里,他表达了对实证科学的失望与批评。

海德格尔关于现代科学的反思继承了这一批评,并且走得更远。海德格尔批评的高明之处不仅在于其批评的深度和广度,更重要的是其反思方法的彻底转换,也就是说,将对科学的理性反思转换为对科学的沉思(Besinnung)②。如果说科学的危机源于现代理性概念自身的本质缺陷,那么对科学进行有效的反思就必须走另外一条道路,而不是不明智地继续诉诸科学式的理性反思。但这绝不意味着海德格尔对科学的反思走入了"非理性主义",恰恰相反,就它作为对科学理性(scientific rationality)的存在论奠基来说,它将被证明是对"理性的"(rational)科学的更"合理的"(reasonable)解释。

准备性的反思:逻辑问题与哲学发问的差异

在弗莱堡大学 1937—1938 年冬季学期讲座刚开始的时候——这

① 参见 Edmund Husserl, "Erneuerung. Ihr Problem und ihre Methode", in *Aufsaetze und Vortraege* (*1922—1937*), Dordrecht: Kluwer Academic Publishers, 1989, p. 4.

② Besinnung 这个用语几乎不可翻译,英文一般译作"mindfulness"或"mindful deliberation"。此处从孙周兴译(见《世界哲学》2009 年第四期孙周兴文《海德格尔〈哲学论稿〉译名讨论》)。

个讲座的进行与《哲学论稿》的写作是同步的,因此,其讲稿自然就被当作"理解《哲学论稿》最重要且最相宜的准备"①——海德格尔对哲学发问(Fragen)与逻辑问题(Problem)作了本质区分。这一区分在《哲学论稿》中也作为一个重要主题得到继续讨论。譬如,海德格尔曾说道:"在一个发问完全匮乏的时代,各种问题堆积起来并且大行其道。"②这个区分清楚地表明了海德格尔的如下努力:他试图使运思的原始方式(哲学发问)从"板结的"和"歪曲的"思考模式(逻辑问题)中得到复苏。

沉思作为对理性的奠基

海德格尔运思的原始方式"力图超越'问题',超越板结的发问,同样也超越作为一门学科的逻辑学(这门学科已经堕落为经院式哲学学术的一个分支),而前进到根本地深入到地基的哲学发问"。③显然,这不仅仅是对逻辑理性进行否定性的批评,而是为它奠基。寻找根据是理性的基本特征之一,但是,逻辑理性自身从一开始(柏拉图学园)直到其当代的代表(近代科学)就保持为无根据状态。海德格尔为理性存在论的奠基既非理性的也非非理性的。说它不是理性的,是因为它并不将自身限定于逻辑的范围内;说它不是非理性的,是因为它为理性奠基。海德格尔把这种非逻辑式的对理性的奠基叫做"沉思"(Besinnung)。

作为为理性奠基的沉思也是对真理的探究。这一探究从对符合论意义上的真理(即命题或表象与客体的符合)的分析开始,从而指明真理之敞开(openness)或 αληθεια(无蔽)的这一原始意义。敞开并不神秘(它反倒平淡无奇),它不过是知觉—计算的理性运作的场所,不过是理

---

① F.-W. von Herrmann's "Nachwort des Herausgebers", in Martin Heidegger Gesamtausgabe Bd. 65: *Beitraege zur Philosophie (Vom Ereignis)*, Frankfurt am Main: Vittorio Klostermann, 1989. S. 513。(《海德格尔全集》第 65 卷德文本,后面简称 GA65。)

② GA65, p. 123。

③ Martin Heidegger *Basic Questions of philosophy* tr. by Richard Rojcewicz and Andre Schuwer, Bloomington &. Indianapolis: Indiana University Press, 1994 p. 9. (后面简称 Basic Questions。)

性在其中嬉戏的游戏—空间。正是在这个意义上,敞开构成了理性运作的地基。而对这一奠基意义的思考就是沉思。沉思原始地为理性奠基,这意味着,奠基的进行并不需要推理(reasoning)。推理或计算,逻辑式的论辩或断言,所有这些论证或寻找根据的活动之所以能进行下去,在存在论上都有赖于沉思对逻辑理性所作的存在论奠基。

存在论意义上的沉思乃是哲学式的发问,而不是合乎逻辑地提出问题和解决问题。在符合论已成为真理的标准且大行其道——由此它应该为现代性岌岌可危的处境负责——之际,存在论沉思促动的第一个哲学式的发问便要问入真理的本质之中。对真理的发问是有决定性意义的思想实践或行动,它把关于"逻辑问题"与"哲学发问"之区分的意义凸显出来。通过这一区分,海德格尔呼吁一种思考模式的转换,即从理性式的思考转换到沉思式的思考,既然事情本身(subject matter)与哲学的基本问题——真理——紧密相关。通过这一转换,真理就被思为敞开而非符合,同时,对存在论真理的沉思也就成为对符合论意义上的逻辑真理的奠基。"自古以来,真理就是一个逻辑学问题而不是一个哲学问题"①——这一状况理应在西方思想从第一个开端向另一个开端的过渡中得到扭转。如果说理性从属于第一个开端(也就是从属于西方传统形而上学及现代科学),那么沉思就应该是从第一个开端向另一个开端过渡(Uebergang)时代的思想方式。但是,另一个开端并不是对第一个开端的拒斥,而是对它的超越与更新;同样,沉思也并非理性的对立面,而是理性的基础形态和原本模式。

对敞开的沉思作为对认识的奠基,以及在这种沉思中的"实践理性"

作为"逻辑问题",真理被当作表象与被表象之物的符合,但是,"在表象性陈述的符合中有一种四重敞开起着支配作用:(1)物的敞开;

---

① Basic Questions, p.18f.

(2)物与人之间地带的敞开;(3)在对物关系中,人自身的敞开;(4)人与其他人关系的敞开。"①这一"独一无二的四重敞开"构成了任何表象性认识的存在论基础。"敞开并不由表象性的符合产生,毋宁恰恰相反,敞开作为向来早已起支配作用的东西不过是被取代了。"②

　　由于海德格尔在谈及物的敞开及物与人之间地带的敞开时,给人这样一种印象:物(客体)好像起着与人(主体)一样的作用,并且,在为认识过程进行存在论奠基的四重整体(敞开)中,物甚至在认识论的领域内也显现出某种程度上的实践理性的特征——而认识论一般被置于"理论理性"的领域内,这尤其体现在康德的批判(即划界)哲学里——,所以对于现代读者来说,这一说法显得有些奇怪。自从古希腊词"logos"和"nous"被译作意为"比例"和"计算"的拉丁词"ratio",计算性的理性概念就在无论是"理论理性"领域还是"实践理性"领域起到了主导性的地位。从此,"实践理性"——即"理论理性"在实践领域中的运用——这一近代观念就取代了亚里士多德的"φρονησις"和西塞罗的"*prudentia*"(明智审慎),这两者在古典语境中意为根据具体的情境进行合理行动的能力,而这种能力并不能化约为推理和计算。而现在,在海德格尔为理性认识奠基的工作中,我们读出了某种实践理性的意味。这种实践理性不能在理性概念的计算意义上得到理解。通过实践理性这一说法,我们强调的是 φρονησις 和 *prudentia* 早已丧失的古典含义。这一存在—实践的(onto-practical)③奠基就被称为沉思。因此,这样一种对认识过程的奠基就是对科学的沉思。

　　一方面,敞开为知觉的—计算的理性提供存在论奠基;另一方面,作为知觉的—计算的理性之典范的近代科学倾向于遗忘作为其存在论根据的敞开,尽管它由此才被奠基。这一被遗忘状况已经给人们带来

---

① Basic Questions, p. 18f.

② 同上,p. 19.

③ 此处的存在—实践的(onto-practical)与传统用法有别。此处的"存在论"不应被当作由理论理性处置的形而上学的一个分支;同样,"实践的"也应与作为"理论的"的对立面的这一现代意义区分开来。

了巨大的危险,让人们生存于一个机巧(Machenschaft)世界中,它以控制、大量性统治(reign of massiveness)①、虚无主义、全民动员等这些技术的—政治的方式来展现其无所不在的暴力。如果我们要去应对这一仍在持续的危机,我们就必须严肃地沉思现代科学,而不是仅仅对它进行批评。只要作为对存在进行操作化处理(macinational processing)的科学是一种"存在弃让"(Seinsverlassenheit)②的结果,现代科学及其危机就不是偶然发生的,而是存在—历史过程的必然产物。相应地,对存在弃让的思考也就必然是一种存在论的沉思。

存在论的反思:对科学的沉思作为对存在之回响的倾听

对科学进行反思是《哲学论稿》展开其原发性思考所必须实施的一步,因而也是这部论稿推进其存在论计划的一个环节。就对科学进行反思这一任务来说,并非对科学理性进行理性式的反思,而是对科学进行存在论的沉思才是恰当的思考方式。存在—历史地考察现代科学理性就会发现,它并不是自足的,而是在存在—历史境遇(onto-historical condition)中有其根源,并且它本身就是这种境遇的体现。既然科学源自"存在弃让",并因此而活动于被遮蔽的敞开性地基之上,并且,既然这一被遮蔽的地基本质上只能通过存在论沉思而得到重新敞开,那么,对科学的沉思本身就是科学之存在论本性的要求,而且,它的展开也就是科学理性的自我反思。

对科学的沉思在这部论稿的第一个"赋格"(Fuge)"回响"中得到集中

---

① 中译按:这个词很难确切地译为中文。它既包含着经济学意义上的批量生产、大众消费,又意指政治领域的大众民主、多数统治,乃至社会和文化领域的大众社会和庸众文化等多方面的含义。

② Seinverlassenheit 一方面是存在对存在者的遗弃,同时另一方面又是让存在去存在。所以弃和让两个意思缺一不可。

的讨论,这其实是出于对存在—历史结构之整体计划的考虑而作的一个精心安排。这部论稿由八个部分组成:开端的"前瞻"(Vorblick),末尾的"存在"(Das Seyn),以及中间的六个"赋格"。这六个"赋格"分别是:回响(Der Anklang)、传送(Das Zuspiel)、跳跃(Der Sprung)、建基(Die Gr-uedung)、未来者(Die Zu-Kuenftigen)、最后的神(Der Letzte Gott)。关于这六个赋格的联接关系,海德格尔在前瞻中曾有如下说明:

> 能形诸言辞者,将只能是在第一个开端与另一开端的相互"戏达"中被问及和被思及者,此一"戏达"乃出于存在在其遭受遗忘的急迫困境中的存有的"回响","回响"又是为了"跳跃","跳跃"则发生于朝向其真理之"建基"的存有中,以作为"最后之神"的"未来者"的准备。①

"存在弃让之急迫(Not)中存在的回响",这一表达标明了"回响"在存在论计划之赋格结构中的位置。这一表达表明"回响"这一赋格要素扮演着揭示现代人面临的各种存在论问题的角色。它描述了一种存在—历史的处境,只有在这一处境中,接下来的几个环节——传送和建基地跳跃至未来者或最后的神——才显得是可能的和必要的。正是在这个意义上,"回响"在存在论言说的所有赋格结构中是一个预备性的要素。如果说《哲学论稿》是一部面向将来的书,那么"回响"就是着眼于将来而对过去和现在的回想。存在之"回响"有双重的意义。一方面,过去的形而上学与现代的科学,作为源初思考被败坏了的模式,不过是存在弃让的结果;另一方面,它们终究还是存在的"回响",而且是存在真正的"回响"。正是由于这个原因,对科学的反思被实施为对存

---

① GA65, p.7. 这段话几不可译。谨附原文于此:Was gesagt wird, ist gefragt und gedacht im „Zus-piel" des ersten und des anderen Anfangs zueinander aus dem „Anklang" des Seyns in der Not der Seinsver-lassenheit für den „Sprung" in das Seyn zur „Gründung" seiner Wahrheit als Vorbereitung der „Zukünftigen" „ des letzten Gottes".

在之回响的倾听才是必要的和可能的。

对科学的沉思构成"回响"部分的本质环节,而对科学进行沉思的重要性又源自真理问题的重要性。去蔽意义上的真理变质为表象符合意义上的真理,这一过程与现代科学及其研究机构的发展有内在的关联。符合论意义上的真理法则与计算意义上的理性法则体现在现代科学技术的各种控制力量中。但是,"哪里有危险,哪里就生出拯救"。只有作为真理之典范的科学通过存在论的沉思而被"敞开"奠基,作为无蔽的真理才会重新恢复其统治地位,现代性的诸多问题才有彻底解决的可能。因此,不管从存在论上还是从政治意义上说,对科学进行沉思在对存在之回响的倾听中以及向另一开端的过渡中都是至关重要的。正如海德格尔所言:"如果要想指明作为存在之回响意义上的存在弃让,对现代科学及其在机巧中有其根源这一事实的沉思就是必不可少的。""对如此形成的科学之沉思仍旧只有以哲学的方式才是可能的,即使哲学正在进入到向另一个开端的过渡之中。"①

政治的反思:对科学的沉思作为
对现代理性概念的政治批判

存在弃让、理性降格为计算、真理被遮蔽而成为表象的符合,这是同一个存在—历史事件的不同表现。这意味着,对理性的探究和对真理的追问不仅在存在论上相互关联,而且在历史与政治上也是息息相关的。以存在—历史的眼光来看,一种存在论意义上的处境莫不隐藏着与之相应的政治内涵。正如海德格尔所说:"理性或者 ratio, nous②

---

① GA65, p. 141.

② Ratio 与 nous 分别为拉丁词与希腊词,一般译作"理性"。

是什么？如果我们对此进行形而上学的而不是心理学的思考(这一点在此是必要的)，我们就会明白，理性就是对存在者的无需中介的觉知。将同样的定义模式用在人身上就会得到一个完全不同的关于人的定义：人就是觉知存在者的存在。"①不同的认识论隐含着对人之定义及其本质的不同规定，与此相应也就产生了不同的政治。从柏拉图到福柯，有关真理和知识的政治反思构成了西方政治哲学的重要传统之一。海德格尔对理性、知觉和真理的沉思，以及对人之本质的思索也应沿着这一方向去把握。在某种程度上说，正是在这个方面，海德格尔才是福柯的先行者，尽管他是存在—历史性地运思着，而福柯并未继承这条道路。

海德格尔在这部论稿中对科学的沉思并非是与政治不沾边的思辨，而反倒是有关政治的深思熟虑，甚至可以说是面向现代人类之政治局势的急迫行动。海德格尔把数量的统治(rule of quantum)视为现代性的决定性维度。②这一统治法则体现在现代性的三个主要特征之中：计算(calculation)、加速(acceleration)和大量性(massiveness)；它也更具体地体现在下列事物中：科学的量化、大学的堕落、产品的批量涌现、虚无主义的盛行等等。其中，大学的堕落表现为大学的企业化，以及把人文科学变为报纸科学(Zeitungswissenschaf)③，把自然科学变成机械科学(Maschinenwissenschaft)。虚无主义在政治上的表现则是全民动员(total mobilization)。所有这些构成了现代性之基本要素的问题，都必须在"回响"部分通过对科学进行存在—历史的沉思而得到清理。

数量的统治是存在者被存在弃让的存在—历史结果。存在弃让存在者而让存在者仅仅是存在者，在此状态中，存在遮蔽自身并且让自身

① Martin Heidegger *Basic Questions of philosophy* tr. by Richard Rojcewicz and Andre Schuwer, Bloomington & Indianapolis: Indiana University Press, 1994 p. 20.

② 海德格尔用"quantum"这一拉丁词似乎是为了突出它与另一拉丁词"ratio"的关联，从而计算意义上的理性含义也隐含在其中。

③ 海德格尔的意思是指发表论文成为人文科学的主要学术追求。

被遗忘,这可算是海德格尔的存在论差异概念的晚期版本。正是从这一存在论差异的消极方面才涌现出存在者的复多性(the plurality of beings)。当然,这里也有积极的一面,即它同时也指示了存在的超越性,而只有依赖这种指示,在对存在者进行科学处理的过程中,对科学的存在论沉思才有可能被实现为对存在之微弱回响的倾听。当那独一无二且朴实无华的存在遮蔽了自身并且被遗弃在诸存在者之中时,一个"数量的时代"的到来将是不可避免的了。数量统治的首要的和决定性的方面表现在现代科学中,表现在现代科学以确定性、精确性和彻底的量化作为自己的最高目标。对于现代人来说,由于科学已经成为唯一的真理,因而在现代社会中,数量统治的其他方面的表现几乎都是奠基于数学在现代科学中的统治地位之上,并且深受数学统治的影响。这就解释了为什么恰恰是对科学进行的存在论沉思而非那些显得更为"政治性的"批评才是对现代性的最为重要的政治批判。

更重要的是,数量的统治隐含着对存在者的漠然处置态度。从这种态度出发,必然要求对现代科学采取一种"科学的"态度来进行反思,也就是说,必须具备一种客观主义的和"价值无涉"(value-indifference)的精神,而这种精神毋宁说恰恰是一种无精神的精神。一般说来,尽管现代科学宣称无涉任何价值判断,但它们却促成了现代性最严重的危机,并且自身就是这一危机的体现。更糟糕的是,由于它们具有价值中立或价值无涉这一特性,它们自身就成为虚无主义的起源之一和促进虚无主义的因素之一。现代科学贡献给虚无主义的东西是"急迫意识的缺乏"(Notlosigkeit)或"全然的厌倦状态"(the state of total boredom)。"急迫意识的缺乏"并不意味着一切都进展得很好,而是它本身恰恰构成了现代社会最大的急迫性。现代科学的这一虚无主义本质隐含了许多政治性的后果。

现代科学的虚无主义本质体现在很多方面,譬如说体现在美国的、布尔什维克的和"国家的"(这里显然是指"国家社会主义的")科学组织之间的同质性上。在这里我们看到,海德格尔在走出他与纳粹政治的失败卷入之后,并没有陷入到另外两种意识形态陷阱之中,即并未陷入共产主义或自由主义之中。他对国家社会主义有这样的批评:"只有彻底现代的(亦即'自由的')科学才是'国家(社会主义)的科学'。""科学的'国家(社会主义)组织'与'美国的'科学组织运行于同一个轨道之上。"①

"科学的"反思:对科学的沉思作为"科学哲学"

在对海德格尔的存在论奠基工作和他的科学沉思工作进行了一番政治哲学的解读之后,我们就可以切入这一沉思更为细致的方面,即对现代科学的"方法论"进行反思。尽管在《哲学论稿》自身的赋格结构中,上述三个方面并非以一种线性顺序而是以一种赋格的方式相交接。我们希望此处的这种重新安排,有助于突出如下这层意思:海德格尔对科学的具体分析,无论是否"符合"所谓的"客观实际",都必须在为理性进行存在论奠基和对现代性进行政治批判的语境中得到理解。我们的读解如果想要保持为一种贴切的理解,并且不会冲淡甚至谬解海德格尔的原发性沉思的话,也只有基于这一点才是可能的。

在论稿的第七十六节中,海德格尔给出了二十四个"关于科学的命题"。这些命题中的"科学"都被加上了引号,通过此举他试图表明,这里所说的科学特别地涉及 επιστημη 的降格形式,即现代科学。通过使用"命题"(Sätze)这一看上去特别科学性的术语,海德格尔反讽出对科学的沉思也是可以满足科学对精确性和秩序性的要求的。由于存在论真理并不涉及命题的正确性,因而存在论的沉思也不应采用命题的方式,所以对"科学命题"这一术语的使用就是一种修辞,通过它,理性和

---

① GA65, p. 148f.

沉思之间的"亲密区分"或"友爱的争执"(der liebende Streit)关系就被暗示出来。就像海德格尔自己所指出的那样,通过"这些命题","这一沉思以归属于科学本质的努力(Strebungen)来把握现代科学的本质。作为沉思,它并非是对当前状况的单纯描述,而是对一个过程的展示,既然这一过程趋向(zustreiben)有关真理的决断。这一沉思保持在与第一个沉思(die erste)相同的尺度上得到引导,并且仅仅作为它的反面。"①

　　这些命题关系到现代科学方法论的方方面面,比如科学的"实证"(positive)特性或"(学科)区域"(regional)特性②、自然科学与人文科学的分离与统一、机巧(Machenschaft)与体验(Erlebnis)、精确性与实验之间的关系等等。下面我们将分两个部分对它们进行讨论。

机巧与体验

　　在二十四个"关于科学的命题"的开始,海德格尔就指出:"'科学'必须总是在现代意义上得到理解。"③这一"必须"意味着将"科学"与"现代"关联起来并非只是为了论述的展开而设立的一个前提,也不是对科学这个论题从年代上做出的划分,而是对科学的处境进行存在—历史的定位。从历史性的角度来说,我们"必须"在其现代意义上来反思科学,既然它在本质上已经不同于"中世纪的'信条'和古希腊的'知识'"④;从存在论的角度来说,我们"必须"在其现代意义上来沉思(be-

---

　　① GA65, p. 144. 此处的"第一个沉思"牵涉到上下文。这一节(即第七十四节)的标题是:关于科学的沉思。此节开始,海德格尔就说,"有两条且仅有两条对科学进行沉思的道路"。而所谓的"第一条道路"(der eine Weg)就是"并非把科学把握为现在现成的机构,而是把握为展开(Entfaltung)之达到规定的可能性和一种知(Wissen)之结构得到规定的可能性"。这一知之本质自身在存在之真理(Wahrheit des seyns)的原始奠基中才得到生根"。这就是第一个沉思。

　　② 海德格尔通过追溯到 positive 的拉丁词源,指出现代科学的实证性源于其学科领域的划分特性。下详。

　　③④ GA65, p. 145.

sinnen)科学,既然科学本来就是出于存在者被存在弃让的这一存在论后果。现代科学的这一存在—历史处境决定了其"实证的"本性:

> "科学上"可知之物总是由"真理"**预先给出**的"科学的"东西。科学自身永远把握不了这个关于已知存在者之区域的"真理"。存在者**作为区域**(*als Gebiet*)陈列于科学面前;它是一个positum[位置],于是每种科学自在地就是"**实证的**"(*positive*)科学(数学亦然)。①

进而,存在者的复多性(plurality)(这源于存在者为存在所弃让)及区域的边界化(territorializion)(这用来对存在者进行专业的处置),必然隐含着现代科学的多样化及专业化:

> 因此,无论何处都绝无"惟一"科学②,就像在"艺术"和"哲学"中的情形:如果它们**是**历史性的话,那么它们就会本质地和完全地是其所是。"科学"只是一个形式性的称号。这一称号的本质性理解,要求科学被理解为一些从属于科学的、各从其类地分崩离析为**单个**学科设置的诸门科学。于是,正如每门科学都是"实证的",它也必然是"单科"科学("Einzel"-wissenschaft)。③

实证的和分化为专业的各门学科:现代科学的这两个存在—历史性的特征解释了自然科学与人文科学内在的同质性,尽管它们表面上是对立的。海德格尔通过这一对概念——机巧与体验——来挑明这种关系。

---

① GA65, p.145. 海德格尔在这里运用了 positum 和 positive 之间的词根联系,暗示:科学的实证性与其研究领域的专业区划有着本质的联系。此句或可意译为:因为它(存在者)是一个"科",所以每种科学自在地就是"科"学。(本文所引海德格尔德文全集第 65 卷中译文及译注,皆由柯小刚译出并注。)

② "惟一"科学,原文只是通过"die" Wissenschaft 之引号着重冠词"die"所传达出来的含义,权且译为"惟一"科学,庶几近之。

③ GA65, p.145.

简言之,"机巧(Machenschaft)就是对制作及什么被制作的控制"。①而机巧作为自然科学的本质属于西方思想的第一个开端。从存在论的角度来说,它是"αληθεια 之堕落"的结果;从历史性的角度来说,它源于古希腊的 τεχνη 与"基督教—圣经式地(Christian-biblical)将存在者理解为 ens creatum(被造物)"的结合,而这一结合又被笛卡尔决定性地并入到其现代理性形式中,通过这一过程,真理就被改造成符合论和确定性。"自此以后,自然科学就成了机械(machine)科学"。

正是在机巧与自然科学大行其道的背景下,动辄诉诸体验或鲜活经验(Erlebnis, lived-experience)的诉求才得以兴起。作为与机巧相对而出现的东西,体验享有与机巧共同的存在—历史地基,就像在人文科学与自然科学那里所发生的情况一样。尽管整合了新康德主义者的"生命"(Leben)或"体验"(Erlebnis)的概念,"历史"这一与实验科学相对立的学科依旧被证明不过是"报纸科学"乃至"印刷/出版工业"。这就意味着,所谓的人文科学的生活体验也变成了"学术产品"的制作,就像自然科学生产出"诸多真理"一样。并且,只要生活体验还与表象(它构成机巧过程的本质性因素)相关联,人文科学的机巧化(macinational-ization)甚至会促进生活体验的普及,反过来又把生活体验变成自然科学的研究对象:

> "报纸科学"和"机械科学"本质上是极端客观化(在现代性中,客观化已趋于完成)的主宰性方式。这种客观化通过吸光存在者的具体性,并从而把存在者仅仅作为体验的案例材料而向前发展。②

机巧与体验的相互依存又隐含着这样一个结论:现代性作为一个生产的世界,它同时也是一个消费的世界。有多少生产就会有多少消

---

① GA65, p. 131.

② GA65, p. 158.

费,反过来亦然,有多少消费就会有多少生产。生产的统治意味着消费的统治,同样,消费的统治就是生产的统治。存在者被存在弃让给计算性的机械制作,正如它被贬低为体验的"快乐"。的确,出于科学技术的批量机械化生产的本性,自然科学非但没有减少反而极大丰富了人类的体验,但这种丰富,无论物质产品的丰富还是"精神"体验的丰富,以及从根本上来说对象领域即科学门类的丰富,都是这个科学时代极端贫乏状况的表现。这种什么都不缺的贫乏恰好与前面提及的存在—历史的处境相应,这个处境便是这个时代最大的急迫问题正在于缺乏急迫。由此,通过对机巧和体验之关系的"方法论"反思,对现代自然科学和人文科学的存在论沉思作为对现代理性概念的批评,就显示了其"急迫"的政治意义。

精确性与实验

如果说存在者区域划分的复多性导致了现代科学门类的复多性,正如我们在上节所指出的那样,那么现代性的数量统治在现代科学中的表现就是对精确性的追求。从给出科学命题的第七十六节到"回响"这一"赋格"的结尾,海德格尔集中讨论了精确性问题与实验的本质。这些论述构成了他关于科学"方法论"反思的重要一环。

只要所谓"科学的方法"意味着以计算的方式来处置存在者,"只要'精确'(exact)意味着存在者以数据的方式被界定、被测量和被计算",①那么,精确性就不仅仅是严格科学的一个方法论特征,而毋宁说它就是"科学方法本身"的特征。由此,并不是一门科学满足了精确性这一要求它才是严格的科学,相反,"一种科学**可以**是精确的,仅因为它必须是严格的"。②而且,并不是一门科学以数量的方式去测量计算,它才成为精确的,而毋宁是,"只要一种科学的专业领域是预先被规定为

①② GA65,p. 150.

仅通过数量的测量和计算才是能够达到的、并由此才能保证其结果的范围(此即近代"自然"概念),这种科学就**必须**是精确的(以便保持严格,即保持其为科学)"。①这就意味着,这一"方法论上"对精确性的要求是被这样一种存在论处境所决定的:存在者已经被存在弃让,并且已被抛到客体领域之中,接受客体领域的划界,以及在各自领域中受到相应的量化处理。只有在这个意义上,对精确性的沉思才是一种对现代科学的"方法"进行存在论奠基的尝试。

除了精确性,科学方法的另一个本质要素就是实验。从伽利略开始,现代意义上的科学就意味着对置身于预先设定的领域之中的特定对象进行数学—实验式的量化探究。②与精确性一样,实验也理应得到存在论奠基,也就是说,必须得到沉思(besinnen)的考察。通过这样一种沉思,海德格尔揭示了现代科学为什么必需实验的存在论地基:

> 作为实证的和单科的科学,每一门科学在其严格性中都有赖于对其专门领域的认取和考察,有赖于最广泛意义上的 εμπειρια 和 experimentum(实验)。③

既然现代科学的"实证性"和"单科性"是存在者被存在弃让的产物,那么实验方法的兴起、流行和它在现代科学中的统治地位的建立就是一个存在—历史的事件,所以,实验方法的本质便只有通过深思熟虑的存在论沉思才能得到本源的把握。

出于同样的存在论上的原因,实验之于精确性的关系就如同精确性之于严格性的关系:并不是有了实验,科学才是精确的,而是"'实验'是精确性的必然本质后果,而绝不是因为实验而使得一门科学成为精确的"。④

---

①③④　GA65, p. 150.

②　正如前面已经说明过的那样,根据海德格尔的科学思想,科学领域的预先设定性正是科学实证性要求的来源。

单纯的实验并不能让科学成为精确的,这一事实隐含了一个意义重大的区分,即现代科学实验与实验的古典形态完全不同。海德格尔用 experiri 这个词来指称古代科学的实验。古典实验是诉诸"自然之光"(*lumen naturale*)以反对"圣言"(*verbum divinum*),而现代实验"不仅反对纯粹的言说与论辩(*sermones et scripta*, *argumentum ex verbo*),也反对随意的、仅仅出于好奇而对于一个粗疏地被表象出来的领域的探究"。①在这里,实验与精确性的内在关联,以及它们共同的存在论地基又跃入我们的眼帘。古典实验在一个粗疏地被表现出来的领域中进行探究,而现代实验则在一个预先得到精确规定的领域中运作。在这个领域中,对象被进一步得到细化的界定,以便对存在者进行更精密的计算性处置,也就是说,以便对存在者进行现代意义上的理性化处理。因此,作为一种理性化的—数学的实验,现代科学实验走到了其古典形式的反面:"现代实验不仅反对纯粹的言说、论辩与思辨,它也反对所有纯粹的实验。"②既然科学的方法或道路已被如此极端地现代化和理性化,那么,对科学之道的沉思或存在论奠基也就成为现代世界最急迫的和最不可回避的任务。

---

①② GA65, p. 163.

德法哲学札记五则

就德国哲学论知行合一

　　某生问知行合一。无竟寓答曰：你喜欢西方哲学，尤其德国古典哲学，我就结合这方面跟你谈谈。德尔菲的神谕说：认识你自己，这就是知行合一的基本要求。它意味着：在做一件事情的时候要知道自己在做什么，这是知行合一的最起码要求。好的哲学应该是知行合一的，这意味着：在实践行动的时候，要有对此实践行动之智性意义的自觉理解（understanding）；在智性运思的时候，要有对此智性运思之实践前提、实践意义和实践后果的自觉洞明（phronesis）。行动而不对此行动进行自觉理解，不是知行合一；思考问题而不去自觉这种思考是在什么社会政治历史条件下的思考，不去自觉所思考的问题是在什么实践前提下才有的问题方式，不去自觉反思所有这一切所具有的实践意义和实践后果，也不是知行合一，而是把知行合一的哲学降低为纯粹理智兴趣的科学。因此，学术生活的工业化，学院体制的专业化，对于知行合一的思想者来说，就绝不是外在于思想本身的、不必加以关心的事情了，而是深深关系到思想本身的事情。不如此，不足以理解任何知行合一的伟大思想家。你喜欢读 Dieter Henrich 的 *Hegel im Kontext*。这就是很好的例子：对黑格尔思想的理解不能离开一个更加广阔的语境。至于黑格尔本身的思想体系，则更是知行合一的典范：在那里，纯粹智性的方面和实践历史的方面是如此不可分离，以至于缺少任何一方就不再够格称为哲学；在那里，图宾根校外的自由树种植与教室里的读书思索奋笔疾书是如此紧密联系在一起，以至于缺少其中任何一方都不再是这个哲学家。马克思曾经如此评论黑格尔的逻辑学：那只是纯粹概念的运动吗？我在那里看到资本的运动。康德写作纯粹理性批判是在一段时间，写作实践理性批判是在一段时间，写作判断力批判是在一段时间，而贯穿所有这些阶段的却是实用人类学的讲授，这意味着什么？难道不值得我们深思吗？关于纯粹理性批判的旨趣，在范畴推演的兴趣之外，我们究竟了解多少康德本人在实践意义上的自觉呢？纯粹理性批判两个版本的序言，都在历述科学与形而上学之关系的历史与现状：如果不是因为痛感时代的形而上学落后于业已丰富多端的自然科学，耻于不能为知识何以可能寻获一个形而上学的基础，那么这整个一本书的范畴推演又如何可能呢？在那推演的理智兴趣里，难道不是回响着时代科学状况的无言涌动吗？还有，纯粹理性批判与整个启蒙时代的风云呼应，那些仅满足于范畴推理乐趣的读者了解多少呢？费希特，他的国家学说，他的经济体系，他在德意志民族生死存亡的关头在人民中的演说，他关于学者使命的谆谆告诫，对于这些如果一无所知的话，我们从他的知识学里获得的那么一点点理智训练的乐趣该是多么的苍白和可怜啊。

现象学的神谱

胡塞尔在宗教气质上的来源有：柏拉图和亚里士多德的理念形式

之神、近代理神论(自然神论)的神(笛卡尔、斯宾诺莎等),新教的自律之神(康德)。这就是所谓"没有上帝的上帝",又叫做"哲学家的上帝",是西方哲学家中的一个重要神学传统。

相比之下,海德格尔的神谱则有:雅典哲学之前的希腊神话诸神(经由尼采),《新约》和新教的、但不是康德意义上的而是帕斯卡和克尔凯郭尔意义上的神,再就是德意志民族的诸神(经由荷尔德林)。

列维纳斯的神似乎主要就是来自犹太教的《旧约》和塔木德传统了。德里达应该也是在这个神谱之中,只不过主要从《旧约》来,少了塔木德的传统。在犹太教中,塔木德其实构成了一个《旧约》之外的相对独立系统。同时,德里达应该还有经由尼采而来的泰坦诸神。

忠实的尼采信徒福柯和德勒兹则完全是泰坦了。泰坦对耶路撒冷(包括旧约和新约)采取嘲笑的态度。相比之下,德里达和海德格尔是更复杂的矛盾体:德里达站在泰坦和《旧约》之间,海德格尔站在泰坦和《新约》之间。这两个人因而形成了所有这些人中最晦涩的思想形态。跟他们类似的形态在近代有黑格尔。这是为什么这三个人总是值得做比较研究的原因。

从列维纳斯的犹太教出发,南希和马里翁却回到了基督教谱系的新教和天主教传统。这也许是一场发生在现象学领域的从耶路撒冷到罗马的神学运动。

海德格尔的生活概念

寒羽初学海德格尔,即欲"从海德格尔出发,回归生活本身"。无竟寓曰:如果一定要就海德格尔谈生活,我所读到的海德格尔关于生活最深刻而高远的一次论述见于《演讲与论文集》至最后一篇《无蔽》中关于赫拉克利特残篇第三十中一个词的解读:αειξωον。这个词的词根是 ζα,德文里一般译作 Leben(life, la vie),生命,生活。但海德格尔于此返回到这个希腊语词。关于生活,他要说的东西远远不是就现代语文的 Leben、Erleben(体验)或 Existenz(生存)所能道说者。他回到希腊诗人荷马和品达(Πινδαρος)。哲学为什么要谈诗人? 绝非装点门面,亦非逃避思之艰难。诗、史、政治,构成着哲学的生活内容,因为这是文-化的内容。如果哲学还配得上精神生活之尊严与责任的话,它就仍然是诗、史与政治的近邻。

Ζηω、ζωη、ζωον 分别是希腊文的生活、生命、生物(现代西文的 zoo 来源于此)。根据海德格尔的解读,他们的词根 ζα 意味着:一、一种增强;二、本质上是纯粹的"让涌现"。于是,由此出发,海德格尔谈到 φυσις(自然)和 πυρ(火)。[①]在这些玄思中隐而未彰的是他关于 πολις(城邦), πολιτεια(政治)的沉思。πολιτεια 乃是 πυρ(火)的 ζηω(生活)。

"生活"或许不过只是一个现代白话词语? 而且不过只是作为一个现代英文词 life 的翻译对应词语? 在这种无根的、与中国古典和西方古典双重脱落的中文里面,我们能思什么,能过什么样的精神生活? 必须慎思。生,命,活,这些原本是极为不同的字。如何回到这些原本的单字所道说的事情? 我愿提出问题,与大家共同探讨。

学究气? 远离生活本身? 上面的这些问题和考察或许会被年轻人如此指责。这种指责是非常重要的。这些问题和考察如果不在这种指责中进行的话,它极有堕入"学术辞章"的危险。而思想的道路只有冒着危险前行。

海德格尔的罪责概念

某生问海德格尔的罪责概念是否有基督教含义? 无竟寓曰:可读

---

① 可参考拙文《接近开端》中关于"自然作为自燃"的论述,见拙著《思想的起兴》,同济大学出版社,2007 年,第 169 页。

《存在与时间》第五十八节。海德格尔关于罪责(Schuld)的分析是一个伦理现象学意义上的还原工作(当然,伦理与现象学还原方法之间有一种基本矛盾,黑尔德[Klaus Held]曾有讨论),是要从存在者层面的种种欠负现象中出发,还原到基本存在论层面上的源始欠负。这个源始欠负并不是在经济、法律、伦理、道德、宗教等存在者层面上被褫夺了什么东西、缺乏什么东西、欠负什么东西,而是此在本身的存在方式中本自含有的一种不性、欠负性。此在即使在并不欠负什么具体东西的时候,此在的生存也必是若有所失的。这种源始的欠负在基本存在论的层面上构成了一个 Grundsein(基础存在),基于这个 Grundsein,一切存在者层面上的 Schuld(负疚、欠付、罪责等),譬如说无论法律意义上的欠债、伦理意义上的对他人负责、道德意义上的良心愧疚、还是宗教神学意义上的罪感,方才得到奠基和解释。

因此,不妨注意在第五十八节关于 Schuld 的分析中,海德格尔特别用了两个词,一个是 Schuldigsein,也就是说,他不是把 Schuld 当作一个现成的名词来分析各种存在着领域中的 Schuld 形态,而是首先把它理解为一个形容词,然后通过它在"Ich bin schuldig"这一表述中的位置来解释学地展开 Schuld 与存在(由 bin 指示)的关联,与 Selbst 的关联(由 Ich 指示);另一个要注意的是他用 Idee von "schuldig"这个表述,说明他是要在现象学的所谓 Idee 层面上厘清一个基础存在(Grundsein),这个基础存在本身含有一种本源意义上的缺乏(mangel)、欠负(schuldig),从这个基础存在出发,存在者层面上的任何缺乏、欠负才得以可能。上面是海德格尔从日常的欠负现象出发所作的一个欠负现象学还原工作,《存在与时间》第五十八节文本基本上是这么说的。

但是,读完之后,我们要对第五十八节文本进行一个"解释学还原工作"(暂时造这个词),就是说,我们要考察这一切现象学还原工作在思想史意义上是何以可能的? 必须以什么样的思想史前提作为背景,这个问题才能可能被如此这般地提出和展开? 譬如说,如果是在犹太教背景中,类似的问题在列维纳斯那里是用"response"为线索提出和展开的,如果是在儒家背景中,是用"仁恕"为线索提出和展开的,而在海德格尔那里则是用 Schuld 为线索展开的,这说明基督新教是否构成了他的问题背景,虽然他的分析绝不是基督教的和神学的?必须以什么样的文化教养作为前提准备,一个哲学家才有可能尝试一种试图脱开所有具体文化背景的纯哲学游戏、还原游戏和奠基游戏? 这种艰难游戏的结果,往往构成了一种文化生活方式的至高成就,但往往也因其尚质黜文、断送教养的特点而带来一种高度成熟文化的干瘪和枯竭。

福柯解读过的《宫中侍女》画再解读提纲

(委拉斯开兹《宫中侍女》,1656 年)

一、眼前看到的是一幅画；

二、眼前这幅画中的画家正在画一幅画；

三、画中的那位画家就是画了眼前这幅画的画家；

四、现在站在这幅画面前的不再是那位画家，而是作为看画者的你；

五、画中的画家正在画的那幅画对于你和看画者来说是不可见的；

六、画中的画家所画的那幅画所要画的人（国王和王后）并没有站在眼前这幅画中的某个位置画，而是正站在你作为看画者所站的位置；

七、画中的画家所画的那幅画所要画的人出现在这幅画中的镜子上，那人就站在你现在所站的位置上。

八、画中的镜子所照出来的人是不是你？

九、你，哥白尼革命之后的你，作为主体，作为人，与"国王/王后"是什么关系？

十、国王/王后是画中的画家所要画的模特，委拉斯开兹这样的宫廷画家必须围绕的绘画主体。而1656年，委拉斯开兹画《宫廷侍女》的时候，正是资产阶级酝酿哥白尼革命的时候。哥白尼革命的口号是，让那些原本围着转的东西变成被围着转的东西。这个东西在天文学上是太阳，在哲学上是主体，在政治学和法学上是人格，在经济学和社会学上是个人。

十一、于是，每个人都成为主宰者：类似于国王的主体。康德：人本身作为目的，被围着转的，而不再是围着转的。

十二、但这个新王，你，作为革命之后获得主体性的你，作为现代自由独立个体的你，当你站在最后一位宫廷画家和最初的民主画家委拉斯开兹画的这幅画面前看画的时候，从画中的镜子上，你看到的国王并不是你，虽然你站在曾经的国王所站的位置之上，被围着转的模特主体的位置上。

十三、你发现自己不过是个看画的人，不过是个观看表象的被表象者，纯粹被旁观的纯粹旁观者。你与国王貌合神离。你与自由似是而